全国高职高专教育规划教材

实用高等数学

Shiyong Gaodeng Shuxue

主　审　刘景瑞
主　编　朱彩兰　杜秀清　周巧娟
副主编　冯建霞　杨　青　张红锋
编　委（以姓氏笔画为序）
　　　　于　海　冯建霞　朱彩兰　张红锋　张洪波　张晓莉
　　　　李　娟　杜秀清　杨　青　周巧娟　赵　洁　薛佳佳

内容提要

本书是全国高职高专教育规划教材,在充分了解我国高职教育现状的基础上,根据高职教育的目标,我们编写了本教材,旨在培养高职高专学生必要的数学素质。本书以"通俗、简明、实用"为原则,概念清晰明了、语言通俗易懂、案例丰富多彩,注重增强数学的趣味性、实用性,同时注重对数学思想、数学方法的熏陶。

本书内容包括函数、极限与连续,一元函数微分学及应用,一元函数积分学及应用,常微分方程,无穷级数,向量代数与空间解析几何,多元函数微分学以及多元函数积分学共八章内容。为了培养并增强高职高专学生运用数学的意识,在前五章中设置了数学软件 MATLAB 的运用和数学实际应用的案例,以使学生学以致用,并在书后附有每个章节的习题答案,以供参考。

本书可作为高职高专院校、成人高校和独立院校各专业的通用教材,也可作为高职院校学生"升本"的参考资料,同时可供相关科技人员和数学爱好者参考。

图书在版编目(CIP)数据

实用高等数学 / 朱彩兰,杜秀清,周巧娟主编.--北京:高等教育出版社,2013.8(2016.11重印)

ISBN 978-7-04-035536-9

Ⅰ.①实… Ⅱ.①朱… ②杜… ③周… Ⅲ.①高等数学-高等职业教育-教材 Ⅳ.①O13

中国版本图书馆 CIP 数据核字(2013)第 188392 号

| 策划编辑 | 边晓娜 | 责任编辑 | 边晓娜 | 封面设计 | 张 志 | 版式设计 | 余 杨 |
| 插图绘制 | 黄建英 | 责任校对 | 窦丽娜 | 责任印制 | 田 甜 | | |

出版发行	高等教育出版社	咨询电话	400-810-0598
社 址	北京市西城区德外大街4号	网 址	http://www.hep.edu.cn
邮政编码	100120		http://www.hep.com.cn
印 刷	三河市吉祥印务有限公司	网上订购	http://www.landraco.com
开 本	787mm×1092mm 1/16		http://www.landraco.com.cn
印 张	15	版 次	2013年8月第1版
字 数	360千字	印 次	2016年11月第6次印刷
购书热线	010-58581118	定 价	26.00元

本书如有缺页、倒页、脱页等质量问题,请到所购图书销售部门联系调换
版权所有 侵权必究
物 料 号 35536-00

前　言

高等数学是高职院校的公共基础必修课,高等数学的教学质量对高职院校的人才培养至关重要,为了使学生能够喜爱数学,会应用数学,为此我们多所高职院校的数学教师合作编写了本教材。

本教材的指导思想是"通俗、简明、实用":通俗是指教材中使用的语言通俗易懂;简明是指教材中的内容遵循"必需、够用"的原则,做到简单明了;实用是指在教材中富含日常生活中的实例与运用数学软件解决的计算问题等,具有一定的实用性。

本书包含函数、极限与连续,一元函数微分学及应用,一元函数积分学及应用,常微分方程,无穷级数,向量代数与空间解析几何,多元函数微分学以及多元函数积分学共八章内容,每一节配有习题,每一章都配有总复习题,以供学生复习巩固,同时书后也提供了答案,以供参考。为了增强数学的实用性,本书在前五章中设置了数学实验和实用举例部分,以拓宽学生的运用数学的能力,使数学真正成为工具。由于后三章不是基础课的必备内容,我们将其作为选学内容,供教师和学习者自由选择,故未设置数学实验和实用举例。

本书具有以下特色:

一、弱化理论,加强实验

针对高职学生的特点,遵循扬长避短的原则,本书着重介绍数学思想,适当降低理论要求,通过 MATLAB 数学软件来解决繁琐的运算,旨在教会学生掌握数学思想,会运用数学软件来解决实际问题,这将更有益于学生以后的学习。

二、打破传统,另辟蹊径

为了淡化繁琐的数学运算,只介绍微(积)分的思想和必要的计算;为了还原数学发展的本来面目,先介绍定积分,后介绍不定积分;考虑到级数的应用更为普遍、使用价值更高,故将级数安排在空间解析几何以及多元函数微积分之前;为了帮助学生建立数学模型以及为了强调运用意识,在教材中列举了许多数学运用的例子,培养学生运用数学解决实际问题的能力。

三、以需为本,兼顾个别

我们在编写该教材时充分考虑到学生的就业和继续深造的两种选择需求,对即将就业的学生,注重必要的数学思想的熏陶和以"必需、够用"为原则的内容的讲授,为其专业学习打下基础;对继续深造的同学,在"必需、够用"的基础之外,增加了专升本的内容,并将这部分知识用"＊"标出,供教师和学生自由选择。

四、不失严谨,饶有趣味

在教材中列举了许多数学在日常生活中的实例,并在每章结束时,介绍有关数学发展史和数学家的故事,这样不仅拓宽了学生的视野,同时也增强了不少趣味性。

本书由刘景瑞担任主审,朱彩兰、杜秀清、周巧娟任主编,冯建霞、杨青、张红锋任副主编,参编的老师还有赵洁、于海、张洪波、薛佳佳、李娟、张晓莉。

本书是在江海职业技术学院、正德职业技术学院、应天职业技术学院、长春信息技术职业学院四所院校领导的大力支持下,高等教育出版社编辑的指导下完成的,在此表示感谢!

由于编者水平有限,教材中可能还存在许多不足之处,恳请读者和广大师生批评指正!

编者

2013 年 7 月

目　录

第一章　函数、极限与连续 ……………………………………………………………（1）
 第一节　函数及函数关系的建立 ………………………………………………（1）
 第二节　极限 ……………………………………………………………………（11）
 第三节　极限的运算 ……………………………………………………………（20）
 第四节　函数的连续性 …………………………………………………………（25）
 第五节　数学实验一 ……………………………………………………………（30）
 第六节　实用举例 ………………………………………………………………（37）
 本章总结 …………………………………………………………………………（41）
 总复习题一 ………………………………………………………………………（42）
 阅读资料　函数概念和极限概念的起源 ……………………………………（44）

第二章　一元函数微分学及应用 ……………………………………………………（45）
 第一节　函数的导数 ……………………………………………………………（45）
 第二节　微分 ……………………………………………………………………（54）
 *第三节　隐函数的导数 …………………………………………………………（57）
 *第四节　中值定理　洛必达法则 ………………………………………………（59）
 第五节　函数的性态 ……………………………………………………………（63）
 第六节　函数的最值 ……………………………………………………………（70）
 第七节　数学实验二 ……………………………………………………………（72）
 第八节　实用举例 ………………………………………………………………（75）
 本章总结 …………………………………………………………………………（79）
 总复习题二 ………………………………………………………………………（80）
 阅读资料　第二次数学危机 ……………………………………………………（82）

第三章　一元函数积分学及应用 ……………………………………………………（83）
 第一节　定积分的概念与性质 …………………………………………………（83）
 第二节　不定积分 ………………………………………………………………（89）
 第三节　定积分的应用 …………………………………………………………（98）
 第四节　数学实验三 …………………………………………………………（105）
 第五节　实用举例 ……………………………………………………………（107）
 本章总结 ………………………………………………………………………（110）
 总复习题三 ……………………………………………………………………（111）
 阅读资料　17世纪的亚里士多德——莱布尼茨 …………………………（113）

第四章 常微分方程 (114)
- 第一节 常微分方程的基本概念 (114)
- 第二节 一阶微分方程 (116)
- 第三节 二阶线性微分方程 (120)
- 第四节 数学实验四 (124)
- 第五节 实用举例 (126)
- 本章总结 (128)
- 总复习题四 (129)
- 阅读资料 常微分方程的由来 (131)

第五章 无穷级数 (132)
- 第一节 常数项级数的概念和性质 (132)
- 第二节 常数项级数的审敛法 (136)
- 第三节 幂级数 (141)
- 第四节 函数展开成幂级数 (147)
- 第五节 数学实验五 (151)
- 第六节 实用举例 (153)
- 本章总结 (154)
- 总复习题五 (155)
- 阅读资料 傅里叶的故事 (158)

*第六章 向量代数与空间解析几何 (160)
- 第一节 向量及其线性运算 (160)
- 第二节 向量的数量积与向量积 (169)
- 第三节 空间曲面、曲线及其方程 (174)
- 本章总结 (183)
- 总复习题六 (183)
- 阅读资料 欧几里得与欧氏几何 (185)

*第七章 多元函数微分学 (187)
- 第一节 多元函数的基本概念 (187)
- 第二节 多元函数的偏导数 (189)
- 第三节 二元函数的全微分 (194)
- 第四节 多元函数的极值 (196)
- 本章总结 (199)
- 总复习题七 (200)
- 阅读资料 世界数学大师——华罗庚 (201)

*第八章 多元函数积分学 (203)
- 第一节 二重积分的概念与性质 (203)
- 第二节 二重积分的计算 (206)

本章总结……………………………………………………………………(213)
　　总复习题八…………………………………………………………………(214)
　　阅读资料　四色问题………………………………………………………(215)
附录　习题答案………………………………………………………………(217)
参考文献………………………………………………………………………(230)

第一章 函数、极限与连续

名人名言 初等函数,即常数的数学,至少就总的来说,是在形式逻辑的范围内活动的,而变数的数学——其中最重要的部分是微积分——其按本质来说也不是别的,而是辩证法在数学方面的运用.

——恩格斯

本章导读 函数是高等数学的主要研究对象,是刻画变量与变量间关系的数学模型;极限的思想和分析方法将贯穿高等数学的始终;连续是函数的一个重要性态.本章将在复习和加深函数相关知识的基础上,学习函数的极限、连续及其有关性质,为后续内容的学习奠定基础.

第一节 函数及函数关系的建立

函数是中学阶段、特别是高中阶段数学的重要学习内容.本节将中学阶段的函数知识作一简要总结,并补充一些必要的内容,为进一步学习打下基础.

一、变量与常量

我们在观察某一现象的过程中,常常会遇到两种不同的量,一种量在研究过程中始终保持不变,称为**常量**,常用 a,b,c 等字母表示;还有一种量在研究过程中数值会发生变化,称为**变量**,常用 x,y,z 等字母来表示.

例如,某间教室的长、宽、高,北京到南京的直线距离等都是常量,而自然界的温度、人的身高等都是变量.

如果变量的变化是连续的,则常用区间来表示其变化范围,如表 1-1 所示.

表 1-1 变量的区间表示

区间的名称	区间的记号	区间满足的不等式	区间在数轴上的表示
闭区间	$[a,b]$	$a \leqslant x \leqslant b$	
开区间	(a,b)	$a < x < b$	
半开区间	$(a,b]$	$a < x \leqslant b$	
	$[a,b)$	$a \leqslant x < b$	

续表

区间的名称	区间的记号	区间满足的不等式	区间在数轴上的表示
无限区间	$[a,+\infty)$	$x \geqslant a$	
	$(-\infty,b)$	$x<b$	
	$(-\infty,+\infty)$	$-\infty<x<+\infty$	整个数轴

注：表中的 $-\infty$ 和 $+\infty$ 分别读作"负无穷大"和"正无穷大"，它们不是数，仅仅是一记号.

二、函数的概念

在同一自然现象或研究过程中，往往有多个变量在变化着，并且并不是孤立的，而是相互联系、相互依赖、按照一定的规律变化，如下面几个例子.

引例 1 已知圆半径为 r，面积为 A，则变量 A 与 r 之间的关系为
$$A=\pi r^2.$$
由上式可知当半径 r 给定一个确定的数值时，A 都有唯一确定的数值与其对应.

引例 2 下面是某上市公司股票 2013 年某日的成交价格变动曲线图（图 1-1）.

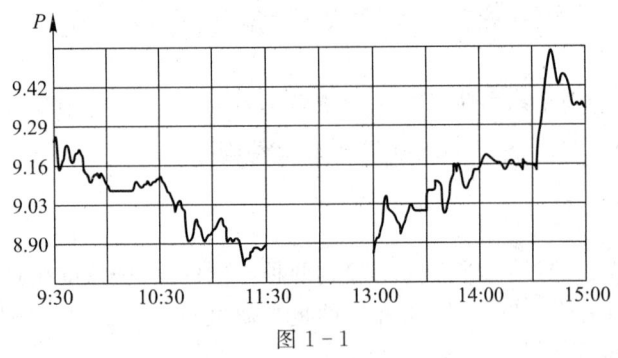

图 1-1

由图 1-1 可知，在交易日的每一个确定的交易时刻 t，这只股票的价格 P 是唯一确定的.

引例 3 某汽车销售公司 2012 年度各月份的汽车销量（单位：辆）如表 1-2 所示.

表 1-2

月份 x	1	2	3	4	5	6	7	8	9	10	11	12
销量 y	750	821	602	730	911	580	400	637	642	705	943	760

表 1-2 确定了月份 x 与销量 y 这两个变量之间的统计关系，不同的月份都有唯一确定的销量 y 与之对应.

1. 函数的定义

定义 1 设在某个变化过程中有两个变量 x 和 y，D 是一非空实数集，如果存在一个对应法则 f，使得对 D 内的每一个值 x 都有唯一的 y 与之对应，则这个对应法则 f 称为定义在集合 D 上的一个函数，记作

$$y=f(x), x\in D,$$

其中 x 称为**自变量**，y 称为**因变量**或**函数值**，D 称为**定义域**，f 为变量 x 和 y 之间的函数关系式.

对于 $x_0 \in D$，通过对应关系 f 得到的唯一确定的 y 值，称为当 $x=x_0$ 时，函数 $y=f(x)$ 的**函数值**，记作

$$f(x_0) \text{ 或 } f(x)|_{x=x_0} \text{ 或 } y|_{x=x_0}.$$

全体函数值的集合 $Z=\{y|y=f(x), x\in D\}$ 称为函数 $y=f(x)$ 的**值域**.

注：(1) 由定义知，函数表示的是两个变量之间的关系，因此与这两个变量用什么字母表示无关，如 $y=f(x)$ 和 $u=f(t)$ 是同一函数.

(2) 由定义知，定义域 D 及对应法则 f 是函数的两要素，如果两个函数的定义域相同，对应法则也相同，那么这两个函数就是相同的，否则就是不同的.

(3) 函数的表示方法主要有三种：解析法（也称公式法，如引例1）、图形法（也称图像法，如引例2）、表格法（也称列表法，如引例3）.

2. 函数的定义域及函数值

在实际问题中，函数的定义域是根据问题的实际意义而确定的. 当不考虑函数的实际意义时，函数的定义域就取使函数表达式有意义的自变量的集合. 这种定义域称为函数的自然定义域.

常见解析式函数的定义域的求法中注意事项有如下几点：

(1) 分母不能为零；

(2) 偶次根号下非负；

(3) 对数式中的真数恒为正；

(4) 反三角函数 $y=\arcsin x$ 和 $y=\arccos x$ 须满足 $-1 \leqslant x \leqslant 1$；

【例1】 求下列函数的定义域：

(1) $y=\lg(1-x^2)+\dfrac{1}{x}$； (2) $y=\dfrac{1}{\sqrt{3+2x-x^2}}+\arcsin(2x-1)$.

解 (1) 该函数的定义域是使不等式组

$$\begin{cases} 1-x^2 > 0, \\ x \neq 0 \end{cases}$$

成立的 x 的全体，解此不等式组得

$$-1 < x < 0 \text{ 或 } 0 < x < 1,$$

故函数的定义域为

$$(-1, 0) \cup (0, 1).$$

(2) 该函数的定义域是使不等式组

$$\begin{cases} 3+2x-x^2 \neq 0, \\ 3+2x-x^2 \geqslant 0, \\ -1 \leqslant 2x-1 \leqslant 1, \end{cases}$$

即

$$\begin{cases} x^2-2x-3 < 0, \\ -1 \leqslant 2x-1 \leqslant 1 \end{cases}$$

成立的 x 的全体，解此不等式组得

$$\begin{cases} -1 < x < 3, \\ 0 \leqslant x \leqslant 1, \end{cases}$$

故函数的定义域为 $[0,1]$.

【例 2】 设 $f(x) = \dfrac{x}{x+1}$, 求 $f(3)$, $f(-x)$, $f[f(x)]$.

解
$$f(3) = \frac{3}{3+1} = \frac{3}{4};$$

$$f(-x) = \frac{-x}{-x+1} = \frac{x}{x-1};$$

$$f[f(x)] = \frac{f(x)}{f(x)+1} = \frac{\dfrac{x}{x+1}}{\dfrac{x}{x+1}+1} = \frac{x}{2x+1}.$$

【例 3】 设 $f(x) = \begin{cases} x+2, & -2 < x < 0, \\ 0, & x = 0, \\ x^2 + 2, & 0 < x \leqslant 2, \end{cases}$ 求 $f(-1), f(0), f(1)$, 并求 $f(x)$ 的定义域.

解
$$f(-1) = -1 + 2 = 1,$$
$$f(0) = 0,$$
$$f(1) = 1^2 + 2 = 3;$$

由 $f(x)$ 的表达式易知, $f(x)$ 的定义域为 $(-2, 0] \cup (0, 2] = (-2, 2]$.

注: 在自变量 x 的不同取值范围内, $f(x)$ 具有不同的函数表达式, 这种函数称为**分段函数**.

三、函数的基本性质

1. 函数的单调性

设函数 $f(x)$ 在区间 I 上有定义, 若对任意的 $x_1, x_2 \in I$ 且 $x_1 < x_2$, 恒有 $f(x_1) < f(x_2)$, 则称 $f(x)$ 在区间 I 上是**单调增加函数**, 如图 1-2 所示; 若对任意的 $x_1, x_2 \in I$ 且 $x_1 < x_2$, 恒有 $f(x_1) > f(x_2)$, 则称 $f(x)$ 在区间 I 上是**单调减少函数**, 如图 1-3 所示.

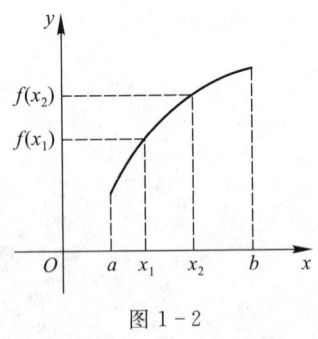

图 1-2

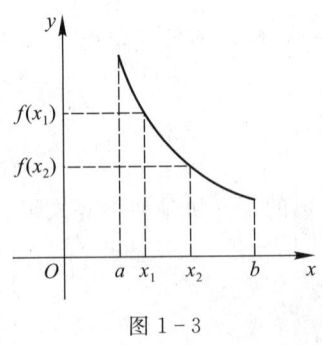

图 1-3

例如, 函数 $y = x^2$ 在 $[0, +\infty)$ 内是单调增加函数, 在 $(-\infty, 0]$ 内是单调减少函数.

2. 函数的奇偶性

设函数 $f(x)$ 的定义域 D 关于原点对称, 若对于任意的 $x \in D$, 恒有 $f(-x) = f(x)$, 则称 $f(x)$ 为**偶函数**; 若对于任意的 $x \in D$, 恒有 $f(-x) = -f(x)$, 则称 $f(x)$ 为**奇函数**. 既不是奇函数

又不是偶函数的函数称为**非奇非偶函数**.

偶函数的图像关于 y 轴对称,奇函数的图像关于原点对称,如图 1-4、图 1-5 所示.

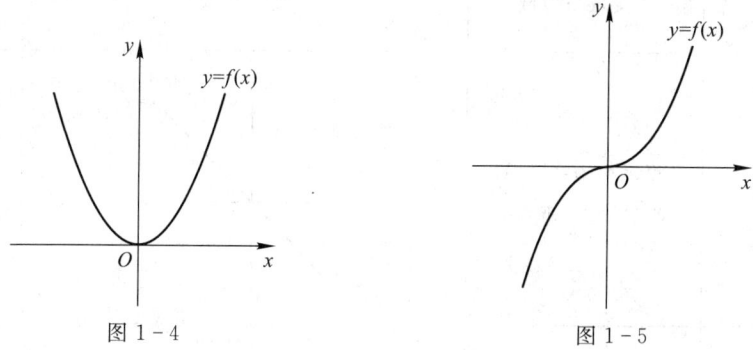

图 1-4　　　　　　　　　　图 1-5

例如,函数 $y=\sin x$, $y=\tan x$ 是奇函数,函数 $y=\cos x$ 是偶函数.

3. 函数的有界性

设函数 $f(x)$ 的定义域为 D,若存在正数 M,对于任意的 $x\in D$,恒有 $|f(x)|\leqslant M$,则称函数 $f(x)$ 在 D 上**有界**,或称 $f(x)$ 是 D 上的**有界函数**.

例如,函数 $y=\sin x$, $y=\cos x$ 是有界函数,因对任意实数 $x\in(-\infty,+\infty)$,恒有 $|\sin x|\leqslant 1$, $|\cos x|\leqslant 1$.

4. 函数的周期性

设函数 $f(x)$ 的定义域为全体实数 $\mathbf{R}$,若存在一个实数 T,使得对任意的 $x\in D$,恒有 $f(x+T)=f(x)$,则称 $f(x)$ 为**周期函数**,称 T 是 $f(x)$ 的一个周期.

注:我们所说的周期函数的周期是指最小正周期,若 T 是 $f(x)$ 的一个周期,则 $\pm 2T$, $\pm 3T$ 等也都是它的周期.

例如,函数 $y=\sin x$, $y=\cos x$ 的周期为 2π,函数 $y=\tan x$ 的周期为 π.

四、初等函数

1. 基本初等函数

常数函数、幂函数、指数函数、对数函数、三角函数、反三角函数,共六类函数统称为**基本初等函数**,它们是最常见、最简单、最基本的函数形式.很多复杂函数是以它们为基础构成的.它们的性质、图像如表 1-3 所示.

表 1-3　基本初等函数的图像及性质

函数类型	函数	定义域与值域	图　　像	性　质
常数函数	$y=c$	$x\in(-\infty,+\infty)$ $y\in\{c\}$		偶函数 有界

续表

函数类型	函数	定义域与值域	图　　像	性　　质
幂函数	$y=x$	$x\in(-\infty,+\infty)$ $y\in(-\infty,+\infty)$		奇函数 单调增加
	$y=x^2$	$x\in(-\infty,+\infty)$ $y\in[0,+\infty)$		偶函数 在$(0,+\infty)$内单调增加，在$(-\infty,0)$内单调减少
	$y=x^3$	$x\in(-\infty,+\infty)$ $y\in(-\infty,+\infty)$		奇函数 单调增加
	$y=\dfrac{1}{x}$	$x\in(-\infty,0)\cup(0,+\infty)$ $y\in(-\infty,0)\cup(0,+\infty)$		奇函数 在$(-\infty,0)$内单调减少，在$(0,+\infty)$内单调减少
	$y=\sqrt{x}$	$x\in[0,+\infty)$ $y\in[0,+\infty)$		单调增加

续表

函数类型	函数	定义域与值域	图 像	性 质
指数函数	$y=a^x$ $(a>1)$	$x\in(-\infty,+\infty)$ $y\in(0,+\infty)$	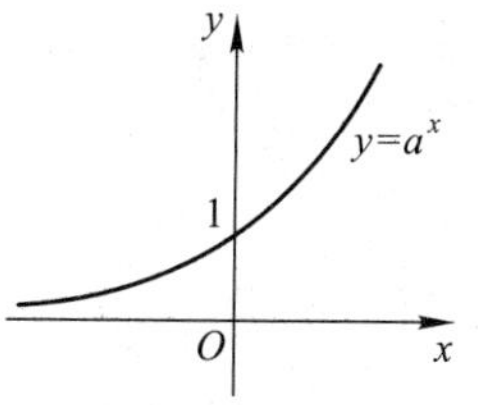	单调增加
	$y=a^x$ $(0<a<1)$	$x\in(-\infty,+\infty)$ $y\in(0,+\infty)$	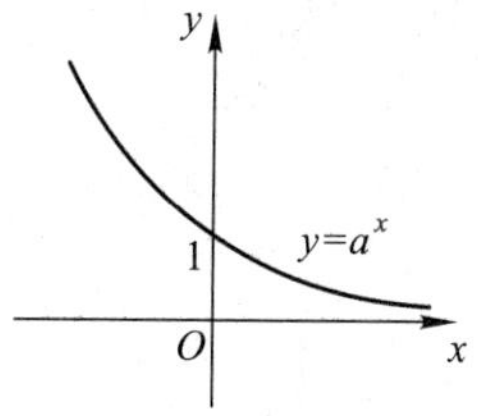	单调减少
对数函数	$y=\log_a x$ $(a>1)$	$x\in(0,+\infty)$ $y\in(-\infty,+\infty)$	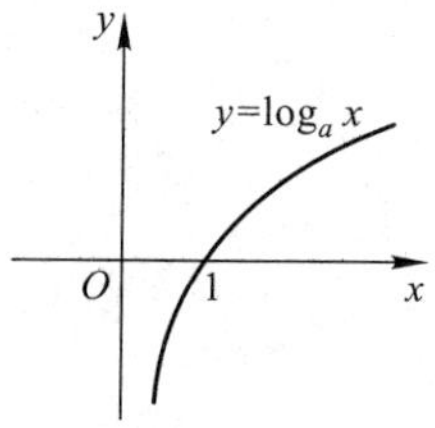	单调增加
	$y=\log_a x$ $(0<a<1)$	$x\in(0,+\infty)$ $y\in(-\infty,+\infty)$	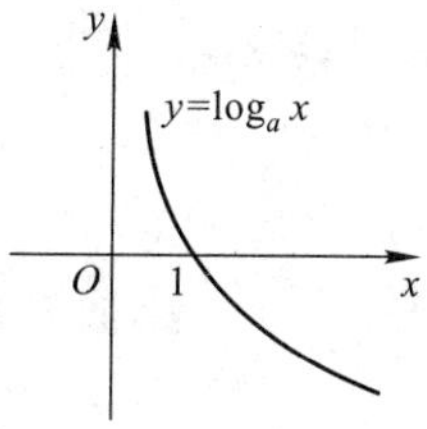	单调减少
三角函数	$y=\sin x$	$x\in(-\infty,+\infty)$ $y\in[-1,1]$	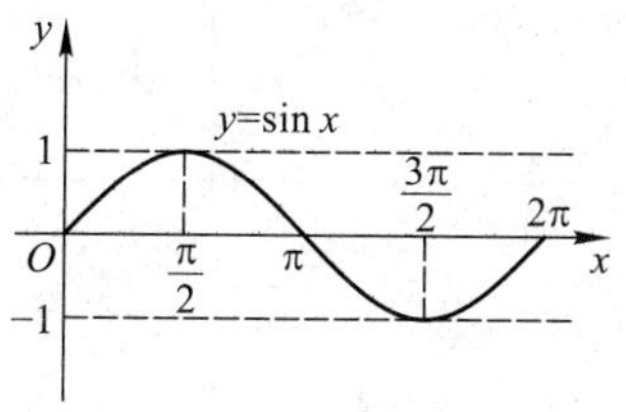	在 $\left(2k\pi-\dfrac{\pi}{2},2k\pi+\dfrac{\pi}{2}\right)$ 上单调增加； 在 $\left(2k\pi+\dfrac{\pi}{2},2k\pi+\dfrac{3\pi}{2}\right)$ 上单调减少 $(k\in\mathbf{Z})$ 奇函数 有界 周期为 2π

第一节 函数及函数关系的建立

续表

函数类型	函数	定义域与值域	图像	性　质
三角函数	$y=\cos x$	$x\in(-\infty,+\infty)$ $y\in[-1,1]$		在$(2k\pi,2k\pi+\pi)$上单调减少；在$(2k\pi+\pi,2k\pi+2\pi)$上单调增加$(k\in\mathbf{Z})$ 偶函数 有界 周期为2π
	$y=\tan x$	$x\neq k\pi+\dfrac{\pi}{2}(k\in\mathbf{Z})$ $y\in(-\infty,+\infty)$		在$\left(k\pi-\dfrac{\pi}{2},k\pi+\dfrac{\pi}{2}\right)$上单调增加$(k\in\mathbf{Z})$ 奇函数 周期为π
	$y=\cot x$	$x\neq k\pi(k\in\mathbf{Z})$ $y\in(-\infty,+\infty)$		在$(k\pi,k\pi+\pi)$上单调减少$(k\in\mathbf{Z})$ 奇函数 周期为π
反三角函数	$y=\arcsin x$	$x\in[-1,1]$ $y\in\left[-\dfrac{\pi}{2},\dfrac{\pi}{2}\right]$		单调增加 奇函数 有界
	$y=\arccos x$	$x\in[-1,1]$ $y\in[0,\pi]$		单调减少 有界

函数类型	函数	定义域与值域	图像	性质
反三角函数	$y=\arctan x$	$x\in(-\infty,+\infty)$ $y\in\left(-\dfrac{\pi}{2},\dfrac{\pi}{2}\right)$		单调增加 奇函数 有界
	$y=\operatorname{arccot} x$	$x\in(-\infty,+\infty)$ $y\in(0,\pi)$		单调减少 有界

2. 复合函数

在同一现象中，两个变量的关系有时不是直接的，而是通过另一变量间接联系起来的.

引例 4 在自由落体运动中，物体的动能 E 是速度 v 的函数：

$$E=f(v)=\frac{1}{2}mv^2 \quad (m\text{ 为物体的质量}),$$

而速度 v 又是时间 t 的函数：

$$v=\varphi(t)=gt,$$

这样通过中间变量 v，动能 E 也成为时间 t 的函数：

$$E=f[\varphi(t)]=\frac{1}{2}m(gt)^2=\frac{1}{2}mg^2t^2.$$

这个函数称为由 $E=f(v)$ 和 $v=\varphi(t)$ 复合而成的复合函数.

定义 2 设函数 $y=f(u)$ 的定义域为 D，函数 $u=\varphi(x)$ 的值域为 Z，若 $Z\cap D\neq\varnothing$，则 y 可通过中间变量 u 的联系成为 x 的函数，我们把这个函数称为是由函数 $y=f(u)$ 与 $u=\varphi(x)$ 复合而成的**复合函数**，记作

$$y=f[\varphi(x)],$$

其中 u 称为**中间变量**.

【**例 4**】 已知函数 $y=\sqrt{u}$ 与函数 $u=x^2-1$，求它们的复合函数.

解 将 $u=x^2-1$ 代入 $y=\sqrt{u}$ 中，得复合函数

$$y=\sqrt{x^2-1},x\in(-\infty,-1]\cup[1,+\infty).$$

注：并不是任意两个函数都能复合成一个复合函数的. 如 $y=\arcsin u,u=x^2+2$ 就不能复合成一个函数.

利用复合函数的概念，可以将较复杂的函数通过分解而表示成若干个函数的复合.

【例 5】 指出下列复合函数的复合过程:

(1) $y=e^{\tan x}$; (2) $y=\ln \sin x^2$; (3) $y=\arctan \dfrac{1}{\sqrt{x^2+2}}$.

解 (1) 函数 $y=e^{\tan x}$ 是由 $y=e^u, u=\tan x$ 复合而成的;

(2) 函数 $y=\ln \sin x^2$ 是由 $y=\ln u, u=\sin v, v=x^2$ 复合而成的;

(3) 函数 $y=\arctan \dfrac{1}{\sqrt{x^2+2}}$ 是由 $y=\arctan u, u=\dfrac{1}{\sqrt{v}}, v=x^2+2$ 复合而成的.

【例 6】 设 $y=f(u)$ 的定义域为 $[0,2]$,求函数 $y=f(\ln x)$ 的定义域.

解 由复合函数的定义域知 $0 \leqslant \ln x \leqslant 2$,即 $1 \leqslant x \leqslant e^2$,所以所求函数的定义域为 $[1,e^2]$.

3. 初等函数

定义 3 由基本初等函数经过有限次的四则运算或有限次的复合运算所构成并可用一个式子表示的函数,称为**初等函数**. 否则称为非初等函数.

例如,

$$y=\sqrt{1-x^2}+\sin^2 x, \quad y=\frac{\tan x}{1+x^3}, \quad y=\lg(3x-\sqrt{e^x+1})$$

等都是初等函数. 而大部分分段函数是非初等函数.

五、函数关系式的建立

用数学方法解决实际问题,首先要找出该问题中各变量之间的关系,即构建该问题的函数关系. 下面先结合例题说明函数关系建立的方法.

【例 7】 某工厂要建造一个容积为 V_0 的无盖圆柱形容器,试建立其表面积与底半径之间的函数关系.

解 设该圆柱形容器的底半径为 r,高为 h,表面积为 S. 则

$$S=S_{\text{侧}}+S_{\text{底}}=2\pi rh+\pi r^2,$$

因容积 V_0 一定,且 $V_0=\pi r^2 h$,即

$$h=\frac{V_0}{\pi r^2},$$

因此可得该容器的表面积与底半径之间的函数关系为

$$S=\frac{2V_0}{r}+\pi r^2 \quad (r>0).$$

【例 8】 某运输公司规定某货物的运价为:在 k 千米以内,每千米 a 元,超过 k 千米时,超出部分每千米 $0.9a$ 元. 试建立运价 y 与里程 x 之间的函数关系.

解 当 $x \in [0,k]$ 时,

$$y=ax,$$

当 $x \in (k,+\infty)$ 时,

$$y=ax+0.9a(x-k),$$

于是,运价 y 与里程 x 之间的函数关系为

$$y=\begin{cases} ax, & 0<x \leqslant k, \\ ax+0.9a(x-k), & x>k. \end{cases}$$

习题 1－1

1. 求下列函数的定义域.

   (1) $y=\dfrac{1}{\sqrt{x^2-1}}+\lg(x-2)$；

   (2) $y=\arcsin\dfrac{x-1}{2}$；

   (3) $y=\ln(\ln x)$；

   (4) $y=\begin{cases} x-1, & 1<x<3, \\ 3x, & 3\leqslant x<6. \end{cases}$

2. 求下列函数的函数值.

   (1) 设 $f(x)=\begin{cases} 2x-1, & x\geqslant 0, \\ 2^x, & x<0, \end{cases}$ 求 $f(-2),f(0),f(3)$；

   (2) 设 $f(x)=x\cdot 4^{x-1}$，求 $f(-1),f(t^2),f\left(\dfrac{1}{t}\right)$；

   (3) 设 $f(x)=2x-1$，求 $f(a^2),f[f(a)],[f(a)]^2$.

3. 求由所给函数复合而成的复合函数.

   (1) $y=\ln u, u=2x-1$；

   (2) $y=\tan u, u=v^2, v=x+3$.

4. 指出下列函数的复合过程.

   (1) $y=\sqrt{x^3-1}$；

   (2) $y=\sin^2 2x$；

   (3) $y=\arccos^3(2x+3)$；

   (4) $y=e^{\ln x}$；

   (5) $y=\sqrt{\tan(x-1)}$；

   (6) $y=\cos[\cos(x^2-1)]$.

5. 一汽车租赁公司出租某种汽车的收费标准为：每天的基本租金 200 元，另外每千米收费为 15 元.

   (1) 试建立每天的租车费 y 与行车路程 x 之间的函数关系；

   (2) 若某人某天付了 400 元租车费，问他开了多少千米.

第二节 极 限

极限是高等数学中最基本的概念，用来描述在一个变量的某个变化过程中另一个变量的变化趋势. 我们经常会在日常生活中看到这样的现象，比如，从市场的变化趋势来预测产品的需求状况，从企业的变化趋势来判断它的前途等. 本节先讨论数列的极限，然后再讨论函数的极限.

一、数列极限

1. 数列的定义

定义 1 数列是按照正整数的顺序排列的一串数，形式如 $x_1,x_2,\cdots,x_n,\cdots$ 记为 $\{x_n\}$，其中第 n 项 x_n 叫做数列的**一般项**或**通项**.

举例如下：

(1) $\{2^n\}:2,4,8,\cdots,2^n,\cdots$；

(2) $\left\{\dfrac{n}{n+1}\right\}:\dfrac{1}{2},\dfrac{2}{3},\dfrac{3}{4},\cdots,\dfrac{n}{n+1},\cdots$；

(3) $\{(-1)^n\}:-1,1,-1,1,\cdots,(-1)^n,\cdots$.

注：数列可看作定义域为正整数的函数 $x_n=f(n)$，按自变量增大的顺序排列着的一串函数值 $f(1),f(2),f(3),\cdots,f(n),\cdots$.

引例 1 战国时期的哲学家庄周所著的《庄子·天下篇》中有一句著名的话:"一尺之棰,日取其半,万世不竭". 也就是说一根长为一尺的木棒,每天截去一半,这样的过程可以无限地进行下去.

我们把每天截后剩下部分的长度记录如下(单位:尺):

第一天剩下 $\frac{1}{2}$;第二天剩下 $\frac{1}{2^2}$;第三天剩下 $\frac{1}{2^3}$;……;第 n 天剩下 $\frac{1}{2^n}$;……

现将这些数依次排在一起,就得到一个数列:

$$\frac{1}{2}, \frac{1}{2^2}, \frac{1}{2^3}, \cdots, \frac{1}{2^n}, \cdots,$$

记作 $\left\{\frac{1}{2^n}\right\}$.

不难看出,数列 $\left\{\frac{1}{2^n}\right\}$ 的通项 $\frac{1}{2^n}$ 随着 n 的无限增大而无限地接近于 0.

2. 数列的极限

定义 2 对于数列 $\{x_n\}$,若当 n 无限增大时,通项 x_n 无限地趋近于某一确定的常数 A,则称 A 为数列 $\{x_n\}$ 的**极限**,或称数列 $\{x_n\}$ **收敛**于 A,记作

$$\lim_{n\to\infty} x_n = A \text{ 或 } x_n \to A(n\to\infty),$$

符号"→"读作"趋于".

若数列 $\{x_n\}$ 没有极限,则称该数列**发散**.

由数列极限的定义知,前面所举例子中的(1)、(3)中的数列是发散的,而(2)中的数列是收敛的,且收敛于 1,即

$$\lim_{n\to\infty} \frac{n}{n+1} = 1.$$

最后,我们不加证明地给出数列极限的一些重要性质.

定理 1(唯一性) 每个收敛的数列只有一个极限.

定理 2(有界性) 收敛的数列必定有界.

我们已经知道数列可看作一类特殊的函数,即自变量取值为一切正整数,若自变量不再限于正整数的顺序,而是连续变化的,就成了函数. 下面我们结合数列的极限来学习一下函数极限的概念.

二、函数的极限

类似于数列的极限,函数的极限是研究在自变量的某个变化过程中,相应函数值的变化趋势. 数列的自变量变化趋势只有一种,即 n 取正整数且无限增大,而函数的自变量变化趋势有多种可能,一般可分为如下两类:

(1) 自变量趋于无穷大(即 $x\to\infty$);

(2) 自变量趋于定值 x_0(即 $x\to x_0$).

1. 当 $x\to\infty$(包含 $x\to\pm\infty$)时,函数 $f(x)$ 的极限

引例 2 考察分别当 $x\to+\infty$ 和 $x\to-\infty$ 时函数 $y=1+\frac{1}{x}(x\neq 0)$(如图 1-6 所示)和函数 $y=e^x$(如图 1-7 所示)的变化趋势.

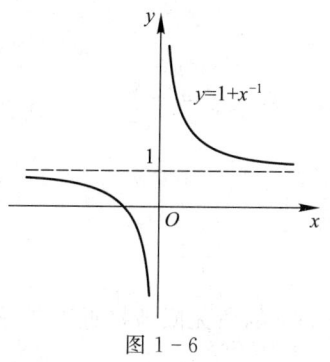
图 1-6

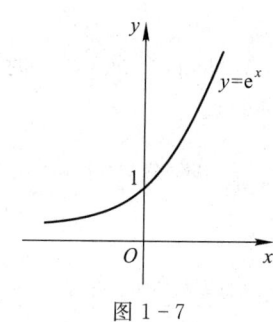
图 1-7

解 由图 1-6 可知，当 $x\to +\infty$ 和 $x\to -\infty$ 时，曲线都无限地接近直线 $y=1$，即函数值 y 都无限地接近于常数 1.

由图 1-7 所示，当 $x\to +\infty$ 时，曲线向上无限延伸，即函数值 y 无限地增大（可记为 $y\to +\infty$），当 $x\to -\infty$ 时，曲线无限地接近 x 轴，即函数值 y 无限地接近于常数 0.

类似于数列极限的定义，结合此例，我们可以给出当 $x\to +\infty$，$x\to -\infty$ 和 $x\to \infty$ 时，函数 $f(x)$ 极限的定义.

定义 3 若当 $x\to +\infty$（或 $x\to -\infty$）时，函数值 $f(x)$ 无限地接近于一个确定的常数 A，则称 A 为函数 $f(x)$ 当 $x\to +\infty$（或 $x\to -\infty$）时的**极限**，记作

$$\lim_{x\to +\infty} f(x)=A \quad (\text{或} \lim_{x\to -\infty} f(x)=A),$$
$$\text{或} \ f(x)\to A \quad (x\to +\infty \ \text{或} \ x\to -\infty).$$

根据定义，引例 2 可记为

$$\lim_{x\to +\infty}\left(1+\frac{1}{x}\right)=1, \ \lim_{x\to -\infty}\left(1+\frac{1}{x}\right)=1, \ \lim_{x\to -\infty} e^x=0,$$

$\lim\limits_{x\to +\infty} e^x$ 不存在（但此时也可简记为 $\lim\limits_{x\to +\infty} e^x=+\infty$）.

定义 4 若当 $|x|$ 无限增大（即当 $x\to +\infty$ 和 $x\to -\infty$）时，函数值 $f(x)$ 都无限地接近于同一个确定的常数 A，则称 A 为函数 $f(x)$ 当 $x\to \infty$ 时的**极限**，记作

$$\lim_{x\to \infty} f(x)=A \ \text{或} \ f(x)\to A \quad (x\to \infty).$$

根据此定义可知 $\lim\limits_{x\to \infty}\left(1+\frac{1}{x}\right)=1$，$\lim\limits_{x\to \infty} e^x$ 不存在.

定理 3 当且仅当 $\lim\limits_{x\to +\infty} f(x)$ 和 $\lim\limits_{x\to -\infty} f(x)$ 都存在且相等为 A 时，$\lim\limits_{x\to \infty} f(x)$ 才存在，且 $\lim\limits_{x\to \infty} f(x)=A$，即

$$\lim_{x\to \infty} f(x)=A \Leftrightarrow \lim_{x\to +\infty} f(x)=\lim_{x\to -\infty} f(x)=A.$$

【例 1】 根据函数极限的定义并结合图像分别考察下列函数当 $x\to \infty$ 时的极限：

(1) $f(x)=\dfrac{1}{x^2}$； (2) $f(x)=\arctan x$.

解 (1) 由图 1-8 可知，当 $x\to -\infty$ 或 $x\to +\infty$ 时，曲线都无限地接近 x 轴，即 $\dfrac{1}{x^2}$ 的值无限地接近于 0，故

$$\lim_{x\to\infty}\frac{1}{x^2}=0.$$

(2) 由图 1-9 可知,当 $x\to-\infty$ 时,曲线无限地接近直线 $y=-\frac{\pi}{2}$,即 arctan x 的值无限地接近于 $-\frac{\pi}{2}$,故

$$\lim_{x\to-\infty}\arctan x=-\frac{\pi}{2};$$

而当 $x\to+\infty$ 时,曲线无限地接近直线 $y=\frac{\pi}{2}$,即 arctan x 的值无限地接近于 $\frac{\pi}{2}$,故

$$\lim_{x\to+\infty}\arctan x=\frac{\pi}{2},$$

综合可知 $\lim\limits_{x\to\infty}\arctan x$ 不存在.

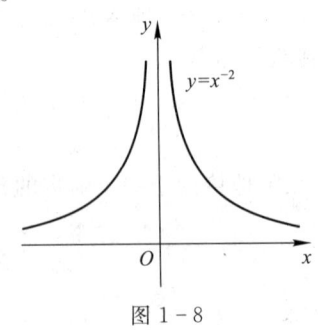

图 1-8

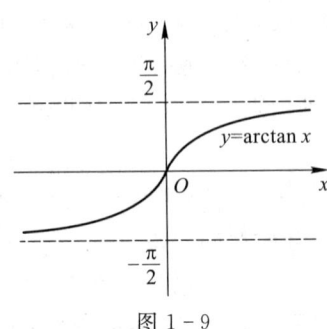

图 1-9

2. 当 $x\to x_0$ 时,函数 $f(x)$ 的极限

引例 3 当 $x\to 3$ 时,考察函数 $f(x)=\dfrac{x^2-9}{x-3}$ 的变化趋势.

解 函数 $f(x)$ 在 $x=3$ 处无定义,当 $x\neq 3$ 时,

$$f(x)=\frac{x^2-9}{x-3}=x+3,$$

由图 1-10 可知,当 $x\to 3$ 时,对应的函数值 $f(x)$ 就无限地接近于 6.

定义 5 若当自变量 x 无限地接近于定值 x_0 时,函数值 $f(x)$ 无限地接近于一个确定的常数 A,则称 A 为函数 $f(x)$ 当 $x\to x_0$ 时的极限,记作

$$\lim_{x\to x_0}f(x)=A \text{ 或 } f(x)\to A \quad (x\to x_0).$$

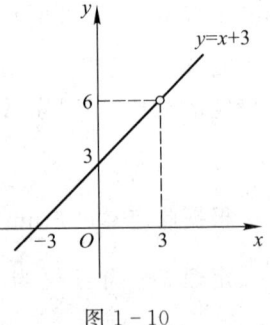

图 1-10

注:由引例 3 可以看出,研究当 $x\to x_0$ 时函数 $f(x)$ 的极限,是指 x 无限接近于 x_0 时函数 $f(x)$ 的变化趋势,而不是求函数 $f(x)$ 在点 x_0 处的函数值. 函数 $f(x)$ 在点 x_0 处的极限与函数 $f(x)$ 在点 x_0 处是否有定义无关.

【例 2】 根据函数极限的定义并结合图像考察下列极限:

(1) $\lim\limits_{x\to 0}\sin x$; (2) $\lim\limits_{x\to 0}\cos x$;

(3) $\lim\limits_{x\to x_0}C$; (4) $\lim\limits_{x\to x_0}x$.

解 (1) 由图 1-11 可知,当 $x \to 0$ 时,$\sin x$ 的值无限地接近于 0,故
$$\lim_{x \to 0} \sin x = 0;$$

(2) 由图 1-12 可知,当 $x \to 0$ 时,$\cos x$ 的值无限地接近于 1,故
$$\lim_{x \to 0} \cos x = 1;$$

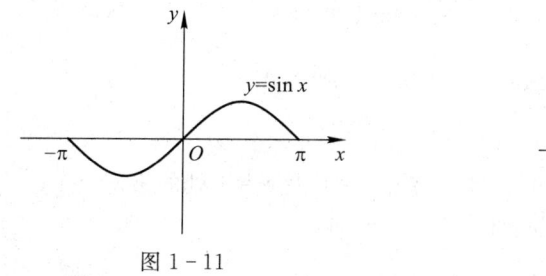

图 1-11

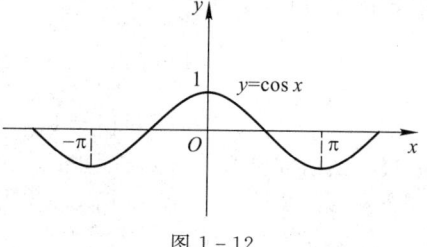

图 1-12

(3) 设 $f(x) = C$,因为无论自变量 x 取何值,$f(x)$ 的值恒等于 C,所以当 x 趋于 x_0 时,恒有 $f(x) = C$,故 $\lim_{x \to x_0} C = C$,如图 1-13 所示;

(4) 设 $\varphi(x) = x$,因为无论自变量 x 取何值,$\varphi(x)$ 的值都与 x 相等,所以当 x 趋于 x_0 时,$\varphi(x)$ 也趋于 x_0,故 $\lim_{x \to x_0} x = x_0$,如图 1-14 所示.

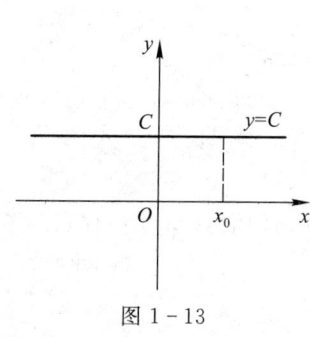

图 1-13

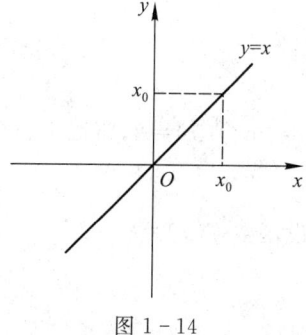

图 1-14

在定义 5 中,$x \to x_0$ 是指动点 x 沿 x 轴从 x_0 的左侧或右侧无限趋于 x_0. 但是,有些函数的极限,只能或只需考察 x 从 x_0 的左侧($x < x_0$)或右侧($x > x_0$)无限趋于 x_0 时的情况. 例如,函数
$$f(x) = \begin{cases} x+1, & x \geq 0, \\ x-1, & x < 0, \end{cases}$$

从图 1-15 可以看出,当 x 从 0 的左侧($x < 0$)趋于 0 时,$f(x)$ 趋于 -1;当 x 从 0 的右侧($x > 0$)趋于 0 时,$f(x)$ 趋于 1. 于是,我们引入左极限和右极限的概念.

定义 6 若当自变量 x 小于 x_0 而趋于 x_0(或 x 大于 x_0 而趋于 x_0)时,函数值 $f(x)$ 无限地接近于一个确定的常数 A,则称 A 为函数 $f(x)$ 当 x 趋于 x_0 时的**左极限**(或**右极限**),记作
$$\lim_{x \to x_0^-} f(x) = A \quad (\text{或} \lim_{x \to x_0^+} f(x) = A);$$

或记作

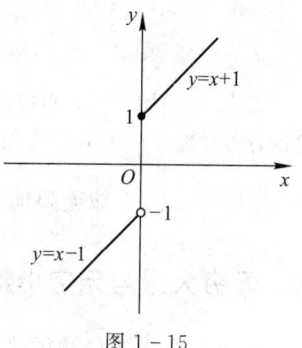

图 1-15

第二节 极限

$$f(x) \to A \quad (x \to x_0^- \text{ 或 } x \to x_0^+).$$

根据定义 6,上述所举例子中的极限可记作

$$\lim_{x \to 0^-} f(x) = -1, \lim_{x \to 0^+} f(x) = 1.$$

定理 4 当且仅当左极限 $\lim\limits_{x \to x_0^-} f(x)$ 和右极限 $\lim\limits_{x \to x_0^+} f(x)$ 都存在并且相等为 A 时,$\lim\limits_{x \to x_0} f(x)$ 才存在,且为 $\lim\limits_{x \to x_0} f(x) = A$,即

$$\lim_{x \to x_0} f(x) = A \Leftrightarrow \lim_{x \to x_0^+} f(x) = \lim_{x \to x_0^-} f(x) = A.$$

【例 3】 试研究函数 $f(x) = \begin{cases} x-1, & x \leqslant 0, \\ 2^x, & 0 < x < 1, \\ x+1, & x \geqslant 1 \end{cases}$ 在点 $x=0$ 及 $x=1$ 处的极限.

解 (1) 在点 $x=0$ 处,

$$\lim_{x \to 0^-} f(x) = \lim_{x \to 0^-} (x-1) = -1,$$
$$\lim_{x \to 0^+} f(x) = \lim_{x \to 0^+} 2^x = 1,$$

因为 $\lim\limits_{x \to 0^-} f(x) \neq \lim\limits_{x \to 0^+} f(x)$,所以 $\lim\limits_{x \to 0} f(x)$ 不存在;

(2) 在点 $x=1$ 处,

$$\lim_{x \to 1^-} f(x) = \lim_{x \to 1^-} 2^x = 2,$$
$$\lim_{x \to 1^+} f(x) = \lim_{x \to 1^+} (x+1) = 2,$$

因为 $\lim\limits_{x \to 1^-} f(x) = \lim\limits_{x \to 1^+} f(x) = 2$,所以 $\lim\limits_{x \to 1} f(x) = 2$.

【例 4】 设函数 $f(x) = \begin{cases} a+3x, & x<1, \\ 2, & x=1, \\ 1+x^2, & x>1, \end{cases}$ 试问当 a 为何值时,$\lim\limits_{x \to 1} f(x)$ 存在.

解 因为

$$\lim_{x \to 1^-} f(x) = \lim_{x \to 1^-} (a+3x) = a+3,$$
$$\lim_{x \to 1^+} f(x) = \lim_{x \to 1^+} (1+x^2) = 2,$$

由极限存在的充要条件知,要使极限 $\lim\limits_{x \to 1} f(x)$ 存在,则必有

$$\lim_{x \to 1^-} f(x) = \lim_{x \to 1^+} f(x),$$

即 $a+3=2$,得 $a=-1$,故当 $a=-1$ 时,极限 $\lim\limits_{x \to 1} f(x)$ 存在.

在研究函数 $f(x)$ 的极限时发现,在自变量 x 的某个特定变化过程中,有些函数的绝对值无限地增大(即 $f(x) \to \infty$),而有些函数的绝对值却无限地减小(即 $f(x) \to 0$).例如当 $x \to +\infty$ 时,e^x 无限增大,而 $\dfrac{1}{x}$ 却无限地减小.下面分别介绍这两种情形.

三、无穷大量与无穷小量

定义 7 若当自变量 x 在某一变化趋势下(记为 $x \to [\ ]$),函数 $f(x)$ 的绝对值无限增大,则称

函数 $f(x)$ 为当 $x \to [\ ]$ 时的**无穷大量**,简称**无穷大**.

注:(1) 根据函数极限的定义,此时 $f(x)$ 的极限是不存在的,但为了便于研究函数的这一趋势,我们也称"函数的极限是无穷大",并记作
$$\lim_{x \to x_0} f(x) = \infty.$$

(2) 无穷大是变量,不能理解为绝对值很大的数,例如 10^{10},e^{1000} 等都是常数,而不是无穷大.

(3) 无穷大总是和自变量的变化趋势相对应的,例如 $f(x) = \dfrac{1}{x}$,当 $x \to 0$ 时,$f(x) = \dfrac{1}{x} \to \infty$ 为无穷大,而当 $x \to \infty$ 时,$f(x) = \dfrac{1}{x} \to 0$ 就不是无穷大了.

定义 8 若当自变量 x 在某一变化趋势下(记为 $x \to [\ ]$),函数 $f(x)$ 的绝对值无限减小(即 $f(x) \to 0$),则称函数 $f(x)$ 为当 $x \to [\ ]$ 时的**无穷小量**,简称**无穷小**.

注:(1) 无穷小是变量,不能理解为绝对值很小的数,例如 0.0001,10^{-10} 等都是常数,而不是无穷小.但零是唯一的一个可以作为无穷小的常数.

(2) 和无穷大一样,无穷小也总是和自变量的变化趋势相对应的.

1. 无穷大与无穷小的关系

我们知道,
$$\lim_{x \to 0} \frac{1}{x^2} = \infty, \lim_{x \to 0} x^2 = 0,$$

即当 $x \to 0$ 时,$\dfrac{1}{x^2}$ 为无穷大量,而 x^2 为无穷小量;又如
$$\lim_{x \to -\infty} e^x = 0, \lim_{x \to -\infty} e^{-x} = \lim_{x \to -\infty} \frac{1}{e^x} = \infty,$$

即当 $x \to -\infty$ 时,e^x 为无穷小量,而 e^{-x} 为无穷大量.故我们可得无穷大与无穷小有如下的对应关系:

定理 5 在自变量的同一变化过程中

(1) 若 $f(x)$ 为无穷大,则 $\dfrac{1}{f(x)}$ 为无穷小;

(2) 若 $f(x)$ 为无穷小,且 $f(x) \neq 0$,则 $\dfrac{1}{f(x)}$ 为无穷大.

【**例 5**】 求 $\lim\limits_{x \to 2} \dfrac{x^2 + 3}{x - 2}$.

解 因为
$$\lim_{x \to 2} \frac{x-2}{x^2+3} = \frac{\lim\limits_{x \to 2}(x-2)}{\lim\limits_{x \to 2}(x^2+3)} = \frac{0}{7} = 0,$$

所以
$$\lim_{x \to 2} \frac{x^2+3}{x-2} = \infty.$$

2. 无穷小的性质

根据无穷小的定义立即可推出无穷小具有如下一些性质(在自变量的同一变化过程中).

性质 1 有限个无穷小的和、差、积仍为无穷小.

性质 2 有界函数与无穷小的乘积仍为无穷小.

推论 常数与无穷小之积为无穷小.

【例 6】 求 $\lim\limits_{x\to\infty}\dfrac{\sin x}{x}$.

解 因为
$$\lim_{x\to\infty}\frac{1}{x}=0, |\sin x|\leqslant 1,$$

所以由无穷小的性质 2 可得,
$$\lim_{x\to\infty}\frac{\sin x}{x}=0.$$

3. 无穷小的比较

我们知道,当 $x\to 0$ 时,$x, x^2, 4x$ 都是无穷小,但
$$\lim_{x\to 0}\frac{x^2}{x}=0, \lim_{x\to 0}\frac{x}{x^2}=\lim_{x\to 0}\frac{1}{x}=\infty, \lim_{x\to 0}\frac{4x}{x}=4.$$

可见,两个无穷小之商的极限存在着很大的差异,这种情况反映了两个无穷小趋于零的"快慢"程度的不同. 为了准确地描述无穷小的这种性质,我们引进"无穷小的阶"的概念.

定义 9 设 α 和 β 是自变量同一变化过程中的两个无穷小.

(1) 若 $\lim\dfrac{\beta}{\alpha}=0$,则称 β 是比 α **高阶**的无穷小,记作 $\beta=o(\alpha)$;

(2) 若 $\lim\dfrac{\beta}{\alpha}=\infty$,则称 β 是比 α **低阶**的无穷小;

(3) 若 $\lim\dfrac{\beta}{\alpha}=c\neq 0$,则称 β 与 α 是**同阶**无穷小. 特别地,当 $c=1$ 时,称 β 与 α 是**等价**无穷小,记作 $\beta\sim\alpha$.

根据定义,当 $x\to 0$ 时,x 是比 x^2 低阶的无穷小,x^2 是比 x 高阶的无穷小,$4x$ 与 x 是同阶无穷小.

下面是一些常见的当 $x\to 0$ 时互为等价的无穷小量:

$\sin x\sim x,\qquad \tan x\sim x,\qquad \arcsin x\sim x,\qquad \arctan x\sim x,$

$1-\cos x\sim \dfrac{1}{2}x^2,\qquad \ln(1+x)\sim x,\qquad e^x-1\sim x.$

等价无穷小的一个重要应用就是求函数的极限,下述定理就显示了等价无穷小在求极限过程中的作用.

定理 6 若 $F(x)\sim f(x), G(x)\sim g(x)$,且 $\lim\dfrac{f(x)}{g(x)}=A$(或为无穷大量),则
$$\lim\frac{F(x)}{G(x)}=A \quad (\text{或为无穷大量}).$$

定理 6 表明,在求两个无穷小之比的极限时,分子及分母都可以用等价无穷小替换. 因此,如果无穷小的替换运用得当,则可以简化求极限的运算过程.

【例 7】 求 $\lim\limits_{x\to 0}\dfrac{\sin x}{\arctan x}$.

解 因为当 $x \to 0$ 时，$\sin x \sim x$，$\arctan x \sim x$，所以

$$\lim_{x \to 0} \frac{\sin x}{\arctan x} = \lim_{x \to 0} \frac{x}{x} = 1.$$

【例 8】 求 $\lim\limits_{x \to 0} \dfrac{(e^x - 1)\ln(1+x)}{\tan x \arcsin x}$.

解 当 $x \to 0$ 时，

$$e^x - 1 \sim x, \ln(1+x) \sim x, \arcsin x \sim x, \tan x \sim x,$$

所以

$$\lim_{x \to 0} \frac{(e^x - 1)\ln(1+x)}{\tan x \arcsin x} = \lim_{x \to 0} \frac{x \cdot x}{x \cdot x} = 1.$$

习题 1-2

1. 观察下列数列当 $n \to \infty$ 时的变化趋势，写出它们的极限.

(1) $x_n = \dfrac{1}{2^n}$；

(2) $x_n = (-1)^n n$；

(3) $x_n = \dfrac{n}{n+1}$；

(4) $x_n = \sin \dfrac{n\pi}{2}$.

2. 作出图像求下列函数的极限.

(1) $\lim\limits_{x \to 2}(2x+1)$；

(2) $\lim\limits_{x \to +\infty} \left(\dfrac{1}{3}\right)^x$；

(3) $\lim\limits_{x \to 1} \ln x$；

(4) $\lim\limits_{x \to \frac{\pi}{2}} \cos x$.

3. 已知 $f(x) = \dfrac{|x|}{x}$，讨论 $\lim\limits_{x \to 0} f(x)$ 是否存在.

4. 设 $f(x) = \begin{cases} 2^x, & x < 0, \\ 2, & 0 \leq x < 1, \\ -x + 3, & x \geq 1, \end{cases}$ 作图并讨论 $x \to 0$，$x \to 1$ 时的极限是否存在.

5. 设函数 $f(x) = \begin{cases} 2+x, & x > 1, \\ a - x^2, & x < 1, \end{cases}$ 试问当 a 为何值时，$\lim\limits_{x \to 1} f(x)$ 存在.

6. 指出下列函数在自变量相应变化过程中是无穷小，还是无穷大.

(1) $y = 2x + 1 \left(x \to -\dfrac{1}{2}\right)$；

(2) $y = \dfrac{1}{x^2 - 1}(x \to 1)$；

(3) $y = \ln x (x \to 1)$；

(4) $y = e^x (x \to +\infty)$.

7. 利用无穷小的性质计算下列极限：

(1) $\lim\limits_{x \to 0} x^2 \sin \dfrac{1}{x}$；

(2) $\lim\limits_{x \to \infty} \dfrac{\arctan x}{x}$.

*8. 比较下列无穷小：

(1) 当 $x \to 0$ 时，$2x - x^2$ 与 $x^2 - x^3$；

(2) 当 $x \to 1$ 时，$1 - x$ 和 $\dfrac{1}{2}(1 - x^2)$.

*9. 利用等价无穷小的性质求下列极限：

(1) $\lim\limits_{x \to 0} \dfrac{\sin 3x}{e^{2x} - 1}$；

(2) $\lim\limits_{x \to 0} \dfrac{\ln(1+3x)}{\arctan 3x}$；

(3) $\lim\limits_{\Delta x\to 0}\dfrac{\sin 3\Delta x}{\Delta x}$;

(4) $\lim\limits_{x\to 0}\dfrac{\sin 3x\cdot(1-e^x)}{\arcsin x\cdot\ln(1+6x)}$.

第三节 极限的运算

根据极限的定义,通过观察和分析我们可求出一些简单函数的极限,那么对于一些较为复杂的函数,我们如何求其极限呢? 本节将介绍如何运用极限的四则运算法则和两个重要极限来求函数的极限.

一、极限的四则运算法则

定理 1 在自变量的某个变化过程中,如果
$$\lim f(x)=A, \lim g(x)=B.$$
则

(1) $\lim[f(x)\pm g(x)]=\lim f(x)\pm\lim g(x)=A\pm B$;

(2) $\lim[f(x)\cdot g(x)]=\lim f(x)\cdot\lim g(x)=A\cdot B$;

(3) 若 $B\neq 0$,则 $\lim\dfrac{f(x)}{g(x)}=\dfrac{\lim f(x)}{\lim g(x)}=\dfrac{A}{B}$.

注:(1) 记号"lim"下面没有标明自变量的变化过程,是指对 $x\to x_0$ 和 $x\to\infty$ 以及单侧极限均成立.

(2) 法则(1)、(2)可推广到有限个函数的情况.

推论 如果 $\lim f(x)=A$,那么

(1) $\lim kf(x)=k\cdot\lim f(x)=kA$,其中 k 为常数;

(2) $\lim[f(x)]^k=[\lim f(x)]^k=A^k$,其中 k 为常数.

【**例 1**】 求 $\lim\limits_{x\to 2}(2x^2-x+1)$.

解 $\lim\limits_{x\to 2}(2x^2-x+1)=\lim\limits_{x\to 2}2x^2-\lim\limits_{x\to 2}x+\lim\limits_{x\to 2}1$
$=2(\lim\limits_{x\to 2}x)^2-\lim\limits_{x\to 2}x+1$
$=2\cdot 2^2-2+1=7.$

【**例 2**】 求 $\lim\limits_{x\to 2}\dfrac{2x^2-x+5}{3x+1}$.

解 因为 $\lim\limits_{x\to 2}(3x+1)\neq 0$,所以

$$\lim\limits_{x\to 2}\dfrac{2x^2-x+5}{3x+1}=\dfrac{\lim\limits_{x\to 2}(2x^2-x+5)}{\lim\limits_{x\to 2}(3x+1)}$$
$$=\dfrac{2(\lim\limits_{x\to 2}x)^2-\lim\limits_{x\to 2}x+\lim\limits_{x\to 2}5}{3(\lim\limits_{x\to 2}x)+\lim\limits_{x\to 2}1}$$
$$=\dfrac{2\cdot 2^2-2+5}{3\cdot 2+1}=\dfrac{11}{7}.$$

二、基本未定式的极限

我们常见的基本未定式极限有"$\dfrac{0}{0}$"型(即分母与分子的极限为0)、"$\dfrac{\infty}{\infty}$"型(即分母与分子的极限为∞)及"$\infty-\infty$"型等,下面我们通过例题来介绍这几种未定式极限的求法.

【例 3】 求 $\lim\limits_{x\to 3}\dfrac{x-3}{x^2-9}$.

解 因为 $\lim\limits_{x\to 3}(x^2-9)=0$,所以不能直接用四则运算法则. 但当 $x\to 3$ 的过程中,$x^2-9\neq 0$,因此

$$\lim_{x\to 3}\dfrac{x-3}{x^2-9}=\lim_{x\to 3}\dfrac{x-3}{(x-3)(x+3)}=\lim_{x\to 3}\dfrac{1}{x+3}=\dfrac{\lim\limits_{x\to 3}1}{\lim\limits_{x\to 3}(x+3)}=\dfrac{1}{6}.$$

【例 4】 求 $\lim\limits_{x\to 0}\dfrac{\sqrt{1+x}-1}{x}$.

解 因为 $\lim\limits_{x\to 0}x=0$,所以不能直接用四则运算法则. 但通过根式有理化可将分母上极限为零的因子消去,因此

$$\lim_{x\to 0}\dfrac{\sqrt{1+x}-1}{x}=\lim_{x\to 0}\dfrac{(\sqrt{1+x}-1)(\sqrt{1+x}+1)}{x(\sqrt{1+x}+1)}$$

$$=\lim_{x\to 0}\dfrac{x}{x(\sqrt{1+x}+1)}$$

$$=\lim_{x\to 0}\dfrac{1}{\sqrt{1+x}+1}=\dfrac{1}{2}.$$

注:以上两个均为"$\dfrac{0}{0}$"型极限,可通过因式分解、根式有理化消去分母上的零因子.

【例 5】 求 $\lim\limits_{x\to\infty}\dfrac{3x^2+x-1}{2x^2+5}$.

解 当 $x\to\infty$ 时,分子、分母都趋于无穷大$\left(\text{这类极限常称为}\dfrac{\infty}{\infty}\text{型极限}\right)$,不能用极限的运算法则,但若分子、分母同除以最高次幂 x^2,就可将分子、分母转化为极限为零或常数的和与差,这样就可运用极限的运算法则了,即

$$\lim_{x\to\infty}\dfrac{3x^2+x-1}{2x^2+5}=\lim_{x\to\infty}\dfrac{3+\dfrac{1}{x}-\dfrac{1}{x^2}}{2+\dfrac{5}{x^2}}=\dfrac{3+0-0}{2+0}=\dfrac{3}{2}.$$

同理可得,

$$\lim_{x\to\infty}\dfrac{3x^2+x-1}{2x^3-3x+2}=\lim_{x\to\infty}\dfrac{\dfrac{3}{x}+\dfrac{1}{x^2}-\dfrac{1}{x^3}}{2-\dfrac{3}{x^2}+\dfrac{2}{x^3}}=\dfrac{0}{2}=0.$$

$$\lim_{x\to\infty}\dfrac{3x^3-2x^2+4}{2x^2+3x-4}=\lim_{x\to\infty}\dfrac{3-\dfrac{2}{x}+\dfrac{4}{x^3}}{\dfrac{2}{x}+\dfrac{3}{x^2}-\dfrac{4}{x^3}}=\infty.$$

一般地,对于 $\dfrac{\infty}{\infty}$ 型有理分式函数,有如下结论:

$$\lim_{x\to\infty}\dfrac{a_0x^n+a_1x^{n-1}+\cdots+a_n}{b_0x^m+b_1x^{m-1}+\cdots+b_m}=\begin{cases}\dfrac{a_0}{b_0}, & \text{当 } n=m,\\ 0, & \text{当 } n<m,\\ \infty, & \text{当 } n>m\end{cases}\quad (a_0\neq 0,b_0\neq 0).$$

从上述各例中,我们发现在应用四则运算法则求极限时,首先要判断是否满足其使用条件,如果不满足,根据函数的特点作适当的恒等变换,使之符合条件,然后再使用极限的运算法则求出结果.

三、复合函数的极限运算法则

定理 2　设函数 $y=f[g(x)]$ 是由函数 $y=f(u)$ 与 $u=\varphi(x)$ 复合而成,若

$$\lim_{x\to x_0}g(x)=u_0,\ \lim_{u\to u_0}f(u)=A,$$

则

$$\lim_{x\to x_0}f[g(x)]=\lim_{u\to u_0}f(u)=A.$$

【例 6】　求 $\lim\limits_{x\to\frac{\pi}{2}}e^{\sin x}$.

解　令 $u=\sin x$,则函数 $y=e^{\sin x}$ 可视为由 $y=e^u$ 和 $u=\sin x$ 复合而成.因为 $x\to\dfrac{\pi}{2}$ 时,$u=\sin x\to 1$,且 $u\to 1$ 时 $e^u\to e$,所以

$$\lim_{x\to\frac{\pi}{2}}e^{\sin x}=\lim_{u\to 1}e^u=e.$$

【例 7】　求 $\lim\limits_{x\to 0}\arcsin(2x+1)$.

解　令 $u=2x+1$,则函数 $y=\arcsin(2x+1)$ 由 $y=\arcsin u$ 和 $u=2x+1$ 复合而成.因为 $x\to 0$ 时,$u=2x+1\to 1$,且 $u\to 1$ 时 $\arcsin u\to\dfrac{\pi}{2}$,所以

$$\lim_{x\to 0}\arcsin(2x+1)=\lim_{u\to 1}\arcsin u=\dfrac{\pi}{2}.$$

四、两个重要极限

1. 重要极限 1:$\lim\limits_{x\to 0}\dfrac{\sin x}{x}=1$

当 $x\to 0$ 时,让我们来观察一下函数 $\dfrac{\sin x}{x}$ 的变化趋势,如表 1-4 所示.

表 1-4

x	± 0.5	± 0.3	± 0.2	± 0.1	± 0.01	± 0.001	$\cdots$	$\to 0$
$\dfrac{\sin x}{x}$	0.958 85	0.985 07	0.993 35	0.998 33	0.999 98	0.999 99	$\cdots$	$\to 1$

从表 1-4 中可以看出,当 $x\to 0$ 时,函数 $\dfrac{\sin x}{x}$ 值无限地接近于 1,显然 $\dfrac{x}{\sin x}$ 的值也无限地接近于 1.

此公式也可推广为：
$$\lim_{\square \to 0} \frac{\sin \square}{\square} = 1,$$
方框中的变量应该是一致的，并且要趋于 0.

【例 8】 求 $\lim\limits_{x \to 0} \dfrac{\tan x}{x}$.

解 $\lim\limits_{x \to 0} \dfrac{\tan x}{x} = \lim\limits_{x \to 0} \left(\dfrac{\sin x}{x} \cdot \dfrac{1}{\cos x} \right) = \lim\limits_{x \to 0} \dfrac{\sin x}{x} \cdot \lim\limits_{x \to 0} \dfrac{1}{\cos x} = 1.$

【例 9】 求 $\lim\limits_{x \to 1} \dfrac{\sin(x-1)}{x^2 + x - 2}$.

解 $\lim\limits_{x \to 0} \dfrac{\sin(x-1)}{x^2 + x - 2} = \lim\limits_{x \to 1} \dfrac{\sin(x-1)}{(x-1)(x+2)} = \lim\limits_{x \to 1} \dfrac{\sin(x-1)}{x-1} \cdot \lim\limits_{x \to 1} \dfrac{1}{x+2} = \dfrac{1}{3}.$

【例 10】 求 $\lim\limits_{x \to 0} \dfrac{1 - \cos x}{x^2}$.

解 $\lim\limits_{x \to 0} \dfrac{1 - \cos x}{x^2} = \lim\limits_{x \to 0} \dfrac{2 \sin^2 \dfrac{x}{2}}{x^2} = \dfrac{1}{2} \lim\limits_{x \to 0} \left[\dfrac{\sin \dfrac{x}{2}}{\dfrac{x}{2}} \right]^2 = \dfrac{1}{2}.$

【例 11】 求 $\lim\limits_{x \to 0} \dfrac{3x}{\arcsin x}$.

解 设 $\arcsin x = t$，则 $x = \sin t$，且 $x \to 0$ 时 $t \to 0$，所以
$$\lim_{x \to 0} \frac{3x}{\arcsin x} = \lim_{t \to 0} \frac{3 \sin t}{t} = 3.$$

2. 重要极限 2：$\lim\limits_{x \to \infty} \left(1 + \dfrac{1}{x} \right)^x = e$

这个数 e 是个无理数，它的值是 e = 2.718 281 828 459 045…．

当 $x \to \infty$ 时，让我们来观察一下函数 $\left(1 + \dfrac{1}{x} \right)^x$ 的变化趋势，如表 1-5 所示.

表 1-5

x	10	100	1 000	10 000	100 000	…
$\left(1+\dfrac{1}{x}\right)^x$	2.594	2.705	2.717	2.718 1	2.718 2	…
x	−10	−100	−1 000	−10 000	−100 000	…
$\left(1+\dfrac{1}{x}\right)^x$	2.88	2.732	2.720	2.718 3	2.718 28	…

从表 1-5 可以得出：
$$\lim_{x \to \infty} \left(1 + \frac{1}{x} \right)^x = e.$$

令 $\dfrac{1}{x} = t$，当 $x \to \infty$ 时，$t \to 0$，从而有 $\lim\limits_{t \to 0} (1+t)^{\frac{1}{t}} = e$，即
$$\lim_{x \to 0} (1+x)^{\frac{1}{x}} = e.$$

上述两个公式可以看成是一个重要极限的两种不同形式,但它们在形式上具有共同特点,即满足

$$\lim_{\square \to \infty}\left(1+\frac{1}{\square}\right)^{\square}=e,$$

我们称之为 1^{∞} 型未定式.

【例 12】 求 $\lim\limits_{x\to\infty}\left(1+\dfrac{1}{x}\right)^{3x}$.

解 $\lim\limits_{x\to\infty}\left(1+\dfrac{1}{x}\right)^{3x}=\lim\limits_{x\to\infty}\left[\left(1+\dfrac{1}{x}\right)^{x}\right]^{3}=e^{3}$.

【例 13】 求 $\lim\limits_{x\to 0}(1-3x)^{\frac{1}{x}}$.

解 $\lim\limits_{x\to 0}(1-3x)^{\frac{1}{x}}=\lim\limits_{x\to 0}\{[1+(-3x)]^{\frac{1}{-3x}}\}^{-3}=e^{-3}$.

【例 14】 求 $\lim\limits_{x\to\infty}\left(1+\dfrac{1}{2x}\right)^{4x+3}$.

解 $\lim\limits_{x\to\infty}\left(1+\dfrac{1}{2x}\right)^{4x+3}=\lim\limits_{x\to\infty}\left[\left(1+\dfrac{1}{2x}\right)^{2x}\right]^{2} \cdot \lim\limits_{x\to\infty}\left(1+\dfrac{1}{2x}\right)^{3}=e^{2}\cdot 1=e^{2}$.

【例 15】 求 $\lim\limits_{x\to\infty}\left(\dfrac{x+2}{x+1}\right)^{2x}$.

解 $\lim\limits_{x\to\infty}\left(\dfrac{x+2}{x+1}\right)^{2x}=\lim\limits_{x\to\infty}\left(1+\dfrac{1}{x+1}\right)^{2(x+1)-2}$

$=\lim\limits_{x\to\infty}\left[\left(1+\dfrac{1}{x+1}\right)^{(x+1)}\right]^{2} \cdot \lim\limits_{x\to\infty}\left[\left(1+\dfrac{1}{x+1}\right)\right]^{-2}=e^{2}\cdot 1=e^{2}$.

习题 1−3

1. 求下列各极限:

(1) $\lim\limits_{x\to 2}\dfrac{x^{2}+5}{x-3}$;

(2) $\lim\limits_{x\to 1}\dfrac{x^{2}-2x+1}{x^{2}-1}$;

(3) $\lim\limits_{h\to 0}\dfrac{(x+h)^{2}-x^{2}}{h}$;

(4) $\lim\limits_{x\to 0}\dfrac{4x^{3}-2x^{2}+x}{3x^{2}+2x}$;

(5) $\lim\limits_{x\to\infty}\left(2-\dfrac{1}{x}+\dfrac{1}{x^{2}}\right)$;

(6) $\lim\limits_{x\to 3}\dfrac{x-3}{\sqrt{x+1}-2}$;

(7) $\lim\limits_{x\to\infty}\dfrac{x^{2}+x}{x^{2}-3x-1}$;

(8) $\lim\limits_{n\to\infty}\left(1+\dfrac{1}{2}+\dfrac{1}{4}+\cdots+\dfrac{1}{2^{n}}\right)$.

2. 已知 $\lim\limits_{x\to 3}\dfrac{x^{2}-2x+k}{x-3}$ 存在,确定 k 的值,并求此极限.

3. 计算下列极限:

(1) $\lim\limits_{x\to 0}\dfrac{\tan 3x}{x}$;

(2) $\lim\limits_{x\to 2}\dfrac{x-2}{\sin(x^{2}-4)}$;

(3) $\lim\limits_{x\to\infty}x\sin\dfrac{2}{x}$;

(4) $\lim\limits_{x\to 0}\dfrac{\sin 2x}{\sin 5x}$;

(5) $\lim\limits_{x\to 0}(1-2x)^{\frac{3}{x}}$;

(6) $\lim\limits_{t\to 0}(1-t^{2})^{\frac{1}{t}}$;

(7) $\lim\limits_{x\to\infty}\left(\dfrac{x}{1+x}\right)^{-2x}$;

(8) $\lim\limits_{x\to\infty}\left(\dfrac{2-2x}{3-2x}\right)^{2x}$.

第四节 函数的连续性

我们在研究函数时,不仅关心变量在一个变化过程中的变化趋势,同时也十分关注变量是以怎样的方式变化的:从函数的图形上看,它可能呈现出一种"连绵不断"的样子,还可能是断断续续、呈跳跃式的,甚至可能是无法用语言描述的变化.为进一步研究这种不同类别的变化,我们将在本节介绍函数连续与间断的概念.

一、函数连续的概念

中国有句古语"千里之堤,毁于蚁穴",要讨论函数在整个定义域内的图像是否"连绵不断",必须讨论其在定义区间内的任一点 x_0 处是否与其附近点"紧密相连",即自变量的微小变化是否会导致函数的"突变".为了刻画函数自变量的这种"细微"变化,我们先引入函数增量的概念.

1. 函数的增量(或改变量)

如图 1-16 所示,设函数 $y=f(x)$ 在点 x_0 的邻域内有定义,当自变量 x 从初值 x_0 变化到终值 x 时,称终值 x 与初值 x_0 的差为自变量 x 的**增量**,记作 Δx,即 $\Delta x = x - x_0$;相应地,函数 $f(x)$ 在终值 x 处的函数值与初值在 x_0 处的函数值的差称为**函数的增量**,记为 Δy,即

$$\Delta y = f(x) - f(x_0) = f(x_0 + \Delta x) - f(x_0) = y - y_0.$$

注:增量也称为**改变量**,它可以是正数,也可以是零或负数.

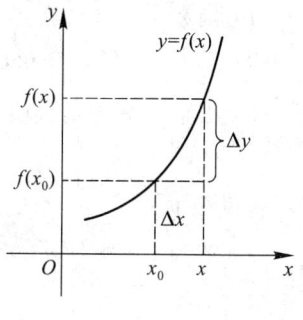

图 1-16

从几何图形上看,若函数 $f(x)$ 在点 x_0 处不断开,如图 1-17 所示,则当 x 在 x_0 处取得微小改变量 Δx 时,函数值相应的改变量 Δy 也很小,且当 $\Delta x \to 0$ 时,$\Delta y \to 0$,即 $\lim\limits_{\Delta x \to 0} \Delta y = 0$. 相反,若函数 $f(x)$ 在点 x_0 处断开,如图 1-18 所示,则即使有 $\Delta x \to 0$,Δy 也不趋于 0.

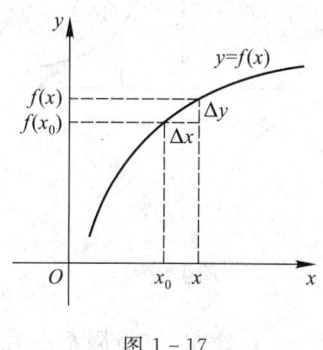

图 1-17

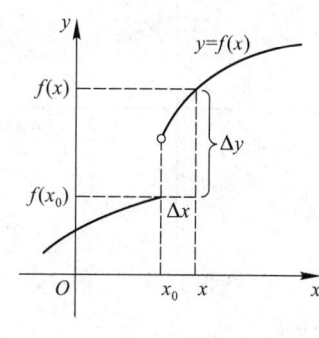

图 1-18

2. 函数在一点处连续的概念

定义 1 设函数 $y = f(x)$ 在点 x_0 的某邻域内有定义,若当自变量 x 在点 x_0 处的增量 Δx 趋于零时,函数值相应的增量 Δy 也趋于零,即

$$\lim_{\Delta x \to 0} \Delta y = 0,$$

则称函数 $y=f(x)$ 在点 x_0 处**连续**,x_0 称为 $f(x)$ 的**连续点**.

该定义表明,函数在一点连续的本质特征是:当自变量的变化很小时,相应的函数值的变化也很小.

在上述定义中,令 $x=x_0+\Delta x$,即 $\Delta x=x-x_0$,相应地 $\Delta y=f(x)-f(x_0)$,则当 $\Delta x\to 0$,即 $x\to x_0$ 时,

$$\lim_{\Delta x\to 0}\Delta y=\lim_{x\to x_0}[f(x)-f(x_0)]=0,$$

即

$$\lim_{x\to x_0}f(x)=f(x_0).$$

于是我们可得函数在一点处连续定义的另一种表述.

定义 2 如果函数 $y=f(x)$ 在点 x_0 的某一邻域内有定义,$\lim\limits_{x\to x_0}f(x)$ 存在并且 $\lim\limits_{x\to x_0}f(x)=f(x_0)$,那么称函数 $y=f(x)$ **在点 x_0 处连续**,x_0 称为函数 $y=f(x)$ 的**连续点**.

注:由此定义可知,$y=f(x)$ 在点 x_0 处连续必须同时满足三个条件:

(1) 函数 $y=f(x)$ 在点 x_0 的某一邻域内有定义;

(2) 极限 $\lim\limits_{x\to x_0}f(x)$ 存在;

(3) 极限值等于函数值,即

$$\lim_{x\to x_0}f(x)=f(x_0).$$

举例如下:

(1) 如图 1-19 所示,函数 $f_1(x)=x+1$ 在点 $x=0$ 处连续,因为

$$\lim_{x\to 0}f_1(x)=f_1(0)=1.$$

(2) 如图 1-20,$f_2(x)=\dfrac{1}{x}$ 在 $x=0$ 处不连续,因为 $f_2(x)$ 在 $x=0$ 处无定义.

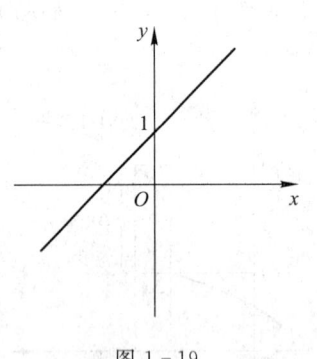

图 1-19

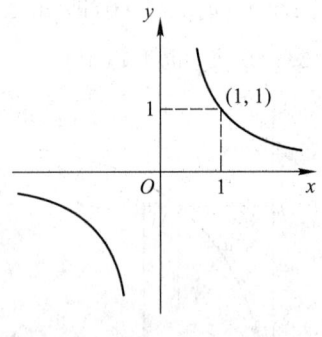

图 1-20

(3) 如图 1-21,函数 $f_3(x)=\begin{cases}x-1, & x<0,\\ x+1, & x\geq 0\end{cases}$ 在点 $x=0$ 处左、右极限都存在但不相等,即 $\lim\limits_{x\to 0}f_3(x)$ 不存在,故 $x=0$ 是 $f_3(x)$ 的不连续点.

(4) 如图 1-22,函数 $f_4(x)=\begin{cases}x, & x\neq 0,\\ 1, & x=0\end{cases}$ 在点 $x=0$ 处极限存在,$\lim\limits_{x\to 0}f_4(x)=0$,且 $f(0)=1$,但 $\lim\limits_{x\to 0}f_4(x)\neq f_3(0)$,所以 $f_4(x)$ 在点 $x=0$ 处不连续.

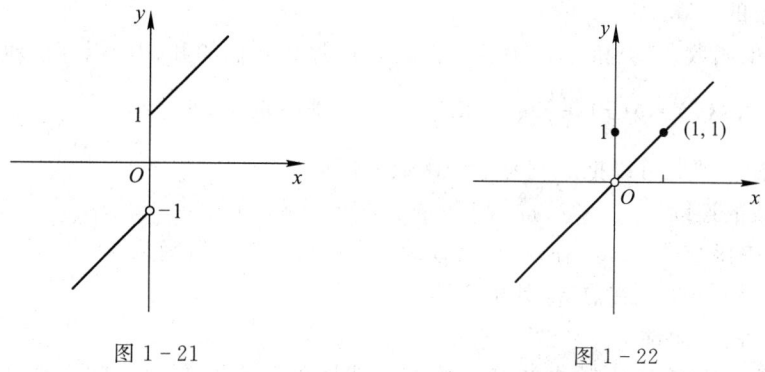

图 1-21　　　　　　　　　　图 1-22

定义 3　设函数 $y=f(x)$ 在点 x_0 及其左半（或右半）邻域内有定义，如果
$$\lim_{x\to x_0^-}f(x)=f(x_0)\quad(\text{或}\lim_{x\to x_0^+}f(x)=f(x_0))$$
那么称函数 $y=f(x)$ **在点 x_0 处左连续**（**或右连续**）．

如前面提过的 $f_3(x)=\begin{cases}x-1,&x<0,\\x+1,&x\geq 0\end{cases}$，在点 $x=0$ 处只是右连续．

不难知道，$y=f(x)$ 在点 x_0 处连续的充分必要条件是 $y=f(x)$ 在点 x_0 处既左连续又右连续．

【**例 1**】　讨论函数 $f(x)=\begin{cases}x-5,&-2\leq x<0,\\-x+1,&0\leq x\leq 2\end{cases}$，在点 $x=0$ 与 $x=1$ 处的连续性．

解　函数 $f(x)$ 在点 $x=0$ 及点 $x=1$ 的邻域内都有定义，且 $f(0)=1,f(1)=0$，则
$$\lim_{x\to 0^-}f(x)=\lim_{x\to 0^-}(x-5)=-5\neq f(0),$$
$$\lim_{x\to 0^+}f(x)=\lim_{x\to 0^+}(-x+1)=1=f(0),$$
即 $f(x)$ 在点 $x=1$ 处只右连续，所以 $f(x)$ 在点 $x=0$ 处不连续；而
$$\lim_{x\to 1^-}f(x)=\lim_{x\to 1^+}f(x)=\lim_{x\to 1}(-x+1)=0=f(1);$$
所以 $f(x)$ 在点 $x=1$ 处连续．

二、连续函数及其运算

1. 连续函数

定义 4　如果函数 $y=f(x)$ 在开区间 (a,b) 内每一点都连续，那么称函数 $y=f(x)$ **在区间 (a,b) 内连续**，或称函数 $y=f(x)$ 为区间 (a,b) 内的连续函数，区间 (a,b) 称为函数 $y=f(x)$ 的连续区间．

如果函数 $y=f(x)$ 在区间 (a,b) 内连续，且在右端点 b 处左连续（$\lim_{x\to b^-}f(x)=f(b)$），在左端点 a 处右连续（$\lim_{x\to a^+}f(x)=f(a)$），那么称函数 $y=f(x)$ **在闭区间 $[a,b]$ 上连续**．

在几何上，连续函数的图像是一条连续不间断的曲线．而基本初等函数的图像在其定义区间内都是连续不间断的曲线，所以有以下结论：

基本初等函数在其定义区间内都是连续的．

2. 连续函数的运算

定理 1 如果函数 $f(x)$ 和 $g(x)$ 在点 x_0 处连续,那么它们的和、差、积、商,即 $kf(x)$(k 为常数),$f(x)\pm g(x)$,$f(x)\cdot g(x)$,$\dfrac{f(x)}{g(x)}$($g(x_0)\neq 0$)也都在点 x_0 处连续.

注:和、差、积的情况可以推广到有限个函数的情形.

3. 复合函数的连续性

定理 2 如果函数 $u=\varphi(x)$ 在点 x_0 处连续,且 $\varphi(x_0)=u_0$,而函数 $y=f(u)$ 在点 u_0 处连续,那么复合函数 $y=f[\varphi(x)]$ 在点 x_0 处也连续.

4. 初等函数的连续性

根据初等函数的定义,由基本初等函数的连续性以及本节定理 1 和定理 2 可得下列重要结论:

一切初等函数在其定义区间内都是连续的.

这个结论不仅给我们提供了判断一个函数是不是连续函数的根据,而且为我们提供了计算初等函数极限的一种方法,举例如下.

【例 2】 求 $\lim\limits_{x\to 0}\dfrac{\ln(1+x^2)}{\cos x}$.

解 因为 $f(x)=\dfrac{\ln(1+x^2)}{\cos x}$ 是初等函数,且 $x=0$ 在其定义域内,所以函数 $f(x)$ 在 $x=0$ 处连续,于是

$$\lim_{x\to 0}\dfrac{\ln(1+x^2)}{\cos x}=f(0)=0.$$

三、闭区间上连续函数的性质

闭区间上的连续函数有一些重要性质,这些性质在直观上比较明显,因此下面不加证明直接给出结论.

定义 5 设函数 $f(x)$ 在区间 I 上有定义,若存在 $x_0\in I$,使得对于任一 $x\in I$ 都有
$$f(x)\leqslant f(x_0) \quad (\text{或 } f(x)\geqslant f(x_0)),$$
则称 $f(x_0)$ 为函数 $f(x)$ 在区间 I 上的**最大值**(或**最小值**).

定理 3(最值定理) 若函数 $f(x)$ 在闭区间 $[a,b]$ 上连续,则函数 $f(x)$ 在 $[a,b]$ 上一定有最大值和最小值.

推论 若函数 $f(x)$ 在闭区间 $[a,b]$ 上连续,则函数 $f(x)$ 在 $[a,b]$ 上有界.

定理 4(介值定理) 若函数 $f(x)$ 在闭区间 $[a,b]$ 上连续,μ 为介于最大值和最小值之间的任意一个数,则至少存在一点 $\xi\in(a,b)$,使得 $f(\xi)=\mu$.

定义 6 对于函数 $f(x)$,若存在 x_0 使得 $f(x_0)=0$,则称 x_0 为 $f(x)$ 的**零点**.

定理 5(零点定理) 若函数 $f(x)$ 在闭区间 $[a,b]$ 上连续,且 $f(a)\cdot f(b)<0$,则至少存在一点 $\xi\in(a,b)$,使得 $f(\xi)=0$.

【例 3】 证明方程 $\sin x+x-1=0$ 在 $\left(0,\dfrac{\pi}{2}\right)$ 内至少存在一个实根.

证明 作辅助函数

$$f(x) = \sin x + x - 1,$$

因为 $f(x)$ 在 $\left[0, \frac{\pi}{2}\right]$ 上连续且 $f(0) = -1$, $f\left(\frac{\pi}{2}\right) = \frac{\pi}{2}$, 所以由零点定理可得, 在 $\left(0, \frac{\pi}{2}\right)$ 内至少存在一点 x_0, 使得 $f(x_0) = 0$, 即方程 $\sin x + x - 1 = 0$ 在 $\left(0, \frac{\pi}{2}\right)$ 内至少存在一个实根.

四、函数的间断点

1. 间断点的概念

定义 7 若函数 $f(x)$ 在点 x_0 处不连续, 则称函数 $f(x)$ 在点 x_0 处**间断**, x_0 称为函数 $f(x)$ 的**间断点**.

由函数在某点连续的定义可知, 若函数 $f(x)$ 在点 x_0 处有下列三种情况之一, 则函数 $f(x)$ 在点 x_0 处是间断的:

(1) 函数 $f(x)$ 在点 x_0 处没有定义;

(2) 函数 $f(x)$ 在点 x_0 处有定义但极限 $\lim\limits_{x \to x_0} f(x)$ 不存在;

(3) 函数 $f(x)$ 在点 x_0 处有定义且极限存在, 但 $\lim\limits_{x \to x_0} f(x) \neq f(x_0)$.

2. 间断点的分类

设 x_0 是函数 $y = f(x)$ 的间断点, 若 $y = f(x)$ 在 x_0 处的左、右极限都存在, 则称 x_0 是函数 $y = f(x)$ 的**第一类间断点**; 若函数 $f(x)$ 在点 x_0 处的左、右极限至少有一个不存在, 则称 x_0 是函数 $y = f(x)$ 的**第二类间断点**.

在第一类间断点中, 如果左、右极限存在但不相等, 这种间断点称为**跳跃间断点**; 如果左、右极限存在且相等(即极限存在), 这类间断点称为**可去间断点**.

例如, $x = 0$ 是函数 $y = \frac{1}{x}$ 的第二类间断点; 而 $x = 0$ 是函数 $y = \frac{\sin x}{x}$ 的第一类间断点中的可去间断点.

【例 4】 讨论函数 $f(x) = \frac{x-1}{x(x-1)}$ 的连续性, 若有间断点, 指出其类型.

解 函数 $f(x)$ 的定义域为 $(-\infty, 0) \cup (0, 1) \cup (1, +\infty)$, 故 $x = 0$ 与 $x = 1$ 是它的两个间断点. 由于

$$\lim_{x \to 1} f(x) = \lim_{x \to 1} \frac{x-1}{x(x-1)} = \lim_{x \to 1} \frac{1}{x} = 1,$$

$$\lim_{x \to 0} f(x) = \lim_{x \to 0} \frac{x-1}{x(x-1)} = \infty,$$

所以 $x = 0$ 是 $f(x)$ 的第二类间断点, $x = 1$ 是 $f(x)$ 的第一类间断点, 且为可去间断点.

【例 5】 求函数 $f(x) = \begin{cases} 2^x, & x < 0, \\ 1, & x = 0, \\ x - 1, & x > 0 \end{cases}$ 的间断点并判断其类型.

解 因为

$$\lim_{x \to 0^-} f(x) = \lim_{x \to 0^-} 2^x = 1, \lim_{x \to 0^+} f(x) = \lim_{x \to 0^+} (x-1) = -1,$$

所以 $x=0$ 是函数 $f(x)$ 的第一类间断点,且为跳跃间断点.

一般地,初等函数的间断点出现在没有定义的点处,而分段函数的间断点还可能出现在分段点处.

习题 1-4

1. 已知函数 $f(x)=\begin{cases} x^2+1, & x\leqslant 1, \\ 3-x, & x>1, \end{cases}$ 讨论函数在点 $x=1$ 处是否连续.

2. 求函数 $f(x)=\dfrac{x^3-2x^2-x+2}{x^2+x-6}$ 的连续区间,并求 $\lim\limits_{x\to 0}f(x), \lim\limits_{x\to 2}f(x), \lim\limits_{x\to -3}f(x)$.

3. 设函数 $f(x)=\begin{cases} e^x, & x<0, \\ a+x, & x\geqslant 0, \end{cases}$ 应当如何选择数 a,使得 $f(x)$ 成为在 $(-\infty,+\infty)$ 内的连续函数?

4. 计算下列极限:

    (1) $\lim\limits_{x\to 2}\sqrt{x^2-2x+9}$;

    (2) $\lim\limits_{x\to 0}\ln(3+6x-x^2)$;

    (3) $\lim\limits_{x\to 0}\ln\dfrac{\tan x}{x}$;

    (4) $\lim\limits_{x\to \infty}e^{\frac{1}{x}}$.

5. 证明方程 $x^4-4x+2=0$ 至少有一个根介于 1 和 2 之间.

6. 证明方程 $x=a\sin x+b$,其中 $a>0, b>0$,至少有一个正根,并且它不超过 $a+b$.

*7. 下列函数在指出的点处间断,说明这些间断点属于哪一类:

    (1) $y=\dfrac{x^2-1}{x^2-3x+2}, x=1, x=2$;

    (2) $y=\dfrac{x}{\tan x}, x=\dfrac{k\pi}{2}\ (k=0,\pm 1,\pm 2,\cdots)$;

    (3) $y=\cos^2\dfrac{1}{x}, x=0$;

    (4) $y=\begin{cases} x, & |x|\leqslant 1, \\ 1, & |x|>1, \end{cases} x=-1$.

第五节　数学实验一

一、MATLAB 简介

1. MATLAB 概述

MATLAB 是 MATrix LABoratory(矩阵实验室)的缩写,是一款功能强大的系统分析和仿真工具,可用于数值计算、数据可视化、数据分析及算法开发.它可作为一款功能强大的数学软件进行使用,具有简单易学、界面友好和使用方便等特点,不但可以解决数学中的数值计算问题,还能够方便地绘出各种函数图形.无论是一个正在学习的大学生还是在岗的科研人员,学习或科研中遇到繁杂的数学问题时,利用 MATLAB 提供的各种数学工具,可以避免做繁杂的数学推导和计算,使用户有更多的时间和精力去做进一步的学习和探索.

2. MATLAB 的工作环境

双击 MATLAB 图标,打开如图 1-23 所示的 MATLAB 桌面工作环境.

(1) 命令窗口(Command Window)

该窗口是进行 MATLAB 操作的最主要窗口.窗口中"≫"为命令输入提示符,其后输入运算命令,按回车键即可执行运算,并显示运算结果.

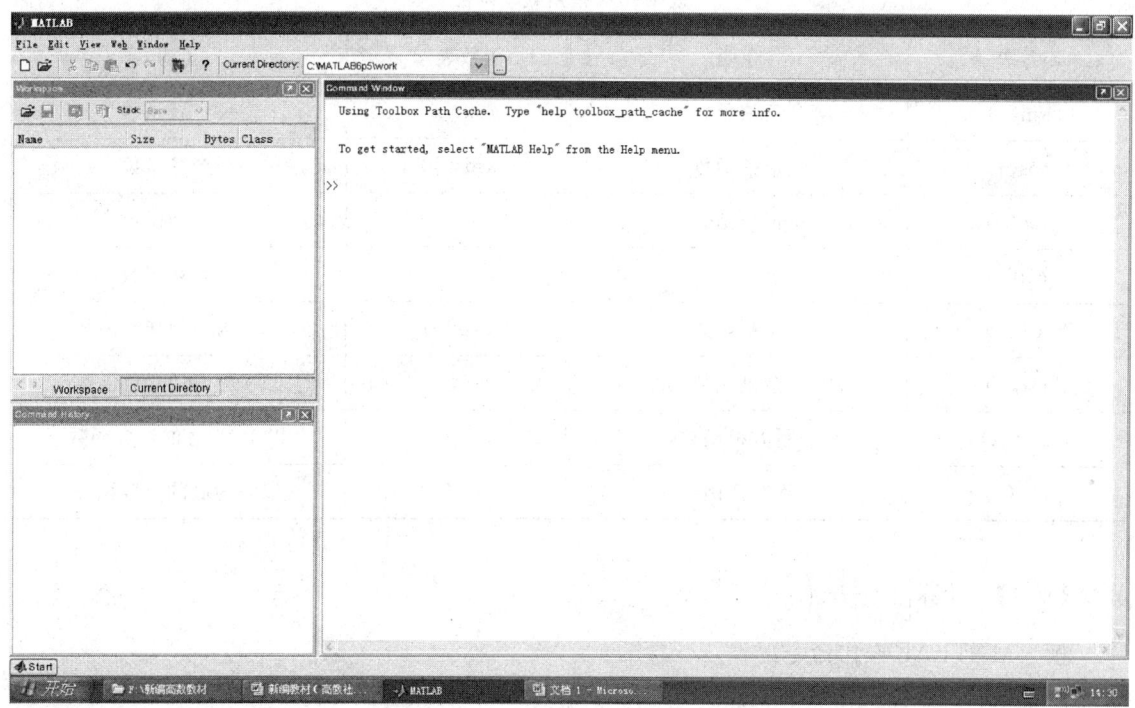

图 1-23

（2）工作区（Workspace）

工作区是 MATLAB 用于存储各种变量和结果的内存空间，列出内存中 MATLAB 工作空间的所有变量名、值、尺寸、字节数和类型.

（3）当前目录（Current Directory）

当前目录主要显示当前在什么路径下进行工作，包括文件的保存等．该窗口列出当前目录的程序文件和数据文件等.

二、利用 MATLAB 进行基本数学运算

表 1-6、表 1-7 分别列出了 MATLAB 进行基本数学运算的算术运算符与常用数学函数.

表 1-6 算术运算符

符号	说明及举例	符号	说明及举例
＋	加法 2＋4	/	除法 2/4＝0.5
－	减法 2－4	^	乘幂 2^4＝16
*	乘法 2*4		

第五节　数学实验一

表 1-7 常用数学函数

函数表示	说明	函数表示	说明
$\sin(x)$	正弦函数	$\operatorname{asin}(x)$	反正弦函数
$\cos(x)$	余弦函数	$\operatorname{acos}(x)$	反余弦函数
$\tan(x)$	正切函数	$\operatorname{atan}(x)$	反正切函数
$\cot(x)$	余切函数	$\operatorname{acot}(x)$	反余切函数
$\sec(x)$	正割函数	$\exp(x)$	以 e 为底的指数函数
$\csc(x)$	余割函数	$\log(x)$	以 e 为底的对数函数
$\operatorname{sqrt}(x)$	平方根函数	$\log_{10}(x)$	以 10 为底的对数函数
$\operatorname{abs}(x)$	绝对值函数	$\log_a(x)$	以 a 为底的对数函数

【例 1】 计算 $\left[-\dfrac{4}{9}+\left(\dfrac{3}{2}\right)^{-1}\right]^{-2}$.

解 MATLAB 操作命令：

```
≫[(-4/9)+(3/2)^(-1)]^(-2)        % 输入表达式直接计算出结果
ans =
    0.0494
```

注：(1) 若没有指定变量名，MATLAB 将结果自动赋给变量 ans；

(2) 百分号"%"：百分号后的所有文本被看成是注释.

【例 2】 计算 $\left(-\dfrac{1}{2}\right)^2+\sin\left(\dfrac{\pi}{6}\right)-\ln 3+\log_2 8-\lg 6+e^2+\sqrt{5}+|-3|$.

解 MATLAB 操作命令：

```
≫y=(-1/2)^2+sin(pi/6)-log(3)+log2(8)-log10(6)…
    +exp(2)+sqrt(5)+abs(-3)
y =                              % 将计算结果赋予指定变量 y
    14.4984
≫vpa(y)                          % 变精度算法函数 vpa(f),默认 32 位
ans =
    14.498360537378687240561703220010
≫vpa(y,10)                       % 指定精度
ans =
    14.49836054
```

注：(1) 在 MATLAB 中，圆周率 π 用 pi 表示；

(2) "…"为续行号，在命令行很长的情况下，为使程序看起来比较清晰，可使用续行号.

【例 3】 设函数 $f(x)=x^3-x+1$，求 $f(-1), f(2)$.

解 MATLAB 操作命令：

```
>> clear all;                        % 清除系统内存变量
>> syms x;                           % 创建符号变量
>> f = x^3 - x + 1;
>> y1 = subs(f,x,'-1')
y1 =
     1
>> y2 = subs(f,x,'2')                % 快捷键"↑"可调用上一行指令
y2 =
     7
```

注：(1) 分号";"：在命令窗口输入命令后，如果直接按[Enter]键，将显示这条命令的计算结果；若在表达式的后面加上";"，则执行后不显示结果；

(2) 替换命令 subs(f,old,new) 可实现用新的符号变量 new 替换表达式 f 中的符号变量 old.

三、利用 MATLAB 绘图

图形绘制与可视化是 MATLAB 语言的一大特色，它提供了一系列直观、简单的二维图形与三维图形的绘制命令与函数.

对于不同的函数表达形式，MATLAB 有不同的绘图命令，其主要绘图命令及调用格式如表 1-8 所示.

表 1-8 常用绘图命令

MATLAB 命令	说 明
plot(x,y)	作出以 $x=[x_1,x_2,\cdots,x_n]$，$y=[y(x_1),y(x_2),\cdots,y(x_n)]$ 为节点的折线图
plot(x1,y1,x2,y2,…)	作出多组数据折线图
fplot(f,[a,b])	作出符号函数 f 在区间 $[a,b]$ 上的图形
ezplot(f,[a,b])	作出隐函数 $F(x,y)=0$ 的图形，其中，$f=F(x,y)$，$[a,b]$ 为自变量 x 的范围
polar(theta,rho)	极坐标系绘图

【例 4】 绘制函数 $y=\sin 2x, x\in[0,2\pi]$ 的图形.

解

```
>> clear all;
>> f = 'sin(2*x)';                   % 利用单引号创建符号表达式
>> fplot(f,[0,2*pi]),grid on         % "grid on":显示网格
```

运行结果如图 1-24 所示.

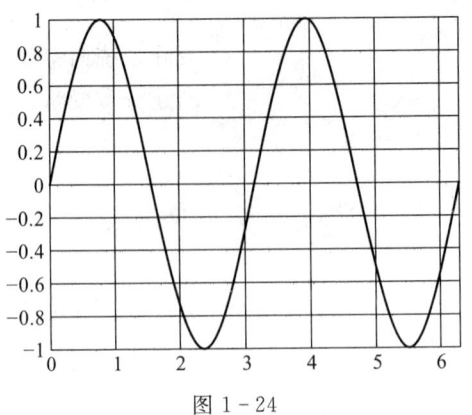

图 1-24

【例 5】 绘制函数 $x^2+y^2=4$ 表示的图形.

解

≫ clear all;

≫ f = 'x^2 + y^2 - 4';

≫ figure,ezplot(f,[-3,3])

运行结果如图 1-25 所示.

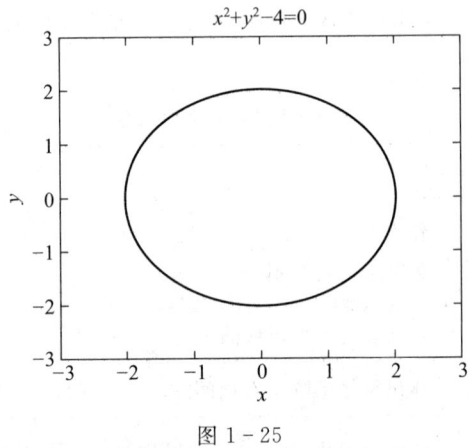

图 1-25

注:"figure"命令强制生成一个新的绘图窗口,否则后一次绘的函数图像会覆盖前一次绘的函数图像.

【例 6】 绘制由参数方程 $\begin{cases} x=2(\cos t+t\sin t), \\ y=2(\sin t-t\cos t) \end{cases}$（圆的渐开线）表示的图形.

解

≫ clear all;

≫ t = 0:0.1:4*pi;

≫ x = 2.*(cos(t) + t.*sin(t));y = 2.*(sin(t) - t.*cos(t));

≫ plot(x,y),grid on

运行结果如图 1-26 所示.

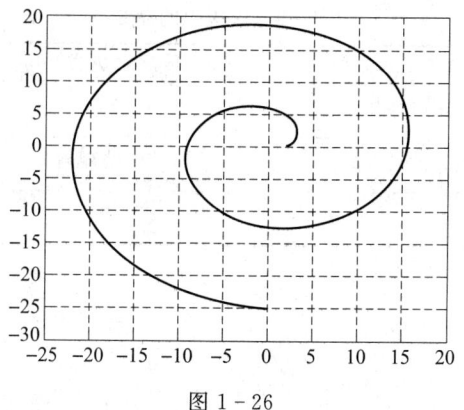

图 1-26

注:(1) 冒号":":冒号表达式是 MATLAB 中非常有用的表达式,在向量生成、子矩阵提取等方面运用较多. 其格式为:$v=a:s:b$. 该函数生成一个行向量 v,其中 a 为向量的起始值,s 为步长,该向量从 a 出发,每隔步长 s 取一个点,直至不超过 b. 若省略步长 s,则步长默认为 1.

(2) 点运算:常用的有".*",".^",". /". 点运算在 MATLAB 中起着很重要的作用. 例如,设数组 $x=[x_1,x_2,\cdots,x_n]$,则求取数值 $[x_1^5,x_2^5,\cdots,x_n^5]$ 时不能写成 x^5,而必须写成形 x.^5. 例如,其实一些特殊的函数,如 sin(x)也是由点运算的形式进行.

【**例 7**】 作出由极坐标方程 $\rho=3\cos 2x, \rho=3\cos 3x$ 表示的图形.

解
≫ clear all;
≫ th = 0 : 0.1 : 2 * pi;
≫ rh1 = 3 * cos(2 * th); rh2 = 3 * cos(3 * th);
≫ subplot(1,2,1),polar(th,rh1)   % 将图形窗口分为 1 行 2 列,并指向第 1 个图
≫ subplot(1,2,2),polar(th,rh2)   % 指向第 2 个图

运行结果如图 1-27 所示.

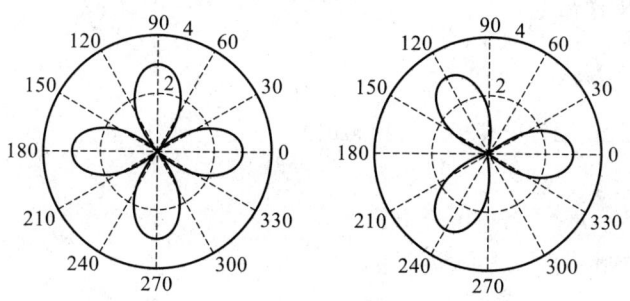

图 1-27

四、利用 MATLAB 求一元函数的极限

极限是高等数学的基础,MATLAB 提供了计算一元函数极限的命令 limit,可以方便用户进行极限运算. 其调用格式如表 1-9 所示.

表 1-9 求极限的命令

数学表达式	MATLAB 命令	数学表达式	MATLAB 命令
$\lim\limits_{x \to \infty} f(x)$	limit(f,x,inf)	$\lim\limits_{x \to a} f(x)$	limit(f,x,a)
$\lim\limits_{x \to +\infty} f(x)$	limit(f,x,+inf)	$\lim\limits_{x \to a^-} f(x)$	limit(f,x,a,'left')
$\lim\limits_{x \to -\infty} f(x)$	limit(f,x,-inf)	$\lim\limits_{x \to a^+} f(x)$	limit(f,x,a,'right')

注：MATLAB 中用 inf 表示无穷.

【例 8】 求极限 $\lim\limits_{x \to 0} \dfrac{\sin 3x}{x}$.

解 MATLAB 操作命令：

```
>> clear all;
>> syms x;
>> L1 = limit(sin(3*x)/x,x,0)
L1 =
    3
```

【例 9】 求极限 $\lim\limits_{x \to \infty} \dfrac{ax^3 + x + 1}{2x^3 + 5}$ $(a \neq 0)$.

解 MATLAB 操作命令：

```
>> clear all;
>> syms x a;
>> L2 = limit((a*x^3+x+1)/(2*x^3+5),x,inf)
L2 =
    a/2
```

【例 10】 求极限 $\lim\limits_{x \to \infty} \left(\dfrac{x-3}{x} \right)^{2x-1}$.

解 MATLAB 操作命令：

```
>> clear all;
>> syms x;
>> L3 = limit(((x-3)/x)^(2*x-1),inf)
L3 =
    exp(-6)
```

【例 11】 求极限 $\lim\limits_{u \to +\infty} (\sqrt{4u^2 + 2u} - 2u)$.

解 MATLAB 操作命令：

```
>> clear all;
>> syms u;
>> L4 = limit(sqrt(4*u^2+2*u)-2*u,u,+inf)
L4 =
    1/2
```

【例 12】 求极限 $\lim\limits_{x \to 0^+} \dfrac{e^{x^3}-1}{1-\cos\sqrt{x-\sin x}}$.

解 MATLAB 操作命令：

```
>> clear all;
>> syms x;
>> L5 = limit((exp(x^3)-1)/(1-cos(sqrt(x-sin(x)))),x,0,'right')
    L5 =
        12
```

第六节 实 用 举 例

一、需求函数与供给函数

1. 需求函数

需求是指消费者在一定时期内在各种可能的价格下愿意而且能够购买的该商品的数量. 一种商品的需求数量是由许多因素决定的,但商品的价格是最主要的因素. 一般地,一种商品的价格越高,需求量就越小;相反,价格越低,需求量就越大. 所以若其他因素固定不变,商品的需求量 Q 就是该种商品价格 P 的函数,可表示为

$$Q=f(P).$$

在经济学中,为进一步简化分析,需求函数常表示为价格 P 的线性函数(如图 1-28 所示),即

$$Q=b-aP \quad (a,b>0).$$

2. 供给函数

供给是指生产者在一定时期内在各种可能的价格下愿意而且能够提供出售的该商品的数量. 一种商品的供给数量是由许多因素决定的,显然主要因素是商品的价格,一般地,一种商品的价格越高,供给量就越大;相反,价格越低,供给量就越小. 所以若其他因素固定不变,商品的供给量 Q 也是该种商品价格 P 的函数,可表示为

$$Q=g(P).$$

在经济学中,为了简化分析,供给函数可表示为价格 P 的线性函数(如图 1-29 所示),即

$$Q=cP+d \quad (c>0).$$

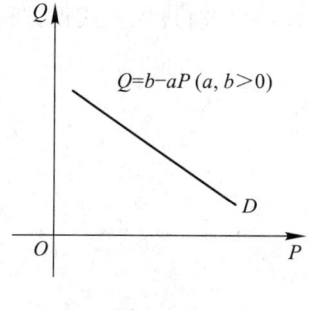

图 1-28

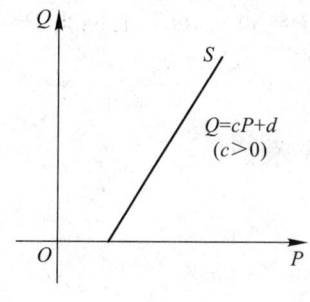

图 1-29

3. 市场均衡

在经济学中,如果一种商品的市场需求量和供给量相等,则这种商品就达到了**市场均衡**.此时该商品的市场价格称为**市场均衡价格**,在均衡价格水平下相等的供求数量称为**市场均衡数量**.从几何意义上说,一种商品市场的均衡出现在该商品的市场需求曲线和市场供给曲线相交的交点上,该交点称为**均衡点**,均衡点上的价格即为均衡价格,记作 P_0,如图 1-30 所示.

当 $P<P_0$ 时,需求量大于供给量,市场上出现"供不应求"现象,商品短缺,必然导致价格上涨;当 $P>P_0$ 时,供给量大于需求量,市场上出现"供大于求"现象,商品过剩,必然导致价格下跌.就一般而言,市场上的商品价格总是围绕均衡价格摆动,并最终达到均衡价格.

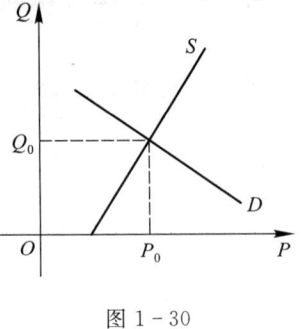

图 1-30

【例 1】 根据市场调查,某地区某种商品当售价为 50 元/件时,市场需求量为 0.8 万件,此时市场供给量为 1.6 万件,为吸引顾客,商家实行降价销售,当每件降低 2 元时,需求量将增加 0.2 万件,但市场供给量却减少 0.4 万件,试求:

(1) 该商品的需求函数;
(2) 该商品的供给函数;
(3) 该商品的市场均衡价格与均衡量.

解 (1) 设该商品的需求函数为
$$Q_1 = b - aP \quad (a, b > 0),$$
由题意得,当 $P=50$ 时,$Q_1=0.8$;当 $P=48$ 时,$Q_1=0.8+0.2=1$;代入上式得方程组
$$\begin{cases} 0.8 = b - 50a, \\ 1 = b - 48a, \end{cases}$$
解此方程组得
$$\begin{cases} a = 0.1, \\ b = 5.8, \end{cases}$$
故需求函数为
$$Q_1 = 5.8 - 0.1P \quad (0 < P < 50).$$

(2) 设该商品的供给函数为
$$Q_2 = cP + d \quad (c > 0),$$
由题意得,当 $P=50$ 时,$Q_2=1.6$;当 $P=48$ 时,$Q_2=1.6-0.4=1.2$;代入上式得方程组
$$\begin{cases} 1.6 = 50c + d, \\ 1.2 = 48c + d, \end{cases}$$
解此方程组得
$$\begin{cases} c = 0.2, \\ d = -8.4, \end{cases}$$
故需求函数为
$$Q_2 = 0.2P - 8.4 \quad (0 < P < 50).$$

(3) 根据均衡条件,$Q_1 = Q_2$,即
$$5.8 - 0.1P = 0.2P - 8.4,$$
解此方程得市场均衡价格
$$P = 47.3(元),$$
市场均衡量为
$$Q = 5.8 - 0.1 \times 47.3 = 1.07(万件).$$

4. 成本函数

成本是指厂商为生产一定数量的产品所耗费的生产要素的价格总额,由固定成本和可变成本两部分组成.固定成本是指不随产量变化的成本,如厂房、设备等.可变成本是指随产量的变化而变化的成本,如原材料、能源、加工费等.

平均成本是指生产一定数量的产品,平均每单位产品的成本.

在生产技术水平和商品价格不变的条件下,成本 C 和平均成本 $\bar{C}$ 都是产量 Q 的函数,即:

成本函数 $\quad C = C(Q) = C_1 + C_2(Q),$

平均成本函数 $\quad \bar{C} = \bar{C}(Q) = \dfrac{C_1}{Q} + \dfrac{C_2(Q)}{Q},$

其中 C_1 为固定成本,$C_2(Q)$ 为可变成本.

5. 收益函数

收益是指生产者销售一定数量的商品所得的全部收入.

平均收益是指生产者销售一定数量的商品,平均每单位产品所得的收入.

设单位商品的售价为 P,则由定义得:

收益函数 $\quad R = R(Q) = Q \cdot P,$

平均收益函数 $\quad \bar{R} = \dfrac{R(Q)}{Q} = P.$

6. 利润函数

利润 L 就是总收益 R 与总成本 C 之差,所以立即可得

利润函数 $\quad L = L(Q) = R(Q) - C(Q).$

显然,当 $L > 0$ 时,生产者盈利;当 $L < 0$ 时,生产者亏损;当 $L = 0$ 时,生产者既不盈利也不亏损,即收支相抵.我们将满足方程 $L(Q) = 0$ 的点 Q_0 称为**盈亏平衡点**(又称**保本点**).

【**例 2**】 设某服装有限公司每年的固定成本是 100 000 元,要生产某个式样的服装 Q 件,除固定成本外,每件服装还要花费 100 元.该公司研究决定将服装的价格定为每件 450 元,试求:

(1) 生产 500 件服装的总成本和平均成本;

(2) 总收益函数和总利润函数;

(3) 该服装公司为了保本需生产多少件服装.

解 (1) 由题知生产 Q 件此服装的可变成本为 $100Q$ 元,故其总成本函数为
$$C(Q) = 100Q + 100\,000,$$
因此,生产 5 000 件该种商品的总成本为
$$C(5\,000) = 5\,000 \times 100 + 100\,000 = 600\,000(元),$$
平均成本为

$$\bar{C}(5\,000)=\frac{C(5\,000)}{5\,000}=\frac{600\,000}{5\,000}=120(元).$$

(2) 总收益函数为
$$R(Q)=Q\cdot P=450Q;$$
总利润函数为
$$L(Q)=R(Q)-C(Q)=450Q-(100Q+100\,000)=350Q-100\,000,$$

(3) 当 $L=0$ 时为该企业的保本点,故令 $L(Q)=0$,得
$$Q=285\frac{5}{7},$$

显然不能生产 $\frac{5}{7}$ 件服装,即该公司保本点为 286 件.

二、银行连续复利的计算

复利是计算利息的一种方法. 复利是指不仅对本金计算利息,而且还要计算利息产生的利息. 也就是说,把本期的本金加上利息作为下期计算利息的基数,俗称"利滚利".

设银行某种定期储蓄的年利率为 r,本金是 A_0 万元. 若按年计算复利,则 1 年后,本利和应为
$$A_1=A_0(1+r)(万元);$$

若每半年计息一次,则每半年的利率为 $\frac{r}{2}$,共计息 2 次,则 1 年后的本利和为
$$A_1'=A_0\left(1+\frac{r}{2}\right)^2(万元);$$

若每月计息一次,则每月的利率为 $\frac{r}{12}$,共计息 12 次,则 1 年后的本利和为
$$A_1''=A_0\left(1+\frac{r}{12}\right)^{12}(万元);$$

……

过去曾有外国银行为吸引储户,宣称采用连续复利,即瞬时复利,每时每刻都计算利息,那么在这种储蓄方式下 1 年后的本利和是多少?储户是否会因此而发财?

我们假设每年计息 n 次,则每次计息的利率为 $\frac{r}{n}$. 故 1 年后的本利和为
$$A_1'''=A_0\left(1+\frac{r}{n}\right)^n(万元).$$

以我国现行银行一年定期储蓄利率 $r=0.035\,0$ 计算,可得
$$A_1=1.035\,0A_0,\,A_1'=1.035\,3A_0,\,A_{10}'''=1.035\,6A_0.$$

可见这种连续复利的储蓄方式并未使储户的本利和大幅增加,仅仅是银行的吸储策略而已. 根据我们所学过的第二重要极限也可计算出即使采用瞬时复利,1 年后的本利和也只能达到本金的 e^r 倍.

三、古墓年代的推算

岩石或化石生成后距今的实际年数,主要是通过测定放射性元素 C^{14} 的衰变量而计算出来

的. 这是因为, 当有机体活着的时候, 体内 C^{14} 的含量一般保持不变, 但是, 一旦死亡, 由于新陈代谢的停止, 和外界停止了物质交换, 体内 C^{14} 的含量就会按照衰变规律减少. 因此, 根据含碳化石标本里 C^{14} 的减少程度, 就可以估算出该生物死亡的年代.

放射性物质的含量随着时间的流逝逐渐减少, 其含量 N 与时间 t (单位: 年) 满足函数关系
$$N(t) = N_0 e^{-\lambda t},$$
其中 N_0 为放射性物质的初始含量, λ 为衰变系数. 所谓放射性物质的半衰期是指一定数量的物质衰变到只剩下原来的一半所经过的时间, 它是放射性物质的固有特性, 不会随外部因素而改变. C^{14} 的半衰期是 5 730 年.

【例 3】 某处古墓发掘中, 测得墓中木制品内的 C^{14} 含量是初始值的 78%, 试估计该古墓的年代.

解 根据已知条件
$$N(5\,730) = N_0 e^{-5\,730\lambda} = \frac{N_0}{2},$$
故 $-5\,730\lambda = \ln \frac{1}{2}$, 故衰变系数
$$\lambda = \frac{\ln 2}{5\,730}.$$
当 $N(t) = 0.78 N_0$ 时有
$$N_0 e^{-\lambda t} = 0.78 N_0,$$
则 $-\lambda t = \ln 0.78$, 所以
$$t = -\frac{1}{\lambda} \ln 0.78 = -\frac{5\,370}{\ln 2} \ln 0.78 \approx 1\,925,$$
即古墓的年代约为 1925 年前.

本 章 总 结

一、基本内容

1. 基本概念

函数、复合函数、初等函数、极限、无穷大、无穷小及函数的连续性等.

2. 基本运算

函数定义域、函数值的求法, 复合函数的分解、利用四则运算法则和两个重要极限求极限、判断函数在一点处连续等.

3. 主要定理

$\lim\limits_{x \to \infty} f(x)$ 存在的充要条件、$\lim\limits_{x \to x_0} f(x)$ 存在的充要条件、极限的四则运算法则、连续函数的运算法则等.

二、基本方法

1. 函数极限的求法

(1) 利用极限的定义, 通过函数图像直观地求出极限;

(2) 利用函数在一点处左右极限的关系求极限；

(3) 利用极限运算法则和两个重要极限求极限；

(4) "$\frac{0}{0}$"，"$\frac{\infty}{\infty}$"，"$\infty-\infty$"型等未定式极限的求法，熟练使用公式

$$\lim_{x\to\infty}\frac{a_0x^n+a_1x^{n-1}+\cdots+a_n}{b_0x^m+b_1x^{m-1}+\cdots+b_m}=\begin{cases}\frac{a_0}{b_0}, & \text{当 }n=m,\\ 0, & \text{当 }n<m,\\ \infty, & \text{当 }n>m;\end{cases}$$

(5) 利用无穷小的性质求极限；

(6) 利用等价无穷小代换求极限；

(7) 利用函数的连续性求极限，即若 x_0 为函数的连续点时，则

$$\lim_{x\to x_0}f[\varphi(x)]=f[\varphi(x_0)].$$

2. 函数连续性的判断

(1) 初等函数在定义区间内都是连续的，故若存在使得 $f(x)$ 没有定义的点，则 $f(x)$ 在该点处必然间断；

(2) 分段函数在分段点处可能连续也可能间断，可根据等式 $\lim_{x\to x_0}f(x)=f(x_0)$ 是否成立判断其连续性.

总复习题一

一、填空题．

1. 函数 $f(x)=\dfrac{x}{\ln(x-1)}+\sqrt{x^2-3x-4}$ 的定义域为 _____．

2. 设 $f(x+1)=x^2+2x-5$，则 $f(x)=$ _____．

3. $\lim\limits_{x\to 1}(\ln x-x^2-1)=$ _____．

4. $\lim\limits_{x\to-3}\dfrac{x^2-x-12}{x^2+4x+3}=$ _____．

5. $\lim\limits_{x\to 1}\dfrac{x}{x-1}=$ _____．

6. $\lim\limits_{x\to\infty}\dfrac{(2x-1)^{10}}{(3x^2-1)^5}=$ _____．

7. 设 $f(x)=\begin{cases}x-1, & x<1,\\ 2x+1, & 1\leqslant x\leqslant 2,\\ x^2+1, & x>2,\end{cases}$ 求 $\lim\limits_{x\to 1}f(x)=$ _____；$\lim\limits_{x\to 2}f(x)=$ _____；$\lim\limits_{x\to 3}f(x)=$ _____．

8. 当 $x\to$ _____ 时，$f(x)=\dfrac{x+2}{x+3}$ 是无穷大；当 $x\to$ _____ 时，$f(x)=\dfrac{x+2}{x+3}$ 是无穷小．

9. 设 $f(x)=x\cdot\sin\dfrac{1}{x}$，$g(x)=\dfrac{\sin x}{x}$，求 $\lim\limits_{x\to 0}f(x)=$ _____；$\lim\limits_{x\to\infty}f(x)=$ _____；$\lim\limits_{x\to 0}g(x)=$

_____ ; $\lim\limits_{x\to\infty} g(x) =$ _____.

10. $f(x) = \dfrac{x^2+x-2}{x^2-4x+3}$ 的连续区间为 _____.

二、选择题.

1. 函数 $f(x)$ 在点 x_0 连续是 $\lim\limits_{x\to x_0} f(x)$ 存在的(   )

  A. 必要条件　　　　　　　　　　　B. 充分条件
  C. 充分必要条件　　　　　　　　　D. 既非充分也非必要条件

2. 若 $\lim\limits_{x\to x_0^-} f(x) = \lim\limits_{x\to x_0^+} f(x) = A$，则下列说法中正确的是(   )

  A. $f(x)$ 在点 x_0 有定义　　　　　　B. $f(x)$ 在点 x_0 连续
  C. $\lim\limits_{x\to x_0} f(x) = A$　　　　　　　　　D. $f(x_0) = A$

3. 设 $f(x) = \dfrac{|x-2|}{x-2}$，则 $\lim\limits_{x\to 2} f(x) = ($ $)$

  A. -1　　　　B. 1　　　　C. 不存在　　　　D. 0

4. 下列说法正确的是(   )

  A. 初等函数是由基本函数经复合得到的
  B. 无穷小的倒数是无穷大
  C. 函数 $f(x)$ 在 x_0 处存在极限，必在 x_0 处有定义
  D. 函数 $y = \ln x^5, y = 5\ln x$ 是相等的

5. 函数 $f(x) = \ln \cos(3x+1)$ 的复合过程是(   )

  A. $y = \ln u, u = \cos v, v = 3x+1$　　　B. $y = u, u = \ln \cos v, v = 3x+1$
  C. $y = \ln u, u = \cos(3x+1)$　　　　　D. $y = \ln u, u = v, v = \cos(3x+1)$

6. 下列运算正确的是(   )

  A. $\lim\limits_{x\to 0} \dfrac{\sin 2x}{x} = 1$　　　　　　B. $\lim\limits_{x\to \infty} \dfrac{\sin x}{x} = 1$
  C. $\lim\limits_{x\to 0} \dfrac{\sin x}{x^2} = 1$　　　　　　D. $\lim\limits_{x\to 0} \dfrac{\sin x^2}{x^2} = 1$

7. $x\to 0^+$ 时，下列变量是无穷小的是(   )

  A. $\ln x$　　B. $\dfrac{\sin x}{x}$　　C. $\dfrac{\cos x}{x}$　　D. $\dfrac{x}{\cos x}$

8. 若极限 $\lim\limits_{x\to 0}(1+kx)^{\frac{1}{x}} = e^2$，则常数 $k = ($ $)$

  A. 2　　　B. -2　　　C. $-\dfrac{1}{2}$　　　D. $\dfrac{1}{2}$

三、求下列极限.

1. $\lim\limits_{x\to 1} \dfrac{x^2+x+3}{x+1}$；

2. $\lim\limits_{x\to 0} \dfrac{\sqrt{x+4}-2}{x}$；

3. $\lim\limits_{x\to 1} \dfrac{x^2+4x-5}{x^2-1}$；

4. $\lim\limits_{x\to \infty} \dfrac{2x^3+1}{3x^4+x^2-5}$；

5. $\lim\limits_{x\to\infty}\dfrac{2x^3+x-1}{3x^2+x+1}$;

6. $\lim\limits_{x\to\infty}\dfrac{4x^2+4x+3}{3x^2+5x-6}$;

7. $\lim\limits_{x\to 0}x\left(\sin\dfrac{1}{x}-\dfrac{1}{\sin 2x}\right)$;

8. $\lim\limits_{x\to 0}\dfrac{\tan 6x}{\sin 3x}$;

9. $\lim\limits_{x\to 0}(1-2x)^{\frac{1}{x}}$;

10. $\lim\limits_{x\to\infty}\left(\dfrac{x-1}{x+1}\right)^{2x}$;

11. $\lim\limits_{x\to 3}\left(\dfrac{1}{x-3}-\dfrac{6}{x^2-9}\right)$;

12. $\lim\limits_{x\to 1^+}(1+\ln x)^{\frac{5}{\ln x}}$.

四、设 $f(x)=\begin{cases}\mathrm{e}^x-1, & x\leqslant 0,\\ 3x+1, & 0<x<1,\\ 2(x+1), & x\geqslant 1,\end{cases}$ 求 $\lim\limits_{x\to 0}f(x),\lim\limits_{x\to 1}f(x)$.

*五、验证方程 $x^3-4x^2+1=0$ 在区间 $(0,1)$ 内至少有一个根.

*六、求函数 $f(x)=\dfrac{x^2-1}{x(x-1)}$ 的间断点并确定类型.

 阅读资料　函数概念和极限概念的起源

函数概念是 17 世纪的数学家们在对运动的研究中逐渐形成的,伽利略(Galileo Galilei,1564—1642)创立近代力学的著作《两门新学科》一书,几乎从头至尾包含着这个概念,他用文字和比例的语言表达相当于今天函数关系的那些内容."函数"(function)一词最早出现在莱布尼茨(G. W. Leibniz,1646—1716)1673 年的一篇手稿中,表示与曲线上的动点相应的变动的几何量,他用"函数"一词表示依赖于一个变量的量.而今天意义上的函数概念则可以看成是由傅里叶(Fourier,1768—1830)开始,由狄利克雷(Dirichlet,1805—1859)加以深化并更为清晰地表述的.

极限是现代数学分析的基本概念,函数的连续性、导数、积分以及无穷级数的和都是用极限来定义的.直观的极限思想起源很早.公元前 5 世纪,希腊数学家安提丰(Antiphon)在研究化圆为方的问题时创立了割圆术,即从一个简单的圆内接正多边形出发,把每边所对的圆弧二等分,连接分点,得到一个边数加倍的圆内接正多边形,当重复这一步骤足够多次时,所得圆内接正多边形面积与圆面积之差将小于任何给定的限度.应该指出,17 世纪中叶以前,原始的极限思想与方法曾在世界上一些不同地区和不同时代多次出现.最早试图明确定义和严格处理极限概念的数学家是作为微积分学创始人之一的牛顿(I. Newton,1643—1727).他在完成于 1676 年的《论曲线求积》(部分发表于 1693 年,全文发表于 1704 年)中使用了"初始比和终极比"的方法,它实际上就是极限方法.极限概念和理论的真正严格化是由柯西(Cauchy,1789—1857)开始而由维尔斯特拉斯(K. Weierstrass,1815—1897)完成的.

第二章　一元函数微分学及应用

名人名言　微分是一个伟大的概念,它不但是分析学而且也是人类认识活动中最具创意的概念,没有它,就没有速度或加速度或动量,也没有密度或电荷或任何其他密度,没有位势函数的梯度,从而没有物理学中位势的概念,没有波动方程,没有力学,没有物理,没有科技,什么都没有.

——博赫纳

本章导读　本章将在函数极限概念的基础上讨论微积分的两大分支之一——微分学,它的核心概念是导数和微分.我们将从一些实际问题引入导数与微分的概念.进而给出了导数和微分的计算方法,并利用导数来研究函数的性态和函数的最值问题.最后介绍了导数在物理学、经济学、工程技术等领域中的一些应用.

第一节　函数的导数

文艺复兴使得欧洲的生产力得到迅速发展,这也对自然科学提出了新的课题,迫切要求力学、天文学等基础科学向前发展,比如在研究运动的时候出现的求瞬时速度的问题;望远镜的光程设计需要确定透镜曲面上任一点的法线,即求曲线的切线的问题;寻求行星轨道的近日点与远日点,即求函数的最大值和最小值问题等.17 世纪的许多著名的数学家、天文学家、物理学家都为解决上述几类问题作了大量的研究工作.17 世纪下半叶,在前人工作的基础上,英国科学家牛顿和德国数学家莱布尼茨分别从物理学与几何学的角度出发创立了微积分.

一、两个实例

引例 1（变速直线运动的瞬时速度问题）　若物体作匀速直线运动,则其速度为常量,

$$v = \frac{\Delta s}{\Delta t} = \bar{v}.$$

而在实际生活中,大量物体作的是非匀速运动.如一物体作变速直线运动,在 $[0, T]$ 这段时间内所经过的路程为 s,则 s 是时间 t 的函数 $s = s(t)$,求该物体在时刻 $t_0 \in [0, T]$ 处的瞬时速度 $v(t_0)$.

尽管在整体上物体的速度会发生很大变化,但在时刻 t_0 附近很短一段时间内,速度的变化非常小,近似于匀速运动.因此可以用物体在 $[t_0, t_0 + \Delta t]$ 这段时间间隔内的平均速度

$$\bar{v} = \frac{\Delta s}{\Delta t} = \frac{s(t_0 + \Delta t) - s(t_0)}{\Delta t},$$

近似代替 t_0 时刻的瞬时速度 $v(t_0)$,且 Δt 越小,近似程度越高.

当 $\Delta t \to 0$ 时,我们把平均速度 $\bar{v}$ 的极限称为物体在 t_0 时刻的瞬时速度;即

$$v(t_0) = \lim_{\Delta t \to 0} \frac{\Delta s}{\Delta t} = \lim_{\Delta t \to 0} \frac{s(t_0 + \Delta t) - s(t_0)}{\Delta t}. \tag{2-1}$$

引例 2(平面曲线的切线问题) 设某平面曲线 l 的方程为 $y = f(x)$,点 M_0 是曲线 l 上一定点,M 是曲线 l 上一动点,则当点 M 沿曲线 l 趋于 M_0 时,割线 M_0M 的极限位置(直线 M_0T)就定义为**曲线 l 在点 M_0 处的切线**,如图 2-1 所示.

下面我们来求曲线 $y = f(x)$ 在点 $M_0(x_0, y_0)$ 处切线的斜率.

设点 M 的坐标为 $(x_0 + \Delta x, y_0 + \Delta y)$,则割线 M_0M 的斜率为

$$k_{M_0M} = \tan \varphi = \frac{\Delta y}{\Delta x} = \frac{f(x_0 + \Delta x) - f(x_0)}{\Delta x},$$

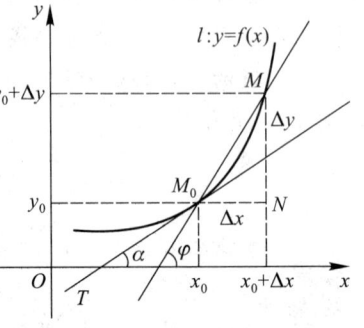

图 2-1

由切线的定义知,切线 M_0T 的斜率 k 正是割线 M_0M 的斜率当 $\Delta x \to 0$ 时的极限,即

$$k = \tan \alpha = \lim_{\varphi \to \alpha} \tan \varphi = \lim_{\Delta x \to 0} \frac{\Delta y}{\Delta x} = \lim_{\Delta x \to 0} \frac{f(x_0 + \Delta x) - f(x_0)}{\Delta x}. \tag{2-2}$$

在自然科学、工程技术问题和经济管理中,还有许多非均匀变化的问题,诸如物质比热容、电流、线密度等,尽管它们有着不同的实际意义,但最终都可归结为讨论形如式(2-1)、(2-2)的极限.我们把这种特定的极限叫做函数的导数.

二、导数的概念

1. 导数的定义

定义 1 设函数 $y = f(x)$ 在点 x_0 的某个邻域内有定义,给 x_0 以增量 Δx($x_0 + \Delta x$ 仍在该邻域内),相应地函数 y 的增量为

$$\Delta y = f(x_0 + \Delta x) - f(x_0),$$

若当 $\Delta x \to 0$ 时,极限

$$\lim_{\Delta x \to 0} \frac{\Delta y}{\Delta x} = \lim_{\Delta x \to 0} \frac{f(x_0 + \Delta x) - f(x_0)}{\Delta x} \tag{2-3}$$

存在,则称函数 $y = f(x)$ 在点 x_0 处**可导**,并称该极限值为函数 $y = f(x)$ 在点 x_0 处的**导数**,记作

$$f'(x_0) \quad 或 \quad y'|_{x=x_0} \quad 或 \quad \frac{\mathrm{d}y}{\mathrm{d}x}\bigg|_{x=x_0} \quad 或 \quad \frac{\mathrm{d}}{\mathrm{d}x}f(x)\bigg|_{x=x_0},$$

即

$$f'(x_0) = \lim_{\Delta x \to 0} \frac{f(x_0 + \Delta x) - f(x_0)}{\Delta x}. \tag{2-4}$$

若式(2-3)的极限不存在,则称函数 $f(x)$ 在点 x_0 处**不可导**.

根据导数的定义,前面两个引例就可叙述如下:

(1) 物体在 t_0 时刻的瞬时速度就是路程 $s = s(t)$ 在 t_0 处的导数,即

$$v(t_0) = \frac{\mathrm{d}s}{\mathrm{d}t}\bigg|_{t=t_0} = s'(t_0).$$

(2) 曲线 $y = f(x)$ 在点 $M_0(x_0, y_0)$ 处切线的斜率就是函数 $y = f(x)$ 在点 x_0 处的导数,即

$$k = \frac{\mathrm{d}y}{\mathrm{d}x}\bigg|_{x=x_0} = f'(x_0).$$

反之,函数 $y = f(x)$ 在点 x_0 处的导数 $f'(x_0)$,就是曲线 $y = f(x)$ 在点 $M_0(x_0, y_0)$ 处切线的斜率 k,这就是**导数的几何意义**.

于是可得曲线 $y = f(x)$ 在点 $M_0(x_0, y_0)$ 处的切线方程为

$$y - y_0 = f'(x_0)(x - x_0); \tag{2-5}$$

法线方程为

$$y - y_0 = -\frac{1}{f'(x_0)}(x - x_0) \quad (f'(x_0) \neq 0). \tag{2-6}$$

2. 导函数

若函数 $y = f(x)$ 在区间 I 内的每一点都可导,则称函数 $y = f(x)$ **在区间 I 内可导**.这时对每一个 $x \in I$,都有唯一确定的导数值 $f'(x)$ 与之对应,这样就确定了一个定义在区间 I 上的新函数,称为函数 $y = f(x)$ 的**导函数**,记作

$$f'(x) \quad \text{或} \quad y' \quad \text{或} \quad \frac{\mathrm{d}y}{\mathrm{d}x} \quad \text{或} \quad \frac{\mathrm{d}}{\mathrm{d}x}f(x).$$

在式(2-4)中,把 x_0 换成 x,即得函数 $y = f(x)$ 的导函数定义

$$y' = f'(x) = \lim_{\Delta x \to 0} \frac{f(x + \Delta x) - f(x)}{\Delta x}. \tag{2-7}$$

显然,函数 $y = f(x)$ 在点 x_0 处的导数,就是其导函数 $f'(x)$ 在点 x_0 处的函数值,即

$$f'(x_0) = f'(x)|_{x=x_0}.$$

为方便起见,在不致引起混淆的情况下,导函数也简称为导数.

【**例 1**】 求曲线 $y = x^2$ 在点 $P(1,1)$ 处的切线方程和法线方程.

解 因为

$$f'(x) = (x^2)' = 2x,$$

所以曲线 $y = x^2$ 在点 $P(1,1)$ 处切线的斜率为

$$k = f'(1) = 2,$$

故可得切线方程为

$$y - 1 = 2(x - 1),$$

即

$$y - 2x + 1 = 0;$$

法线方程为

$$y - 1 = -\frac{1}{2}(x - 1),$$

即

$$2y + x - 3 = 0.$$

3. 左、右导数

定义 2 （1）设函数 $f(x)$ 在点 x_0 的左邻域内有定义,若左极限

$$\lim_{\Delta x \to 0^-} \frac{f(x_0 + \Delta x) - f(x_0)}{\Delta x} \tag{2-8}$$

存在,则称该极限值为函数 $f(x)$ 在点 x_0 处的**左导数**,记作 $f'_-(x_0)$;

（2）设函数 $f(x)$ 在点 x_0 的右邻域内有定义,若右极限

$$\lim_{\Delta x \to 0^+} \frac{f(x_0 + \Delta x) - f(x_0)}{\Delta x} \tag{2-9}$$

存在,则称该极限值为函数 $f(x)$ 在点 x_0 处的**右导数**,记作 $f'_+(x_0)$.

由函数 $f(x)$ 在点 x_0 处的左、右极限与函数 $f(x)$ 在点 x_0 处的极限关系,即可得如下定理.

定理 1 函数 $f(x)$ 在点 x_0 处可导的充要条件是函数 $f(x)$ 在点 x_0 处的左、右导数都存在且相等.

注：定理 1 常用于判定分段函数在分段点处的可导性.

【**例 2**】 讨论函数 $f(x) = \begin{cases} e^{2x+2}, & x < -1, \\ x, & -1 \leqslant x < 0, \\ \sin x, & x \geqslant 0 \end{cases}$ 在点 $x = 0$ 及 $x = -1$ 处是否可导.

解 根据左右导数的定义可知

$$f'_+(-1) = \lim_{\Delta x \to 0^+} \frac{f(-1 + \Delta x) - f(-1)}{\Delta x} = \lim_{\Delta x \to 0^+} \frac{\Delta x}{\Delta x} = 1,$$

$$f'_-(-1) = \lim_{\Delta x \to 0^-} \frac{f(-1 + \Delta x) - f(-1)}{\Delta x} = \lim_{\Delta x \to 0^-} \frac{e^{2\Delta x} + 1}{\Delta x} = \infty,$$

所以函数在点 $x = -1$ 处不可导.

$$f'_+(0) = \lim_{\Delta x \to 0^+} \frac{f(0 + \Delta x) - f(0)}{\Delta x} = \lim_{\Delta x \to 0^+} \frac{\sin \Delta x - \sin 0}{\Delta x} = 1,$$

$$f'_-(0) = \lim_{\Delta x \to 0^-} \frac{f(0 + \Delta x) - f(0)}{\Delta x} = \lim_{\Delta x \to 0^-} \frac{\Delta x}{\Delta x} = 1,$$

因为 $f'_-(0) = f'_+(0)$,所以函数在点 $x = 0$ 处可导.

三、导数在其他学科中的含义——变化率

函数 $y = f(x)$ 增量与自变量增量的比值 $\frac{\Delta y}{\Delta x}$ 是函数 $y = f(x)$ 在区间 $[x_0, x_0 + \Delta x]$ 上的平均变化率,而导数 $f'(x_0)$ 则是函数 $y = f(x)$ 在点 x_0 处的变化率,它反映了函数随自变量变化而变化的快慢程度.

由上面的分析可知,凡是研究变化率的问题,都需要利用导数去解决,变化率(导数)在不同学科中的具体含义不尽相同.下面给出一些在不同学科中变化率的例子.

【**例 3**】（**电流**） 电流的大小是用单位时间内通过导线横截面的电量的多少来描述的.若电量 q 与时间 t 的关系为 $q = q(t)$,则

$$\frac{\Delta q}{\Delta t} = \frac{q(t_0 + \Delta t) - q(t_0)}{\Delta t},$$

上式仅表示在 Δt 时间内导线中的平均电流(即 q 对 t 的平均变化率),那么某时刻 t_0 的电流为

$$i(t_0) = \lim_{\Delta t \to 0} \frac{\Delta q}{\Delta t} = \lim_{\Delta t \to 0} \frac{q(t_0 + \Delta t) - q(t_0)}{\Delta t} = q'(t_0).$$

【例4】(非匀质细棒的线密度) 首先我们看一下什么是均匀细棒. 所谓细棒在物理学中通常是指:棒的横断面很小,而且它的任何部位的横断面面积都相等;而所谓均匀是指:棒上任何长度相等的两段其质量总相等;当然任何长度相等的两段其质量不相等时,该细棒就称为不均匀细棒.

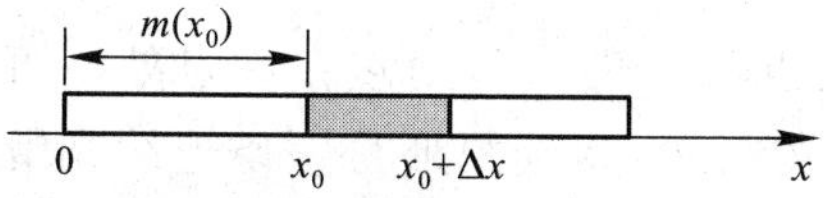

图 2-2

设细棒的质量 m 是细棒的长度 x 的函数,即 $m = m(x)$,如图 2-2 所示,对于 x_0 到 $x_0 + \Delta x$ 这段细棒来说,平均线密度为 $\bar{\rho} = \frac{\Delta m}{\Delta x}$,则在点 x_0 处的线密度为

$$\rho(x_0) = \lim_{\Delta x \to 0} \frac{\Delta m}{\Delta x} = \lim_{\Delta x \to 0} \frac{m(x_0 + \Delta x) - m(x_0)}{\Delta x} = m'(x_0).$$

【例5】(经济学中的边际成本) 设某产品的成本函数为 $C = C(x)$,其中 x 为产量,一般情况下,产品的总成本 C 是随 x 非均匀变化的,此时,

$$\frac{\Delta C}{\Delta x} = \frac{C(x_0 + \Delta x) - C(x_0)}{\Delta x},$$

上式仅表示生产 Δx 个产品的**平均成本**.

为了确定是否要扩大(或缩小)该产品的生产规模,必须确定该产品在任意产量 x_0 时,产量增加或减少 1 个单位所引起的成本变动,也就是要求成本函数为 $C = C(x)$ 对 x 的变化率,即

$$\lim_{\Delta x \to 0} \frac{\Delta C}{\Delta x} = \lim_{\Delta x \to 0} \frac{C(x_0 + \Delta x) - C(x_0)}{\Delta x}.$$

因而,称成本函数 $C(x)$ 的导数 $C'(x)$ 为**边际成本函数**,记作 MC,即

$$MC = C'(x).$$

在经济学中,边际成本 $C'(x_0)$ 表示在产量达到 x_0 时,再生产一个单位的产品,总成本约改变 $C'(x_0)$ 个单位. 类似地,可以得出其他边际函数,如边际收益、边际利润等.

四、可导和连续的关系

定理 2 若函数 $y = f(x)$ 在点 x_0 处可导,则函数 $y = f(x)$ 在点 x_0 处连续.

【例6】 讨论函数 $f(x) = |x|$ 在点 $x = 0$ 处的连续性与可导性.

解 函数 $f(x) = |x|$ 在点 $x = 0$ 处的增量为

$$\Delta y = f(0 + \Delta x) - f(0) = |\Delta x| = \begin{cases} \Delta x, & \Delta x \geq 0, \\ -\Delta x, & \Delta x < 0, \end{cases}$$

显然有

$$\lim_{\Delta x \to 0} \Delta y = \lim_{\Delta x \to 0} |\Delta x| = 0,$$

即函数 $f(x) = |x|$ 在点 $x = 0$ 处连续.

又因为函数 $f(x)$ 在 $x = 0$ 处的左导数为

$$f'_-(0) = \lim_{\Delta x \to 0^-} \frac{\Delta y}{\Delta x} = \lim_{\Delta x \to 0^-} \frac{-\Delta x}{\Delta x} = -1,$$

右导数为

$$f'_+(0) = \lim_{\Delta x \to 0^+} \frac{\Delta y}{\Delta x} = \lim_{\Delta x \to 0^+} \frac{\Delta x}{\Delta x} = 1,$$

故由定理 1 知,函数 $f(x) = |x|$ 在 $x = 0$ 处不可导,如图 2-3 所示.

一般地,若函数图形有"尖点"或"尖角",则它在该点处不可导.因此,如果函数在一个区间内可导,则其图形是一条连续光滑的曲线.

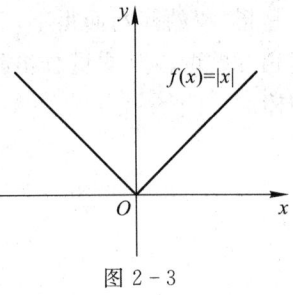

图 2-3

五、导数的运算法则

1. 基本初等函数的导数公式

(1) $(C)' = 0$（C 为常数）; (2) $(x^\alpha)' = \alpha x^{\alpha-1}$（$\alpha$ 为实数）;

(3) $(a^x)' = a^x \ln a$ $(a > 0, a \neq 1)$; (4) $(e^x)' = e^x$;

(5) $(\log_a x)' = \dfrac{1}{x \ln a}$ $(a > 0, a \neq 1)$; (6) $(\ln x)' = \dfrac{1}{x}$;

(7) $(\sin x)' = \cos x$; (8) $(\cos x)' = -\sin x$;

(9) $(\tan x)' = \sec^2 x$; (10) $(\cot x)' = -\csc^2 x$;

(11) $(\sec x)' = \sec x \tan x$; (12) $(\csc x)' = -\csc x \cot x$;

(13) $(\arcsin x)' = \dfrac{1}{\sqrt{1-x^2}}$; (14) $(\arccos x)' = -\dfrac{1}{\sqrt{1-x^2}}$;

(15) $(\arctan x)' = \dfrac{1}{1+x^2}$; (16) $(\text{arccot } x)' = -\dfrac{1}{1+x^2}$.

2. 函数和、差、积、商的求导法则

定理 3 若函数 $u = u(x)$ 和 $v = v(x)$ 在点 x 处均可导,则它们的和、差、积、商(分母不为零)在点 x 处也可导,且

(1) $(u \pm v)' = u' \pm v'$;

(2) $(uv)' = u'v + uv'$;

特别地,若令 $v(x) = c$（c 为常数）,则有 $(cu)' = cu'$;

(3) $\left(\dfrac{v}{u}\right)' = \dfrac{v'u - vu'}{u^2}$ $(u \neq 0)$.

注:上述法则的(1)和(2)可推广到有限多个函数运算的情形.例如,设函数 $u = u(x)$, $v = v(x)$, $w = w(x)$ 均可导,则

$$(u + v + w)' = u' + v' + w',$$
$$(uvw)' = u'vw + uv'w + uvw'.$$

【**例 7**】 设 $f(x) = x^2 - \sqrt{x} + 2^x - \ln 2$,求 $f'(x)$,$f'(1)$.

解 $f'(x) = (x^2 - \sqrt{x} + 2^x - \ln 2)'$
$$= (x^2)' - (\sqrt{x})' + (2^x)' - (\ln 2)'$$

$$= 2x - \frac{1}{2\sqrt{x}} + 2^x \ln 2,$$

所以
$$f'(1) = 2 - \frac{1}{2} + 2\ln 2 = \frac{3}{2} + 2\ln 2.$$

【例 8】 设 $y = \sin x \cdot \ln x$,求 y'.

解 $y' = (\sin x \cdot \ln x)' = (\sin x)' \ln x + \sin x (\ln x)' = \cos x \cdot \ln x + \frac{\sin x}{x}$.

【例 9】 求函数 $y = \tan x$ 的导数.

解
$$y' = (\tan x)' = \left(\frac{\sin x}{\cos x}\right)' = \frac{(\sin x)'(\cos x) - (\sin x)(\cos x)'}{\cos^2 x}$$
$$= \frac{\cos^2 x + \sin^2 x}{\cos^2 x} = \frac{1}{\cos^2 x} = \sec^2 x,$$

即
$$(\tan x)' = \sec^2 x.$$

类似可得
$$(\cot x)' = -\csc^2 x.$$

【例 10】 求函数 $y = \frac{e^x}{1+x}$ 的导数.

解 $y' = \left(\frac{e^x}{1+x}\right)' = \frac{(e^x)'(1+x) - e^x (1+x)'}{(1+x)^2} = \frac{e^x(1+x) - e^x}{(1+x)^2} = \frac{e^x x}{(1+x)^2}.$

3. 复合函数的求导法则

定理 4 设函数 $u = \varphi(x)$ 在点 x 处可导,函数 $y = f(u)$ 在对应的点 u 处可导,则复合函数 $y = f[\varphi(x)]$ 在点 x 处也可导,且

$$\frac{dy}{dx} = \frac{dy}{du} \cdot \frac{du}{dx} \quad 或 \quad \frac{dy}{dx} = f'(u) \cdot \varphi'(x).$$

注:(1) 复合函数的求导法则可叙述为:复合函数的导数等于函数对中间变量的导数乘以中间变量对自变量的导数.

(2) 复合函数的求导法则可推广到有限次复合的情形. 例如,设 $y = f(u), u = \varphi(v), v = \psi(x)$ 均可导,则复合函数 $y = f\{\varphi[\psi(x)]\}$ 对 x 的导数为

$$\frac{dy}{dx} = \frac{dy}{du} \cdot \frac{du}{dv} \cdot \frac{dv}{dx} \quad 或 \quad \frac{dy}{dx} = f'(u) \cdot \varphi'(v) \cdot \psi'(x).$$

【例 11】 求函数 $y = (x^2 + 1)^4$ 的导数.

解 函数 $y = (x^2 + 1)^4$ 可看成是由 $y = u^4, u = x^2 + 1$ 复合而成,所以

$$y' = \frac{dy}{du} \cdot \frac{du}{dx} = (u^4)' \cdot (x^2 + 1)' = (4u^3) \cdot 2x = 8x(x^2 + 1)^3.$$

【例 12】 求函数 $y = \ln \sin x$ 的导数.

解 函数 $y = \ln \sin x$ 可看成是由 $y = \ln u, u = \sin x$ 复合而成,所以

$$y' = \frac{dy}{du} \cdot \frac{du}{dx} = (\ln u)' \cdot (\sin x)' = \frac{1}{u} \cdot \cos x = \frac{\cos x}{\sin x} = \cot x.$$

掌握熟练后,中间变量可省略不写,只把中间变量看在眼里,记在心上,直接把对中间变量的导数结果写出来,再乘以中间变量对自变量的导数即可.

【例 13】 求函数 $y = \arctan e^{2x}$ 的导数.

解 $y' = [\arctan e^{2x}]' = \dfrac{1}{1+(e^{2x})^2} \cdot (e^{2x})' = \dfrac{1}{1+(e^{2x})^2} \cdot e^{2x} \cdot (2x)' = \dfrac{2e^{2x}}{1+(e^{2x})^2}.$

4. 高阶导数

由引例 1 可知,若已知变速直线运动物体的路程函数 $s = s(t)$,则物体的瞬时速度为

$$v(t) = s'(t) \quad \text{或} \quad v(t) = \dfrac{\mathrm{d}s}{\mathrm{d}t},$$

而加速度是速度关于时间的变化率,因此由导数的定义知,加速度 $a(t)$ 为

$$a(t) = v'(t) \quad \text{或} \quad a(t) = \dfrac{\mathrm{d}v}{\mathrm{d}t},$$

于是加速度 $a(t)$ 就是路程函数 $s = s(t)$ 对时间 t 的导数的导数,称为 $s(t)$ 对 t 的**二阶导数**,记作 $s''(t)$,即

$$a(t) = s''(t) \quad \text{或} \quad a(t) = \dfrac{\mathrm{d}^2 s}{\mathrm{d}t^2},$$

定义 3 若函数 $y = f(x)$ 的导数 $y' = f'(x)$ 在点 x 处可导,则称导数 $f'(x)$ 的导数 $[f'(x)]'$ 为函数 $f(x)$ 在点 x 处的**二阶导数**,记作

$$f''(x) \quad \text{或} \quad y'' \quad \text{或} \quad \dfrac{\mathrm{d}^2 y}{\mathrm{d}x^2} \quad \text{或} \quad \dfrac{\mathrm{d}^2 f(x)}{\mathrm{d}x^2}.$$

类似地,二阶导数 $f''(x)$ 的导数称为 $f(x)$ 的**三阶导数**,记作

$$f'''(x) \quad \text{或} \quad y''' \quad \text{或} \quad \dfrac{\mathrm{d}^3 y}{\mathrm{d}x^3} \quad \text{或} \quad \dfrac{\mathrm{d}^3 f(x)}{\mathrm{d}x^3}.$$

一般地,函数 $f(x)$ 的 $n-1$ 阶导数的导数,称为 $f(x)$ 的 n **阶导数**,记作

$$f^{(n)}(x) \quad \text{或} \quad y^{(n)} \quad \text{或} \quad \dfrac{\mathrm{d}^n y}{\mathrm{d}x^n} \quad \text{或} \quad \dfrac{\mathrm{d}^n f(x)}{\mathrm{d}x^n}.$$

注:二阶及二阶以上的导数统称为**高阶导数**.相应地,函数 $f(x)$ 的导数 $f'(x)$ 称为 $f(x)$ 的**一阶导数**.

显然,求高阶导数并不需要什么新的求导方法,只要遵循前面介绍的求导公式、求导法则逐阶求导,直到所求的阶数即可.

【例 14】 设 $y = x^3 + 3x^2 - 1$,求 y'',y''',$y^{(n)}$ ($n \geqslant 5$).

解
$$y' = 3x^2 + 6x,$$
$$y'' = 6x + 6,$$
$$y''' = 6,$$
$$y^{(4)} = 0,$$
$$\cdots\cdots$$
$$y^{(n)} = 0.$$

【例 15】 设 $y = \ln(x+1)$,求 y'',$y'''|_{x=1}$.

解 $y' = \dfrac{1}{1+x},$

$$y'' = \left(\frac{1}{1+x}\right)' = -\frac{1}{(1+x)^2},$$

$$y''' = -\left[\frac{1}{(1+x)^2}\right]' = \frac{2}{(1+x)^3},$$

所以

$$y'''|_{x=1} = \frac{1}{4}.$$

【例 16】 设 $y = e^x$，求 $y^{(n)}$.

解 $y' = e^x,\quad y'' = (e^x)' = e^x,\quad y''' = e^x,\quad \cdots$

一般地，可得

$$y^{(n)} = e^x.$$

习题 2-1

1. 设 $f(x) = 2x^2$，试按定义求 $f'(1)$.

2. 设函数 $f(x)$ 在点 x_0 处可导，求 $\lim\limits_{h\to 0}\dfrac{f(x_0+h)-f(x_0-h)}{h}$.

3. 给定抛物线 $y = x^2 + x - 1$，求在点 $(1,1)$ 处的切线方程和法线方程.

4. 试讨论函数 $f(x) = \begin{cases} \ln x, & x \geqslant 1, \\ x-1, & x < 1 \end{cases}$ 在点 $x=1$ 处的连续性和可导性.

5. 求下列函数的导数.

(1) $y = \dfrac{1}{\sqrt{x}}$；

(2) $y = x^3 + 3^x + \ln 3$；

(3) $y = 2\arctan x + \ln x$；

(4) $y = x^2 \cdot (2 + \sqrt{x})$；

(5) $y = e^x \cdot \cos x$；

(6) $y = \dfrac{x-1}{x+1}$；

(7) $y = \ln(x^2 + 1)$；

(8) $y = \sin(1 - 2x)$；

(9) $y = \arctan(\sin x)$；

(10) $y = e^{2x-1}$.

6. 求下列函数的二阶导数.

(1) $y = 2x^3 - 3x^2 + x - 2$；

(2) $y = x\sin x$；

(3) $y = e^{3x-1}$.

7. 求下列函数在给定点处的导数.

(1) $y = \sin x - \cos x$，求 $y'|_{x=\frac{\pi}{3}}$；

(2) $y = e^{x^2}$，求 $y''|_{x=1}$.

8. 设一作直线运动的物体的运动方程为

$$s = t^3 + 2t^2 + 3t - 1,$$

求：(1) 物体在 0 到 3 s 这段时间内的平均速度；

(2) 物体在 3 s 时的瞬时速度和瞬时加速度.

9. 一个弹簧的运动受到摩擦力和阻力的影响(例如汽车的减震器)，其中运动方程可以用指数函数和正弦函数的乘积来表示. 设这个弹簧上一点的运动方程为

$$S(t) = e^{-t} \cdot \sin 2\pi t \quad (S \text{ 的单位}:\text{cm}, t \text{ 的单位}:\text{s}),$$

求 t s 时的速度.

第二节 微 分

一、微分的概念

先考察一个具体的问题.

设有一边长为 x_0 的正方形金属薄片,如图 2-4 所示,受温度变化的影响,其边长改变了 Δx,则其面积改变了多少?

由正方形的面积计算公式 $S = x^2$,当边长从 x_0 变化到 $x_0 + \Delta x$ 时,相应面积的增量为

$$\Delta S = (x_0 + \Delta x)^2 - x_0^2 = 2x_0 \Delta x + (\Delta x)^2.$$

它由两部分组成,第一部分 $2x_0 \Delta x$ 是 ΔS 的主要部分,即图 2-4 中单线阴影部分;第二部分 $(\Delta x)^2$ 较小,是 ΔS 的次要部分,即图 2-4 中网格线部分.

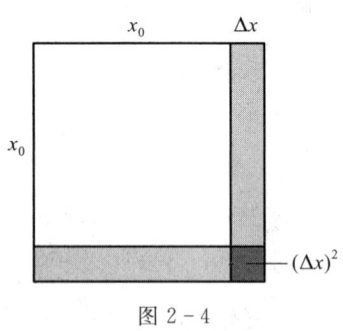

图 2-4

由此可见,当边长的改变量 Δx 很小时($|\Delta x| \to 0$),$(\Delta x)^2$ 对 ΔS 的影响也很小,可以忽略,此时正方形面积的增量 ΔS 可以近似地用第一部分 $2x_0 \Delta x$ 来代替,即

$$\Delta S \approx 2x_0 \Delta x.$$

其中,

$$2x_0 = (x^2)'|_{x=x_0}.$$

定义 设函数 $y = f(x)$ 在点 x_0 及其附近可导,则称 $f'(x_0)\Delta x$ 为函数 $f(x)$ 在点 x_0 处的**微分**,记作 $dy|_{x=x_0}$,即

$$dy|_{x=x_0} = f'(x_0)\Delta x.$$

注:这里,按习惯将自变量的增量 Δx 记作 dx,称为自变量的微分,即

$$dy|_{x=x_0} = f'(x_0)dx. \tag{2-10}$$

一般地,可导函数在任一点处的微分为

$$dy = f'(x)dx, \tag{2-11}$$

即函数的微分等于函数的导数与自变量微分的乘积.从而有

$$\frac{dy}{dx} = f'(x),$$

此式告诉我们,dy 与 dx 之商,即函数的微分与自变量微分之商,就是函数 $f(x)$ 的导数,因此,导数也称为**微商**.这也是为什么导数要记作 $\frac{dy}{dx}$ 的道理.

【**例 1**】 设函数 $y = \cos x$,求 $dy, dy|_{x=\frac{\pi}{6}}$.

解 由式(2-11)可知

$$dy = y'dx = -\sin x dx,$$

从而

$$dy|_{x=\frac{\pi}{6}} = (-\sin x)|_{x=\frac{\pi}{6}}dx = -\frac{1}{2}dx.$$

二、微分的基本公式与计算

因为函数的微分等于函数的导数乘以自变量的微分. 所以, 由基本初等函数的导数公式, 我们可得到基本初等函数的微分公式.

基本初等函数的微分公式

(1) $d(C) = 0$;

(2) $d(x^\alpha) = \alpha x^{\alpha-1} dx \quad (\alpha \in \mathbf{R})$;

(3) $d(a^x) = a^x \ln a \, dx \quad (a > 0, a \neq 1)$;

(4) $d(e^x) = e^x dx$;

(5) $d(\log_a x) = \dfrac{1}{x \ln a} dx \quad (a > 0, a \neq 1)$;

(6) $d(\ln x) = \dfrac{1}{x} dx$;

(7) $d(\sin x) = \cos x \, dx$;

(8) $d(\cos x) = -\sin x \, dx$;

(9) $d(\tan x) = \sec^2 x \, dx$;

(10) $d(\cot x) = -\csc^2 x \, dx$;

(11) $d(\sec x) = \sec x \tan x \, dx$;

(12) $d(\csc x) = -\csc x \cot x \, dx$;

(13) $d(\arcsin x) = \dfrac{1}{\sqrt{1-x^2}} dx$;

(14) $d(\arccos x) = \dfrac{-1}{\sqrt{1-x^2}} dx$;

(15) $d(\arctan x) = \dfrac{1}{1+x^2} dx$;

(16) $d(\operatorname{arccot} x) = -\dfrac{1}{1+x^2} dx$.

【例 2】 求函数 $y = 2e^x - \ln x$ 的微分 dy.

解 因为
$$y' = (2e^x)' - (\ln x)' = 2e^x - \frac{1}{x},$$
所以
$$dy = y' dx = \left(2e^x - \frac{1}{x}\right) dx.$$

【例 3】 设函数 $y = x\sin x + \arctan x$, 求 $dy|_{x=0}$.

解 因为
$$y' = x' \sin x + x(\sin x)' + \frac{1}{1+x^2} = \sin x + x \cdot \cos x + \frac{1}{1+x^2},$$
所以
$$dy = y' dx = \left(\sin x + x \cdot \cos x + \frac{1}{1+x^2}\right) dx,$$
故
$$dy|_{x=0} = y'|_{x=0} dx = \left(\sin x + x \cdot \cos x + \frac{1}{1+x^2}\right)\bigg|_{x=0} dx = dx.$$

【例 4】 求函数 $y = \dfrac{e^x}{x^2}$ 的微分.

解
$$dy = y' dx = \frac{(e^x)' x^2 - e^x (x^2)'}{(x^2)^2} dx$$
$$= \frac{e^x x^2 - e^x \cdot 2x}{x^4} dx = \frac{e^x (x-2)}{x^3} dx.$$

【例 5】 求函数 $y = \sin(3x+1)$ 的微分.

解 $dy = y'dx = [\sin(3x+1)]'dx = \cos(3x+1) \cdot (3x+1)'dx = 3\cos(3x+1)dx.$

三、微分的应用

近似计算是工程计算中常遇到的问题,一般地,对近似公式的要求有两条:有足够好的精度;计算简便. 用微分来作近似计算常常能满足这些要求.

由上面的讨论可知,当函数 $f(x)$ 在点 x_0 处的导数 $f'(x_0) \neq 0$ 且 $|\Delta x|$ 很小时,有
$$\Delta y|_{x=x_0} \approx dy|_{x=x_0} = f'(x_0)\Delta x, \tag{2-12}$$

即
$$f(x_0 + \Delta x) - f(x_0) \approx f'(x_0)\Delta x,$$

得
$$f(x_0 + \Delta x) \approx f(x_0) + f'(x_0)\Delta x. \tag{2-13}$$

【例 6】 半径为 10 cm 的金属圆片经加热后,半径伸长了 0.05 cm,问面积增大了多少?

解 圆面积计算公式为
$$A = \pi r^2 \quad (r \text{ 为半径}).$$

令 $r = 10, \Delta r = 0.05$. 因为 Δr 相对于 r 较小,所以可以用微分 dA 近似代替 ΔA,得
$$\Delta A \approx dA = (\pi r^2)'dr = 2\pi r dr,$$

当 $dr = \Delta r = 0.05$ 时,得
$$\Delta A \approx 2\pi \times 10 \times 0.05 = \pi (\text{cm}^2),$$

故金属圆片的面积约增大了 π cm^2.

【例 7】 计算 $\sqrt[3]{998.5}$ 的近似值.

解 设函数 $f(x) = \sqrt[3]{x}$,取 $x_0 = 1\,000, \Delta x = -1.5$(相对 x_0 较小). 又
$$f'(x) = \frac{1}{3\sqrt[3]{x^2}}, \quad f'(1\,000) = \frac{1}{3\sqrt[3]{1\,000^2}} = \frac{1}{300},$$

代入公式
$$f(x) \approx f(x_0) + f'(x_0)\Delta x,$$

得
$$\sqrt[3]{998.5} \approx \sqrt[3]{1\,000} + \frac{1}{300} \cdot (-1.5) = 9.995.$$

习题 2-2

1. 在下列括号内填上适当的函数,使等式成立.

   (1) d(　　) = xdx;　　　　　(2) d(　　) = $e^{3x}dx$;

   (3) d(　　) = $\sin 2t dt$;　　　(4) d(　　) = $\dfrac{1}{1+x^2}dx$;

   (5) d(　　) = $\dfrac{1}{x^2}dt$;　　　(6) d(　　) = $\dfrac{1}{1+x}dx$.

2. 求下列函数的微分.

   (1) $y = 2x^3 + 3x - 1$;　　　(2) $y = \ln x \cdot \sin x$;

   (3) $y = \ln \sqrt{x^2 + 1}$;　　　(4) $y = \arcsin(t^2 - 1)$;

(5) $y = \dfrac{\cos x}{1+\sin x}$； (6) $y = e^{3x^2+2}$.

3. 利用微分计算下列近似值.

(1) $\sqrt[5]{0.99}$； (2) $\sin 29°$.

4. 设某商品的利润函数为
$$L(Q) = -Q^2 + 800Q - 70\,000,$$
试求当销量已达 300 件时，再增加销售 1 件该商品所增加的利润 ΔL 是多少？

5. 有一批 1 万个半径为 1 cm 的钢球，为了提高钢球表面的光洁度，每个钢球要镀上厚为 0.01 cm 的一层铜，若铜的密度为 8.9 g/cm³，试估计一下共需要多少克铜？

*第三节　隐函数的导数

一、隐函数的求导法则

前面我们所遇到的函数都是 $y = f(x)$ 的形式，我们把因变量 y 由含有自变量 x 的数学式子直接表示出来的函数称为**显函数**.

而有时，因变量与自变量的对应规则是用一个二元方程 $F(x,y) = 0$ 来表示的，例如：$x^2 + y^2 = 4$，$2x - 3y + 5 = 0$，$x + 2y = e^{xy}$ 等，我们称此类函数为**隐函数**. 有的隐函数可以化为显函数，从而求得导数. 而有的隐函数则不易或无法化为显函数，那么对于隐函数我们如何来求它们的导数呢？通常有下面的求导法则：

方程 $F(x,y) = 0$ 的两边同时对 x 求导，遇到 y 时，将其看成 x 的函数，利用复合函数求导法则求导，最后从等式中解出 y' 即可.

【**例 1**】　求由方程 $e^y - xy = e$ 所确定的隐函数 $y = f(x)$ 的导数 y'.

解　方程两边对 x 求导，得
$$e^y \cdot y' - (y + x \cdot y') = 0,$$
整理，得
$$(e^y - x)y' = y,$$
解出 y'，得
$$y' = \dfrac{y}{e^y - x}.$$

【**例 2**】　求圆 $x^2 + y^2 = 8$ 在点 $P(2,2)$ 处的切线方程.

解　方程 $x^2 + y^2 = 8$ 两边对 x 求导，得
$$2x + 2yy' = 0,$$
解出 y'，得
$$y' = -\dfrac{x}{y}.$$
所以点 $P(2,2)$ 处切线的斜率为
$$k = y'|_{x=2,y=2} = -1,$$
故所求切线方程为

$$y - 2 = -(x-2),$$

即

$$y + x - 4 = 0.$$

二、参数方程求导法则

在很多实际问题中,常常用参数方程来表示物体的运动规律. 例如,炮弹运动的轨迹(称为弹道曲线)在不计空气阻力的情况下可表示成参数方程:

$$\begin{cases} x = v_1 t, \\ y = v_2 t - \dfrac{1}{2} g t^2, \end{cases}$$

其中 v_1,v_2 分别表示炮弹的水平方向和铅垂方向的初速度,g 为重力加速度,t 为时间,x 与 y 分别表示炮弹在铅垂平面内位置的横坐标和纵坐标(如图 2-5).

一般地,若方程

$$\begin{cases} x = \varphi(t), \\ y = f(t) \end{cases} \quad (t \in I, t \text{ 为参数}).$$

确定了 y 是 x 的函数(当然也可以说确定 x 是 y 的函数),则称该方程为**参数方程**. 下面来求导数 $\dfrac{dy}{dx}$ 或 y'.

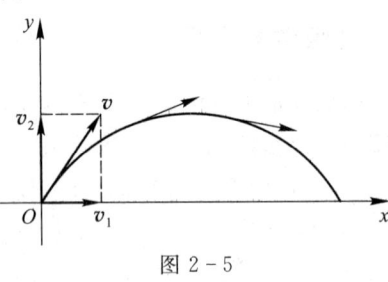

图 2-5

若函数 $y = f(t)$ 与 $x = \varphi(t)$ 均可导,且 $\varphi'(t) \neq 0$,则

$$y' = \frac{dy}{dx} = \frac{\dfrac{dy}{dt}}{\dfrac{dx}{dt}} = \frac{f'(t)}{\varphi'(t)}. \tag{2-14}$$

【例3】 求由参数方程 $\begin{cases} x = \arctan t, \\ y = \ln(1+t^2) \end{cases}$ 所表示的函数的导数 $\dfrac{dy}{dx}$.

解

$$\frac{dy}{dx} = \frac{\dfrac{dy}{dt}}{\dfrac{dx}{dt}} = \frac{[\ln(1+t^2)]'}{(\arctan t)'} = \frac{\dfrac{2t}{1+t^2}}{\dfrac{1}{1+t^2}} = 2t.$$

【例4】 已知圆的参数方程为 $\begin{cases} x = a\cos\theta, \\ y = a\sin\theta \end{cases}$ ($a > 0$,θ 为参数),求:

(1) $\dfrac{dy}{dx}$;

(2) 在对应于 $\theta = \dfrac{\pi}{4}$ 时,圆上点的切线方程.

解 (1) $\dfrac{dy}{dx} = \dfrac{(a\sin\theta)'}{(a\cos\theta)'} = \dfrac{a\cos\theta}{-a\sin\theta} = -\cot\theta$,

(2) 与 $\theta = \dfrac{\pi}{4}$ 对应的圆上的点为 $P\left(\dfrac{\sqrt{2}}{2}a, \dfrac{\sqrt{2}}{2}a\right)$.

由(1)得点 P 处切线的斜率为

$$k = \frac{\mathrm{d}y}{\mathrm{d}x}\Big|_{\theta=\frac{\pi}{4}} = -\cot\theta\Big|_{\theta=\frac{\pi}{4}} = -1,$$

故点 P 处的切线方程为

$$y - \frac{\sqrt{2}}{2}a = -\left(x - \frac{\sqrt{2}}{2}a\right),$$

即

$$y + x - \sqrt{2}a = 0.$$

习题 2-3

1. 求由方程 $y\sin x + \mathrm{e}^y = \mathrm{e}x$ 所确定的函数 $y = f(x)$ 的导数 y'.
2. 求由方程 $xy - \sin(x+y) = 0$ 所确定的函数 $y = f(x)$ 的导数 y'.
3. 设由 $x^2 - \mathrm{e}^{2y} = y^2$ 确定 y 是 x 的函数,求 $\dfrac{\mathrm{d}y}{\mathrm{d}x}$.
*4. 试求函数 $y = (1+x^2)^{\sin x}$ 的导数.
*5. 求函数 $y = \dfrac{\sqrt[3]{2x+1}}{(x-2)^2(3-x)}$ 的导数.
6. 设函数由参数方程 $\begin{cases} x = t + \sin t + 2, \\ y = t + \cos t \end{cases}$ 确定,求 $\dfrac{\mathrm{d}y}{\mathrm{d}x}$.
7. 求由参数方程 $\begin{cases} x = a(t - \sin t) \\ y = a(1 - \cos t) \end{cases}$ 所确定的螺旋线在 $t = \dfrac{\pi}{3}$ 处的切线方程.

*第四节 中值定理 洛必达法则

中值定理揭示了函数在某区间上的整体性质与函数在该区间内某一点的导数之间的关系,因而它们是用微分学知识解决应用问题的理论基础,在微分学理论中占有重要地位.作为中值定理的一个应用,洛必达法则给出了求解 $\dfrac{0}{0}$ 型或 $\dfrac{\infty}{\infty}$ 型这种未定式的简单而重要的方法.

一、中值定理

1. 罗尔定理

定理 1(罗尔定理) 若函数 $f(x)$ 满足如下三个条件:
(1) 在闭区间 $[a,b]$ 上连续;
(2) 在开区间 (a,b) 内可导;
(3) 在区间 $[a,b]$ 两端点处的函数值相等,即 $f(a) = f(b)$;
则在区间 (a,b) 内至少存在一点 ξ,使得
$$f'(\xi) = 0.$$
罗尔定理的几何意义是很明显的,$y = f(x)$ 在区间 $[a,b]$ 上是一条连续曲线,如图 2-6 所示,除端点外,曲线上每一点处都有不垂直于 x 轴的切线,且区间 $[a,b]$ 两端点处的函数值相等,则曲线上至少存在一点,该点处的切线与 x 轴平行.

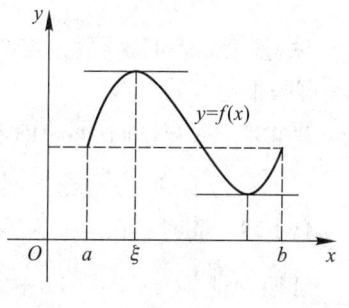

图 2-6

【例1】 验证函数 $y = \sin x$ 在区间 $[0, \pi]$ 上满足罗尔定理的条件,并求出满足罗尔定理的 ξ.

解 因为 $y = \sin x$ 是初等函数,它在 $[0, \pi]$ 上是连续的,导数 $y' = \cos x$ 在 $(0, \pi)$ 内存在,且 $\sin 0 = \sin \pi = 0$,所以函数 $y = \sin x$ 在区间 $[0, \pi]$ 上满足罗尔定理条件.

令 $f'(\xi) = \cos \xi = 0$,得满足罗尔定理的 $\xi = \dfrac{\pi}{2}$.

2. 拉格朗日中值定理

在罗尔定理中,$f(a) = f(b)$ 这个条件相当苛刻,从而限制了定理的应用范围. 如果把这个条件取消,仅保留其余两个条件,并相应地改变结论,那就得到了在微分学中具有重要地位的拉格朗日中值定理.

定理2(拉格朗日中值定理) 若函数 $f(x)$ 满足如下两个条件:

(1) 在闭区间 $[a, b]$ 上连续;

(2) 在开区间 (a, b) 内可导;

则在区间 (a, b) 内至少存在一点 ξ,使得

$$f'(\xi) = \frac{f(b) - f(a)}{b - a},$$

或

$$f(b) - f(a) = f'(\xi)(b - a).$$

拉格朗日中值定理的几何意义如图 2-7 所示,若连续曲线 $y = f(x)$ 除端点外,曲线上每一点处都有不垂直于 x 轴的切线,则在曲线上至少存在一点,该点处的切线与弦 AB 平行.

在工程中拉格朗日中值定理也有广泛的应用背景:比如,将 $y = f(x)$ 看成是质点作变速直线运动的位置函数,那么拉格朗日中值定理所揭示的是质点在时间段 $[a, b]$ 上的平均速度恰好可以用时间段 $[a, b]$ 内部某一时刻的瞬时速度来表示;再比如,把 $y = f(x)$ 看成是电流通过某一导线的横截面的电量,x 表示时间,那么拉格朗日中值定理表示在 $b - a$ 这段时间内通过导线的平均电量(电流)恰好可以用时间段 $[a, b]$ 内部某一时刻的瞬时电流来表示.

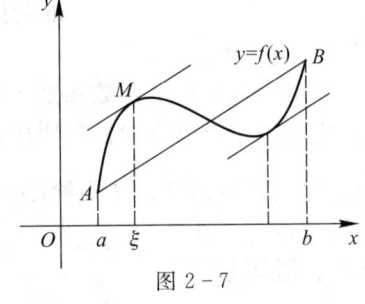

图 2-7

利用拉格朗日中值定理,可得下面几个推论.

推论1 若在区间 (a, b) 内的每一点 x 处都有 $f'(x) = 0$,则在区间 (a, b) 内恒有

$$f(x) = C \quad (C \text{ 为常数}).$$

注:推论1表明,导数为零的函数就是常数函数,这一结论以后在积分学中将会用到,由推论1即可得推论2.

推论2 若在区间 (a, b) 内的每一点 x 处都有 $f'(x) = g'(x)$,则在区间 (a, b) 内有

$$f(x) = g(x) + C \quad (C \text{ 为常数}).$$

【例2】 证明:当 $x > 0$ 时,$\dfrac{x}{1+x} < \ln(1+x) < x$.

证明 设 $f(x) = \ln(1+x)$,显然函数 $f(x)$ 在区间 $[0, x]$ 上满足拉格朗日中值定理的条件,故在区间 $(0, x)$ 内至少存在一点 ξ,使得

$$f(x) - f(0) = f'(\xi)(x-0),$$

因为
$$f(0) = 0, \quad f'(x) = \frac{1}{1+x},$$

所以
$$\ln(1+x) = \frac{x}{1+\xi},$$

又因为 $0 < \xi < x$,所以
$$\frac{x}{1+x} < \frac{x}{1+\xi} < x,$$

即
$$\frac{x}{1+x} < \ln(1+x) < x.$$

二、洛必达法则

通常我们称两个无穷小量或无穷大量之比的极限为**未定式极限**,分别记作 $\frac{0}{0}$ 或 $\frac{\infty}{\infty}$. 在第一章中,我们曾介绍过一些求 $\frac{0}{0}$ 型或 $\frac{\infty}{\infty}$ 型未定式极限的方法,但这些方法需视具体问题而定,不具有普遍性. 而**洛必达法则**利用导数作为工具,给出计算 $\frac{0}{0}$ 型和 $\frac{\infty}{\infty}$ 型未定式极限的一般方法.

1. 洛必达法则 $\left(\dfrac{0}{0}\text{ 型}\right)$

定理 3 若函数 $f(x), g(x)$ 满足如下条件:

(1) $\lim f(x) = 0, \lim g(x) = 0$;

(2) 在点 x_0 的去心邻域内可导,且 $g'(x) \neq 0$;

(3) $\lim \dfrac{f'(x)}{g'(x)} = A$(或 ∞);

则
$$\lim \frac{f(x)}{g(x)} = \lim \frac{f'(x)}{g'(x)} = A.$$

【例 3】 求 $\lim\limits_{x \to 0} \dfrac{\sin x}{e^x - 1}$.

解 这是 $\dfrac{0}{0}$ 型未定式,运用洛必达法则,得
$$\lim_{x \to 0} \frac{\sin x}{e^x - 1} = \lim_{x \to 0} \frac{(\sin x)'}{(e^x - 1)'} = \lim_{x \to 0} \frac{\cos x}{e^x} = 1.$$

【例 4】 求 $\lim\limits_{x \to 1} \dfrac{x^3 - 3x + 2}{x^3 - x^2 - x + 1}$.

解 这是 $\dfrac{0}{0}$ 型未定式,连续两次运用洛必达法则,得

$$\lim_{x\to 1}\frac{x^3-3x+2}{x^3-x^2-x+1}=\lim_{x\to 1}\frac{(x^3-3x+2)'}{(x^3-x^2-x+1)'}=\lim_{x\to 1}\frac{3x^2-3}{3x^2-2x-1}$$
$$=\lim_{x\to 1}\frac{6x}{6x-2}=\frac{6\times 1}{6\times 1-2}=\frac{3}{2}.$$

注：上式中的 $\lim\limits_{x\to 1}\dfrac{6x}{6x-2}$ 已不再是未定式了，故不能再对其运用洛必达法则.

【例5】 求 $\lim\limits_{x\to +\infty}\dfrac{\dfrac{\pi}{2}-\arctan x}{\dfrac{1}{x}}$.

解 $\lim\limits_{x\to +\infty}\dfrac{\dfrac{\pi}{2}-\arctan x}{\dfrac{1}{x}}=\lim\limits_{x\to +\infty}\dfrac{0-\dfrac{1}{1+x^2}}{-\dfrac{1}{x^2}}=\lim\limits_{x\to +\infty}\dfrac{x^2}{1+x^2}=1.$

将定理中的条件(1)改为 $\lim\limits_{\substack{x\to x_0\\(x\to\infty)}}f(x)=\infty$，$\lim\limits_{\substack{x\to x_0\\(x\to\infty)}}g(x)=\infty$，定理结论仍然成立. 也就是说，洛必达法则同样适用于 $\dfrac{\infty}{\infty}$ 型.

【例6】 求 $\lim\limits_{x\to +\infty}\dfrac{\ln(x+1)}{x^2}$.

解 这是 $\dfrac{\infty}{\infty}$ 型未定式，所以

$$\lim_{x\to +\infty}\frac{\ln(x+1)}{x^2}=\lim_{x\to +\infty}\frac{\dfrac{1}{x+1}}{2x}=\lim_{x\to +\infty}\frac{1}{2x(x+1)}=0.$$

【例7】 求 $\lim\limits_{x\to +\infty}\dfrac{x^n}{e^x}$ （n 为正整数）.

解 $\lim\limits_{x\to +\infty}\dfrac{x^n}{e^x}=\lim\limits_{x\to +\infty}\dfrac{nx^{n-1}}{e^x}=\lim\limits_{x\to +\infty}\dfrac{n(n-1)x^{n-2}}{e^x}=\cdots=\lim\limits_{x\to +\infty}\dfrac{n!}{e^x}=0.$

2. 其他类型未定式极限的计算

未定式除 $\dfrac{0}{0}$ 型和 $\dfrac{\infty}{\infty}$ 型外，还有 $0\cdot\infty$ 型，$\infty-\infty$ 型，0^0 型，1^∞ 型，∞^0 型等未定式，处理这些类型未定式的方法是设法将其变形后化成 $\dfrac{0}{0}$ 型或 $\dfrac{\infty}{\infty}$ 型未定式，再运用洛必达法则.

【例8】 求 $\lim\limits_{x\to 0^+}x\ln x$.

解 这是 $0\cdot\infty$ 型未定式，先将其转化成 $\dfrac{\infty}{\infty}$ 型未定式，再运用洛必达法则，得

$$\lim_{x\to 0^+}x\ln x=\lim_{x\to 0^+}\frac{\ln x}{\dfrac{1}{x}}=\lim_{x\to 0^+}\frac{\dfrac{1}{x}}{-\dfrac{1}{x^2}}=-\lim_{x\to 0^+}x=0.$$

【例9】 求 $\lim\limits_{x\to 0}\left(\dfrac{1}{x}-\dfrac{1}{e^x-1}\right)$.

解 这是 $\infty-\infty$ 型未定式,先通分将其化成 $\dfrac{0}{0}$ 型未定式,再运用洛必达法则,得

$$\lim_{x\to 0}\left(\dfrac{1}{x}-\dfrac{1}{e^x-1}\right)=\lim_{x\to 0}\dfrac{e^x-1-x}{x(e^x-1)}=\lim_{x\to 0}\dfrac{e^x-1}{e^x-1+xe^x}$$

$$=\lim_{x\to 0}\dfrac{e^x}{e^x+e^x+xe^x}=\dfrac{1}{2}.$$

注:(1) 洛必达法则仅对 $\dfrac{0}{0}$ 型或 $\dfrac{\infty}{\infty}$ 型未定式适用,因此在使用时,需检查极限是否为 $\dfrac{0}{0}$ 型或 $\dfrac{\infty}{\infty}$ 型未定式.

(2) 洛必达法则是充分条件,但非必要条件,当 $\lim\dfrac{f'(x)}{g'(x)}$ 不存在时,并不能确定 $\lim\dfrac{f(x)}{g(x)}$ 也不存在,这种情况下称洛必达法则失效,应当寻找其他解法.

【例 10】 求 $\lim\limits_{x\to\infty}\dfrac{x+\sin x}{x-\sin x}$.

解
$$\lim_{x\to\infty}\dfrac{x+\sin x}{x-\sin x}=\lim_{x\to\infty}\dfrac{1+\cos x}{1-\cos x},$$

因为极限 $\lim\limits_{x\to\infty}\dfrac{1+\cos x}{1-\cos x}$ 不存在,所以洛必达法则失效,可用下面方法求解:

$$\lim_{x\to\infty}\dfrac{x+\sin x}{x-\sin x}=\lim_{x\to\infty}\dfrac{1+\dfrac{\sin x}{x}}{1-\dfrac{\sin x}{x}}=\dfrac{1+0}{1-0}=1.$$

习题 2-4

1. 函数 $f(x)=\dfrac{1}{1+x^2}$ 在区间 $[-1,1]$ 上是否满足罗尔定理的条件,若满足,试求出使 $f'(\xi)=0$ 成立的 ξ 的值.

2. 求下列极限:

(1) $\lim\limits_{x\to a}\dfrac{\sin x-\sin a}{x-a}$;

(2) $\lim\limits_{x\to 0}\dfrac{e^x-e^{-x}}{x}$;

(3) $\lim\limits_{x\to 0}\dfrac{x-\sin x}{x^3}$;

(4) $\lim\limits_{x\to 0}\dfrac{\tan x-x}{x-\sin x}$;

(5) $\lim\limits_{x\to 0^+}\dfrac{\ln\sin x}{\ln x}$;

(6) $\lim\limits_{x\to\infty}x(e^{\frac{1}{x}}-1)$;

(7) $\lim\limits_{x\to 1}\left(\dfrac{2}{x^2-1}-\dfrac{1}{x-1}\right)$;

(8) $\lim\limits_{x\to 0^+}x^{\sin x}$.

第五节 函数的性态

我们已经会用初等数学的方法研究一些函数的单调性和某些简单函数的性质,但这些方法使用范围狭小,技巧性强,因而不具有一般性,本节将以导数为工具,介绍判定函数单调性和曲线凹凸性的一般方法.

一、函数的单调性

设函数 $y=f(x)$ 在区间 (a,b) 内连续单调增加(如图 2-8),则不难发现,在此区间内函数图形上各点处切线的斜率是正的,即 $y'=f'(x)>0$;若函数 $y=f(x)$ 在区间 (a,b) 内连续单调减少(如图 2-9),函数图形上各点处切线的斜率是负的,即 $y'=f'(x)<0$. 因此我们可以通过判定导数的符号来判定函数的单调性.

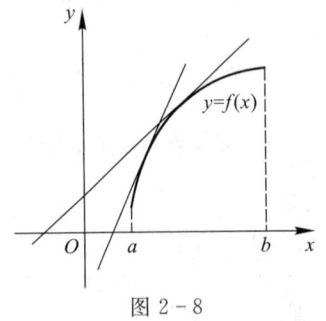

图 2-8

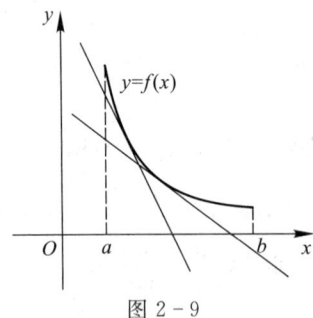

图 2-9

定理 1 (函数单调性的判别) 设函数 $y=f(x)$ 在闭区间 $[a,b]$ 上连续,在开区间 (a,b) 内可导.

(1) 若在 (a,b) 内 $f'(x)>0$,则函数 $y=f(x)$ 在 (a,b) 内单调增加;

(2) 若在 (a,b) 内 $f'(x)<0$,则函数 $y=f(x)$ 在 (a,b) 内单调减少.

注:函数的单调性是描述函数在某个区间上的性质,故区间内个别点处导数为零或不存在并不影响函数在该区间上的单调性. 例如函数 $y=x^3$,其导数为 $y'=3x^2$,$y'|_{x=0}=0$,但在区间 $(-\infty,+\infty)$ 内是单调增加的.

利用导数的符号判断函数的单调性,关键是确定函数图形上升或下降的分界点,这些分界点将函数定义区间分成若干区间,从而使函数在各区间上单调. 分界点有以下两种:

(1) 使 $f'(x)=0$ 的点,这样的点我们称之为**驻点**;

(2) 不可导点,即 $f'(x)$ 不存在的点.

【**例 1**】 求函数 $f(x)=x^3-3x$ 的单调区间.

解 函数 $f(x)$ 的定义域为 $(-\infty,+\infty)$,

$$f'(x)=3x^2-3=3(x-1)(x+1).$$

显然,函数在定义域内无不可导点;令 $f'(x)=0$,得出函数在定义域内的两个驻点 $x_1=-1$,$x_2=1$,这两个驻点将函数 $f(x)$ 的定义域 $(-\infty,+\infty)$ 划分成三个区间:$(-\infty,-1)$,$(-1,1)$,$(1,+\infty)$,列表 2-1 讨论如下.

表 2-1

x	$(-\infty,-1)$	-1	$(-1,1)$	1	$(1,+\infty)$
$f'(x)$	$+$	0	$-$	0	$+$
$f(x)$	↗		↘		↗

由表 2-1 可知,函数 $f(x)$ 的单调增加区间是 $(-\infty,-1)$ 和 $(1,+\infty)$,单调减少区间是 $(-1,1)$,如图 2-10 所示.

【例 2】 讨论函数 $f(x) = \sqrt[3]{x^2}$ 的单调性.

解 函数 $f(x)$ 的定义域为 $(-\infty,+\infty)$,
$$f'(x) = \frac{2}{3} \frac{1}{\sqrt[3]{x}}.$$

显然,在 $(-\infty,+\infty)$ 内没有 $f'(x) = 0$ 的点,但当 $x = 0$ 时,$f'(x)$ 不存在,它将函数 $f(x)$ 的定义域 $(-\infty,+\infty)$ 划分成两个区间:$(-\infty,0)$ 和 $(0,+\infty)$,列表 2-2 讨论如下.

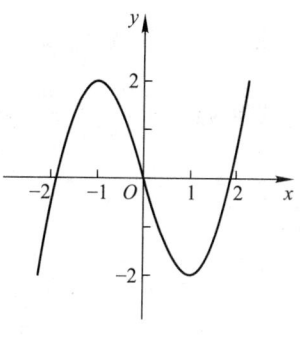

图 2-10

表 2-2

x	$(-\infty,0)$	0	$(0,+\infty)$
$f'(x)$	$-$	不存在	$+$
$f(x)$	↘		↗

由表 2-2 可知,函数 $f(x)$ 在 $(-\infty,0)$ 内单调减少,在 $(0,+\infty)$ 内单调增加,如图 2-11 所示.

注:从上述两例可得判定函数单调性的一般步骤如下:

(1) 求出函数的定义域;

(2) 求出函数的所有驻点及不可导点,并以这些点为分界点,将定义域划分为若干个区间;

(3) 判定导数 $f'(x)$ 在各个区间内的符号,从而判定出 $f(x)$ 的单调性.

【例 3】 讨论函数 $f(x) = (x-1)\sqrt[3]{x^2}$ 的单调性.

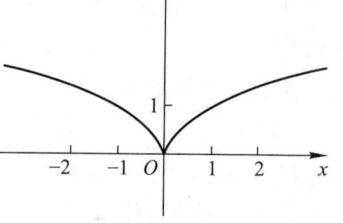

图 2-11

解 函数 $f(x)$ 的定义域为 $(-\infty,+\infty)$,
$$f'(x) = \frac{2}{3} x^{-\frac{1}{3}}(x-1) + x^{\frac{2}{3}} = \frac{5x-2}{3\sqrt[3]{x}}.$$

令 $f'(x) = 0$,得 $x = \frac{2}{5}$,又当 $x = 0$ 时,$f'(x)$ 不存在,于是函数 $f(x)$ 的定义域 $(-\infty,+\infty)$ 被划分成三个区间:$(-\infty,0)$,$\left(0,\frac{2}{5}\right)$,$\left(\frac{2}{5},+\infty\right)$. 列表 2-3 讨论如下.

表 2-3

x	$(-\infty,0)$	0	$\left(0,\frac{2}{5}\right)$	$\frac{2}{5}$	$\left(\frac{2}{5},+\infty\right)$
$f'(x)$	$+$	不存在	$-$	0	$+$
$f(x)$	↗		↘		↗

由表 2-3 可知,函数 $f(x)$ 在 $(-\infty,0)$ 和 $\left(\dfrac{2}{5},+\infty\right)$ 内单调增加,在 $\left(0,\dfrac{2}{5}\right)$ 内单调减少.

【例 4】 证明:当 $x>0$ 时,$\ln(1+x)>x-\dfrac{1}{2}x^2$.

证明 作辅助函数
$$f(x)=\ln(1+x)-x+\dfrac{1}{2}x^2,$$
因为函数 $f(x)$ 在 $[0,+\infty)$ 上连续,在 $(0,+\infty)$ 内可导,且
$$f'(x)=\dfrac{1}{1+x}-1+x=\dfrac{x^2}{1+x},$$
当 $x>0$ 时,$f'(x)>0$,又 $f(0)=0$. 故当 $x>0$ 时,$f(x)>f(0)=0$,所以
$$\ln(1+x)>x-\dfrac{1}{2}x^2.$$

二、函数的极值

1. 函数极值的定义

设函数 $y=f(x)$ 在区间 $[a,b]$ 上有定义,如图 2-12 所示,从图上可以看出,函数 $y=f(x)$ 在点 x_1,x_4,x_6 处的函数值比它附近各点的函数值都大;而函数 $y=f(x)$ 在点 x_2,x_5 处的函数值比它附近各点的函数值都小. 对于这种性质的点在实际应用中有着重要的意义,为此我们引入函数极值的概念.

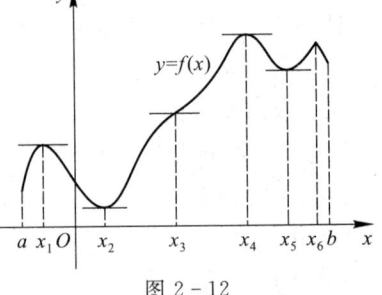

图 2-12

定义 1 若函数 $y=f(x)$ 在点 x_0 及其某邻域内取值时,有 $f(x)<f(x_0)$($f(x)>f(x_0)$),则称 $f(x_0)$ 为函数 $y=f(x)$ 在点 x_0 处的**极大值(极小值)**,函数的极大值与极小值统称为**极值**,使函数取得极值的点 x_0 称为函数的**极值点**.

注:(1) 函数的极值是一个局部概念,即如果 $f(x_0)$ 是 $f(x)$ 的极值,那么只是对极值点 x_0 左右近旁的一个小范围来说的.

(2) 定义域内的极值有时不止一个,例如,图 2-12 中有两个极小值 $f(x_2)$ 和 $f(x_5)$. 此外,函数的极大值也不一定比极小值大,例如,在图 2-12 中,$f(x_1)<f(x_5)$.

(3) 函数的极值只能在区间内部取得.

2. 函数极值的判定方法

从图 2-12 中也可以看出,对于可导函数而言,函数在极值点处的切线是水平的,即函数在极值点处的导数为零.于是得到如下的结论.

定理 2(极值的必要条件) 若函数 $f(x)$ 在点 x_0 处可导且在点 x_0 处取得极值,则必有
$$f'(x_0)=0.$$
该定理说明可导函数的极值点一定是驻点,反之驻点却未必是极值点.

定理 3(极值的第一充分条件) 设函数 $f(x)$ 在点 x_0 的某邻域内可导(x_0 为驻点或不可导点),

(1) 若 $f'(x)$ 在点 x_0 两侧由正变负,则函数 $f(x)$ 在点 x_0 处取得极大值 $f(x_0)$.

(2) 若 $f'(x)$ 在点 x_0 两侧由负变正,则函数 $f(x)$ 在点 x_0 处取得极小值 $f(x_0)$.

(3) 若 $f'(x)$ 在点 x_0 的两侧不变号,则函数 $f(x)$ 在点 x_0 处没有极值.

根据定理 3,可得求函数极值的一般步骤:

(1) 确定函数的定义域,并求其导数 $f'(x)$;

(2) 求出函数的所有驻点及不可导点;

(3) 讨论 $f'(x)$ 在上述驻点及不可导点两侧的符号,确定函数的极值点,并求出极值.

【例 5】 求函数 $f(x) = x^3 - 3x + 1$ 的极值.

解 函数 $f(x)$ 的定义域为 $(-\infty, +\infty)$,
$$f'(x) = 3x^2 - 3 = 3(x-1)(x+1).$$

令 $f'(x) = 0$,得 $x_1 = -1, x_2 = 1$,它们将函数 $f(x)$ 的定义域 $(-\infty, +\infty)$ 划分成三个区间:$(-\infty, -1), (-1, 1), (1, +\infty)$. 列表 2-4 讨论如下.

表 2-4

x	$(-\infty, -1)$	-1	$(-1, 1)$	1	$(1, +\infty)$
$f'(x)$	$+$	0	$-$	0	$+$
$f(x)$	↗	极大值 3	↘	极小值 -1	↗

由表 2-4 可知,函数的极大值为 $f(-1) = 3$,极小值为 $f(1) = -1$.

【例 6】 求函数 $f(x) = x - \dfrac{3}{2}x^{\frac{2}{3}}$ 的极值.

解 函数 $f(x)$ 的定义域为 $(-\infty, +\infty)$,
$$f'(x) = 1 - x^{-\frac{1}{3}} = \dfrac{\sqrt[3]{x} - 1}{\sqrt[3]{x}}.$$

令 $f'(x) = 0$,得 $x = 1$,又当 $x = 0$ 时,$f'(x)$ 不存在,它们将函数 $f(x)$ 的定义域 $(-\infty, +\infty)$ 划分成三个区间:$(-\infty, 0), (0, 1), (1, +\infty)$. 列表 2-5 讨论如下.

表 2-5

x	$(-\infty, 0)$	0	$(0, 1)$	1	$(1, +\infty)$
$f'(x)$	$+$	不存在	$-$	0	$+$
$f(x)$	↗	极大值 0	↘	极小值 $-\dfrac{1}{2}$	↗

由表 2-5 可知,函数的极大值为 $f(0) = 0$,极小值为 $f(1) = -\dfrac{1}{2}$.

当函数在其驻点处的二阶导数存在且不为零时,我们可用下述定理判定函数在其驻点处取得极大值还是极小值.

定理 4(第二充分条件) 设函数 $f(x)$ 在点 x_0 处二阶可导,且 $f'(x_0) = 0$,
$$f''(x_0) \neq 0,$$

(1) 若 $f''(x_0)<0$,则函数 $f(x)$ 在点 x_0 处取得极大值;

(2) 若 $f''(x_0)>0$,则函数 $f(x)$ 在点 x_0 处取得极小值.

注:若 $f''(x_0)$ 等于 0 或不存在,则该定理失效,此时可考虑运用定理 3.

【例 7】 求函数 $f(x)=x^4-10x^2+5$ 的极值.

解 函数 $f(x)$ 的定义域为 $(-\infty,+\infty)$,
$$f'(x)=4x^3-20x=4x(x^2-5), \quad f''(x)=12x^2-20.$$
令 $f'(x)=0$,得 $x_1=-\sqrt{5},x_2=0,x_3=\sqrt{5}$,又因为
$$f''(-\sqrt{5})=40>0, \quad f''(0)=-20<0, \quad f''(\sqrt{5})=40>0,$$
所以,由定理 4 可得,函数的极小值为 $f(-\sqrt{5})=f(\sqrt{5})=-20$,极大值为 $f(0)=5$.

三、曲线的凹凸性

函数的单调性只是反映了曲线的上升或下降,但如何上升,如何下降呢? 如图 2-13 所示的两条曲线弧都是上升的,但显然图形有着明显的不同,因此,我们有必要研究曲线的弯曲方向,即曲线的凹凸性.

从图 2-14、图 2-15 中可以明显看出,曲线向上弯曲时,曲线总在它各点切线的下方;而曲线向下弯曲时,曲线总在它各点切线的上方,从而得到如下定义.

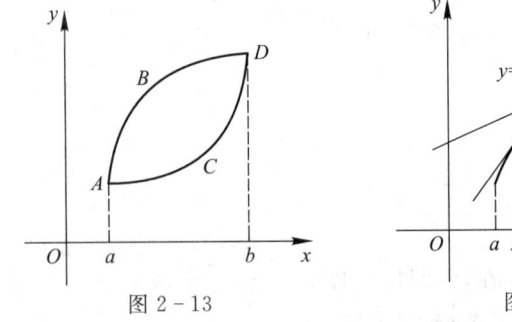

图 2-13

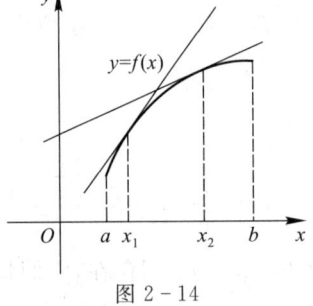

图 2-14

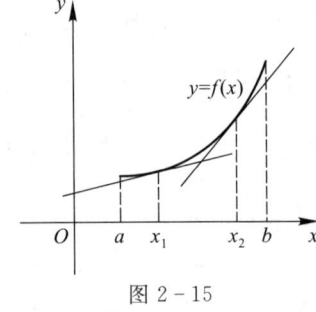

图 2-15

定义 2 设函数 $y=f(x)$ 在区间 (a,b) 内可导,

(1) 若曲线 $y=f(x)$ 位于其上任意一点切线的下方,则称曲线 $y=f(x)$ 在区间 (a,b) 内是凸的,区间 (a,b) 称为函数 $y=f(x)$ 的**凸区间**;

(2) 若曲线 $y=f(x)$ 位于其上任意一点切线的上方,则称曲线 $y=f(x)$ 在区间 (a,b) 内是凹的,区间 (a,b) 称为函数 $y=f(x)$ 的**凹区间**.

从几何图形上看,凸曲线上切线的斜率是单调减少的(即 $f'(x)$ 单调递减),如图 2-14 所示;而凹曲线上切线的斜率是单调增加的(即 $f'(x)$ 单调递增),如图 2-15 所示. 于是,有如下判定曲线凹凸性的定理.

定理 5 设函数 $y=f(x)$ 在区间 (a,b) 内具有二阶导数,

(1) 若在 (a,b) 内 $f''(x)<0$,则曲线 $y=f(x)$ 在 (a,b) 内是凸的;

(2) 若在 (a,b) 内 $f''(x)>0$,则曲线 $y=f(x)$ 在 (a,b) 内是凹的.

【例 8】 判定曲线 $f(x)=x^3$ 的凹凸性.

解 函数的定义域为 $(-\infty,+\infty)$,因为
$$f'(x)=3x^2,\quad f''(x)=6x.$$
故在区间 $(-\infty,0)$ 上 $f''(x)<0$,曲线是凸的;在区间 $(0,+\infty)$ 上 $f''(x)>0$,曲线是凹的.

定义 3 连续曲线上凹凸曲线的分界点称为该曲线的**拐点**.

由定义 3 可知,拐点是曲线凹凸性的分界点,而二阶导数的正负是判断曲线凹凸性的依据,所以拐点两侧 $f''(x)$ 的符号必定不同.根据前面的讨论,我们不难总结出求曲线拐点的一般步骤:

(1) 求出函数 $f(x)$ 的定义域;

(2) 求出 $f''(x)=0$ 和 $f''(x)$ 不存在的点,并以这些点为分界点,将定义域划分为若干个区间;

(3) 考察 $f''(x)$ 在上述(2)所求的每一点 x_0 邻近两侧的符号,若异号,则点 $(x_0,f(x_0))$ 是曲线 $y=f(x)$ 的拐点,反之,则不是拐点.

【**例 9**】 求曲线 $f(x)=x^3-6x^2+9x+1$ 的凹凸区间和拐点.

解 函数 $f(x)$ 的定义域为 $(-\infty,+\infty)$,
$$f'(x)=3x^2-12x+9,\quad f''(x)=6x-12=6(x-2).$$
令 $f''(x)=0$,得 $x=2$,它将 $f(x)$ 的定义域 $(-\infty,+\infty)$ 划分成两个区间:$(-\infty,2)$,$(2,+\infty)$.列表 2-6 讨论如下.

表 2-6

x	$(-\infty,2)$	2	$(2,+\infty)$
$f''(x)$	$-$	0	$+$
$f(x)$	凸	拐点 $(2,3)$	凹

由表 2-6 可知,函数 $f(x)$ 的凹区间为 $(2,+\infty)$,凸区间为 $(-\infty,2)$,拐点为 $(2,3)$.

【**例 10**】 求曲线 $f(x)=(x-1)^{\frac{5}{3}}$ 的凹凸区间和拐点.

解 函数 $f(x)$ 的定义域为 $(-\infty,+\infty)$,
$$f'(x)=\frac{5}{3}(x-1)^{\frac{2}{3}},\quad f''(x)=\frac{10}{9}\frac{1}{\sqrt[3]{x-1}}.$$
显然,当 $x=1$ 时,$f''(x)$ 不存在(函数没有 $f''(x)=0$ 的点),它将 $f(x)$ 的定义域 $(-\infty,+\infty)$ 划分成两个区间:$(-\infty,1)$,$(1,+\infty)$.列表 2-7 讨论如下.

表 2-7

x	$(-\infty,1)$	1	$(1,+\infty)$
$f''(x)$	$-$	不存在	$+$
$f(x)$	凸	拐点 $(1,0)$	凹

由表 2-7 可知,函数 $f(x)$ 的凹区间为 $(1,+\infty)$,凸区间为 $(-\infty,1)$,拐点为 $(1,0)$.

习题 2-5

1. 求下列函数的单调区间:
   (1) $f(x) = 2x^3 - 6x^2 - 18x + 7$;
   (2) $f(x) = 2x^2 - \ln x$.
2. 求下列函数的极值:
   (1) $f(x) = 2x^2 - 8x + 3$;
   (2) $f(x) = x - \ln(1+x)$;
   (3) $f(x) = (x-1)x^{\frac{2}{3}}$;
   (4) $f(x) = \sin x + \cos x$.
3. 证明:当 $x > 0$ 时,$1 + \frac{1}{2}x > \sqrt{1+x}$.
4. 已知函数 $f(x) = x^3 + ax^2 + bx$ 在 $x = 1$ 处有极值 -2,试确定 a 与 b 的值.
5. 问当 a,b 为何值时,点 $(1,3)$ 是曲线 $y = ax^3 + bx^2$ 的拐点?
6. 求下列曲线的凹凸区间及拐点.
   (1) $y = 2x^3 + 3x^2 + x + 2$;
   (2) $y = \ln(1+x^2)$.

第六节 函数的最值

在生产实践中,常会遇到"用料最省"、"成本最低"、"利润最大"等问题,这类问题在数学上就是函数的最大值或最小值问题.

1. 闭区间上连续函数的最值

由最值定理可知,若函数 $f(x)$ 在闭区间 $[a,b]$ 上连续,则 $f(x)$ 在 $[a,b]$ 上一定有最大值和最小值.显然,最值只可能在驻点、不可导的点或区间端点处取得,所以只需求出这三类点的函数值,再加以比较即可得最值.

求闭区间 $[a,b]$ 上连续函数 $f(x)$ 的最值的步骤如下:
(1) 求出函数 $f(x)$ 在 (a,b) 内的所有驻点和不可导点;
(2) 求出驻点、不可导点及端点处的函数值;
(3) 比较上述函数值,其最大者即为最大值,最小者即为最小值.

【例 1】 求函数 $f(x) = x^4 - 2x^2 - 4$ 在区间 $[-2,2]$ 上的最大值和最小值.

解 求导得
$$f'(x) = 4x^3 - 4x = 4x(x-1)(x+1).$$
令 $f'(x) = 0$,得驻点
$$x_1 = -1, x_2 = 0, x_3 = 1,$$
驻点处的函数值为
$$f(-1) = -5, f(0) = -4, f(1) = -5,$$
端点处的函数值为
$$f(-2) = f(2) = 4,$$
所以函数 $f(x)$ 在区间 $[-2,2]$ 上的最大值为 4,最小值为 -5.

2. 实际问题中的最大值与最小值

可以证明,在实际问题中,如果函数 $f(x)$ 在区间内部有唯一驻点,则函数 $f(x)$ 在该驻点处取得相应的最大值或最小值.

【例 2】 要生产一个容积为 V_0 的圆柱形闭合容器,问底面半径 r 和高 h 等于多少时,才能使用料最省? 如图 2-16 所示.

解 要使用料最省,就是要使容器的表面积 S 最小,由题意得
$$V_0 = \pi r^2 h,$$
因此
$$h = \frac{V_0}{\pi r^2},$$
容器的表面积为

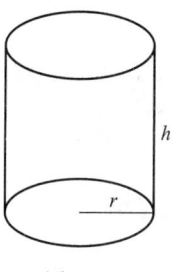

图 2-16

$$S(r) = 2\pi r^2 + 2\pi rh = 2\pi r^2 + \frac{2V_0}{r} \quad (r > 0).$$

根据题意,要使得用料最省,即是要求 $S(r)$ 的最小值,我们称要求最值的函数为**目标函数**.

对目标函数求导得
$$S'(r) = 4\pi r - \frac{2V_0}{r^2},$$
令 $S'(r) = 0$,得唯一驻点
$$r = \sqrt[3]{\frac{V_0}{2\pi}}.$$

根据问题的实际意义可知,最小值一定存在于 $(0, +\infty)$ 间,因此,当 $r = \sqrt[3]{\dfrac{V_0}{2\pi}}$ 时,$S(r)$ 取得最小值. 此时,
$$h = \frac{V_0}{\pi r^2} = 2\sqrt[3]{\frac{V_0}{2\pi}}.$$

【例 3】 设某工厂 A 到铁路线的垂直距离为 20 km,垂足为 B,铁路线上距离 B 处 100 km 有一原料供应站 C,如图 2-17 所示. 为了运输需要,要在铁路线 BC 上选定一点 D 建一个原料中转站,再由中转站至工厂修筑一条公路,已知铁路与公路每千米运费之比为 3∶5,为使原料从供应站 C 经中转站 D 运至工厂 A 的运费最省,问中转站 D 应选在何处?

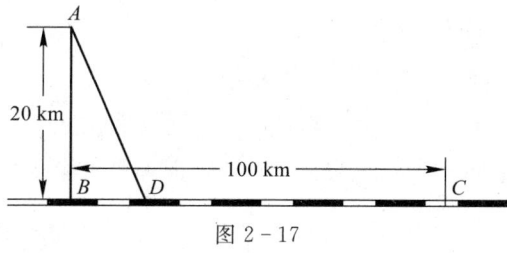

图 2-17

解 设 BD 间的距离为 x(单位:km),则
$$|AD| = \sqrt{x^2 + 20^2}, \quad |CD| = 100 - x,$$
又设公路的每千米运费为 $5a$,则铁路的每千米运费为 $3a$,故从原料供应站 C 经中转站 D 运至工厂 A 的总费用 y(目标函数)为

$$y(x) = 3a|CD| + 5a|AD| = 3a(100-x) + 5a\sqrt{x^2+400} \quad (0 \leqslant x \leqslant 100),$$

求导得

$$y'(x) = a\left(\frac{5x}{\sqrt{x^2+400}} - 3\right),$$

令 $y'(x) = 0$, 得驻点 $x_1 = 15$, $x_2 = -15$（舍）.

因此 $y(15) = 380a$, 而 $y(0) = 400a$, $y(100) = 5\sqrt{10\,400}\,a > 500a$, 所以当 $x = 15$ 时, 总运费 y 取得最小值, 即中转站 D 应选在距 B 点 15 km 处, 这时原料的总运费最省.

【例 4】 一家计算机公司推出一款新的 PC 机, 经市场调查得出该 PC 机的需求函数为

$$Q = -\frac{50}{3}P + 25\,000\,(\text{美元}),$$

又知生产一台该款 PC 机的成本为 300 美元. 问: 每台 PC 机的价格应该为多少时才能使该公司获得最大利润?

解 由题意可得利润函数（目标函数）为

$$L(P) = PQ - 300Q = -\frac{50}{3}P^2 + 30\,000P - 7\,500\,000 \quad (P > 0),$$

求导得

$$L'(P) = -\frac{100}{3}P + 30\,000.$$

令 $L'(P) = 0$, 得唯一驻点 $P = 900$, 显然该实际问题当 $P > 0$ 时有最大值, 所以, $P = 900$ 为最大值点, 即当每台 PC 机的价格 $P = 900$ 美元时, 该公司获得最大利润.

习题 2-6

1. 求函数 $f(x) = \dfrac{\ln x}{x}$ 在区间 $[1, e^2]$ 上的最大值与最小值.

2. 求函数 $f(x) = 2x^3 + 3x^2 - 12x$ 在区间 $[-3, 4]$ 上的最大值与最小值.

3. 将边长为 a 的一块正方形铁皮, 四角各截去一个大小相同的小正方形, 然后将四边折起做一个无盖的方盒. 问截去的小正方形的边长为多少时, 所得方盒容积最大.

4. 某工厂需要围建一个面积为 450 m² 的矩形仓库, 一边可以用原有墙壁, 其他三边需要砌新墙. 问仓库的长和宽应如何设计, 才能使砌墙所用的材料最省?

5. 设某产品的价格函数为

$$P = 60 - \frac{Q}{1\,000}, \quad Q \geqslant 10\,000,$$

又知生产 Q 个单位产品的总成本为 $C(Q) = 60\,000 + 20Q$. 试问当产量 Q 为多少时, 利润最大, 并求最大利润.

第七节 数学实验二

在 MATLAB 的符号运算工具箱中, 符号导数由函数 diff 来实现, 其调用格式如表 2-8 所示.

表 2-8 求导数的命令

数学表达式	MATLAB 命令	数学表达式	MATLAB 命令
$\dfrac{\mathrm{d}f}{\mathrm{d}x}$	diff(f)	$\dfrac{\mathrm{d}^n f}{\mathrm{d}x^n}$	diff(fun,n)
$\dfrac{\mathrm{d}f}{\mathrm{d}v}$	diff(fun,v)	$\dfrac{\mathrm{d}^n f}{\mathrm{d}v^n}$	diff(fun,v,n)

【例 1】 设 $f(x) = 2x^4 - \sin x + 3\mathrm{e}^x - \ln x + 1$,求 $f'(x)$,$f'(1)$.

解 MATLAB 操作命令:

```
>> clear all;
>> syms x;
>> f=2*x^4-sin(x)+3*exp(x)-log(x)+1;
>> df=diff(f)                          % 求函数 f 对默认变量 x 的一阶导数
df =
    8*x^3-cos(x)+3*exp(x)-1/x
>> df(1)=subs(df,x,'1')                % 求导数在 x=1 处的值
df(1) =
    7-cos(1)+3*exp(1)
>> vpa(df(1),5)
ans =
    14.615
```

【例 2】 设 $y = \dfrac{t^2+1}{t^2-1}$,求 $\dfrac{\mathrm{d}y}{\mathrm{d}t}$.

解 MATLAB 操作命令:

```
>> clear all;
>> syms t;
>> y=(t^2+1)/(t^2-1);
>> dy=diff(y,t)                        % 求函数 y 对指定变量 t 的一阶导数
dy =
    2*t/(t^2-1)-2*(t^2+1)/(t^2-1)^2*t
```

【例 3】 设 $y = \ln(x + \sqrt{1+x^2})$,求 $\dfrac{\mathrm{d}y}{\mathrm{d}x}$,$\dfrac{\mathrm{d}^2 y}{\mathrm{d}x^2}$.

解 MATLAB 操作命令:

```
>> clear all;
>> syms x;
>> y=log(x+sqrt(1+x^2));
>> d1y=diff(y)                         % 求 y 的一阶导数
```

d1y =

$(1+1/(1+x^2)^(1/2)*x)/(x+(1+x^2)^(1/2))$

\>\> d1y=simplify(d1y)   % 化简结果 d1y

d1y =

$1/(1+x^2)^(1/2)$

\>\> d2y=diff(y,2)   % 求 y 的二阶导数

d2y =

$(-1/(1+x^2)^(3/2)*x^2+1/(1+x^2)^(1/2))/(x+(1+x^2)^(1/2))-(1+1/(1+x^2)^(1/2)*x)^2/(x+(1+x^2)^(1/2))^2$

\>\> d2y=simplify(d2y)   % 化简结果 d2y

d2y =

$-x/(1+x^2)^(3/2)$

【例 4】 设 $y = \ln(x+1)$,求 y'',$y'''|_{x=1}$.

解 MATLAB 操作命令：

\>\> clear all;

\>\> syms x;

\>\> y=log(x+1);

\>\> d2y=diff(y,2)

d2y =

$-1/(x+1)^2$

\>\> d3y=diff(y,3)

d3y =

$2/(x+1)^3$

\>\> d3y(1)=subs(d3y,x,'1')

d3y(1)=

1/4

【例 5】 设方程 $e^{xy} - x = y$ 确定函数 $y = f(x)$,求 y'.

解 对于由方程 $F(x,y)=0$ 所确立的隐函数 $y=f(x)$ 求导可用下面的求导公式完成：

$$\frac{dy}{dx} = -\frac{F'_x}{F'_y}.$$

MATLAB 操作命令：

\>\> clear all;

\>\> syms x y;

\>\> f=exp(x*y)-x-y;

\>\> d1y=-diff(f,x)/diff(f,y)

d1y =

$(-y*exp(x*y)+1)/(x*exp(x*y)-1)$

【例 6】 已知圆的参数方程为 $\begin{cases} x = a\cos t, \\ y = a\sin t \end{cases}$ $(a>0, t$ 为参数$)$,求：$\dfrac{dy}{dx}, \dfrac{d^2y}{dx^2}$.

解 对于由参数方程 $\begin{cases} x = \varphi(t), \\ y = f(t) \end{cases}$（$t$ 为参数）所确立的函数 $y = f(x)$ 的导数可用下面的求导公式完成：

$$\frac{\mathrm{d}y}{\mathrm{d}x} = \frac{f'(t)}{\varphi'(t)}.$$

MATLAB 操作命令：

```
>> clear all;
>> syms x y a t;
>> x=a*cos(t);y=a*sin(t);
>> d1y=diff(y,t)/diff(x,t)
d1y =
    -cos(t)/sin(t)
>> d2y=diff(d1y,t)/diff(x,t)
d2y =
    -(1+cos(t)^2/sin(t)^2)/a/sin(t)
```

第八节 实 用 举 例

【实例一】负反馈对放大电路的放大倍数稳定性的影响

对于放大电路来说，环境温度的变化、器件的老化以及负载的变动，都将导致其放大倍数的改变．放大倍数不稳定，会影响放大电路工作的准确性和可靠性．为了从数量上表示放大倍数的稳定程度，常用有、无反馈两种情况下放大倍数相对变化之比来衡量．由于稳定性是用绝对值的变化来表示的，可以不考虑相位问题，于是放大电路的闭环放大倍数 A_f 为

$$A_f = \frac{A}{1 + FA},$$

其中，A 表示负反馈放大电路的开环放大倍数；F 表示反馈系数．

对上式中 A 求导，得

$$\frac{\mathrm{d}A_f}{\mathrm{d}A} = \frac{(1+FA) - FA}{(1+FA)^2} = \frac{1}{(1+FA)^2},$$

或写为

$$\mathrm{d}A_f = \frac{\mathrm{d}A}{(1+FA)^2},$$

以式 $A_f = \dfrac{A}{1+FA}$ 来除，得

$$\frac{\mathrm{d}A_f}{A_f} = \frac{\mathrm{d}A}{A} \cdot \frac{1}{1+FA}.$$

此式表明，引入负反馈后，放大倍数的相对变化是未加负反馈前的放大倍数相对变化的 $1/(1+FA)$ 倍．

【例 1】 已知一个负反馈放大电路的开环放大倍数 $A = 10\,000, F = 0.05$，由于某种原因使

A 产生 $\pm 30\%$ 的变化，求 A_f 的相对变化量.

解 根据公式 $\dfrac{\mathrm{d}A_f}{A_f} = \dfrac{\mathrm{d}A}{A} \cdot \dfrac{1}{1+FA}$ 直接求解.

$$\frac{\mathrm{d}A_f}{A_f} = \pm 30\% \cdot \frac{1}{1+0.05\times 10\,000} \approx \pm 0.06\%.$$

可见，在 A 变化 $\pm 30\%$ 的情况下，A_f 只变化了 $\pm 0.06\%$，说明引入负反馈后，放大倍数稳定性得到提高.

【实例二】飞机降落的水平距离

在研究飞机自动着陆系统时，需要分析飞机的降落曲线. 实验研究证明：一架水平飞行的飞机，其安全降落的飞行曲线是一条三次抛物线. 该抛物线的结构由飞机的飞行高度和飞行速度来确定. 在降落过程中，若飞机的水平飞行速度为常数 v_0，飞机从 $x = x_0$ 处开始降落，飞机的着陆点为 O 点，试确定飞机的降落曲线.

假定飞机降落过程中始终在 xOy 平面上，其降落曲线是 xOy 平面上的一条平面曲线. 以铅直面与地面的交线为 x 轴，建立如图 2-18 所示的平面直角坐标系，飞行高度为 y.

设飞机的降落曲线为
$$f(x) = ax^3 + bx^2 + cx + d,$$
则由条件知：
$$f(0) = 0, f(x_0) = h, f'(0) = 0, f'(x_0) = 0$$
将上述条件代入，则有
$$\begin{cases} f(0) = d = 0, \\ f'(0) = c = 0, \\ f(x_0) = ax_0^3 + bx_0^2 + cx_0 + d = h, \\ f'(x_0) = 3ax_0^2 + 2bx_0 + c = 0, \end{cases}$$

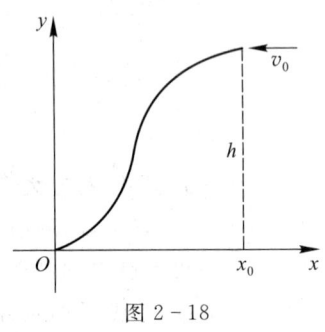

图 2-18

解方程组得
$$a = -\frac{2h}{x_0^3}, b = \frac{3h}{x_0^2}, c = 0, d = 0,$$

从而飞机的降落曲线为
$$y = f(x) = -\frac{2h}{x_0^3}x^3 + \frac{3h}{x_0^2}x^2 = -\frac{h}{x_0^2}\left(\frac{2}{x_0}x^3 - 3x^2\right).$$

若出于安全考虑，飞机垂直加速度的绝对值要求不得超过 $\dfrac{g}{10}$. 求飞机降落所需的水平距离的最小值.

由于 $\dfrac{\mathrm{d}y}{\mathrm{d}t}$ 为飞机的垂直速度，$\dfrac{\mathrm{d}x}{\mathrm{d}t}$ 为飞机的水平速度，且 $\dfrac{\mathrm{d}x}{\mathrm{d}t} = v_0$，所以，由上式得

$$\frac{\mathrm{d}y}{\mathrm{d}t} = \frac{\mathrm{d}y}{\mathrm{d}x} \cdot \frac{\mathrm{d}x}{\mathrm{d}t} = -\frac{6hv_0}{x_0^2}\left(\frac{1}{x_0}x^2 - x\right),$$

垂直加速度为
$$\frac{\mathrm{d}^2 y}{\mathrm{d}t^2} = \frac{\mathrm{d}}{\mathrm{d}x}\left(\frac{\mathrm{d}y}{\mathrm{d}t}\right) \cdot \frac{\mathrm{d}x}{\mathrm{d}t} = -\frac{6hv_0^2}{x_0^2}\left(\frac{2x}{x_0} - 1\right).$$

记垂直加速度为 $a(x)$，则

$$|a(x)| = \frac{6hv_0^2}{x_0^2}\left|\frac{2x}{x_0} - 1\right|, \quad x \in [0, x_0],$$

所以垂直加速度的最大绝对值为

$$\max_{x \in [0, x_0]} |a(x)| = \frac{6hv_0^2}{x_0^2}.$$

按设计要求，应有

$$\frac{6hv_0^2}{x_0^2} \leqslant \frac{g}{10},$$

所以 x_0 应满足

$$x_0 \geqslant v_0 \sqrt{\frac{60h}{g}}.$$

因此 x_0 所能允许的最小值为 $v_0 \sqrt{\frac{60h}{g}}$.

通过上述分析可知，飞机在水平速度为 v_0，高度为 h 的空中降落时，所需的水平距离不能小于 $v_0 \sqrt{\frac{60h}{g}}$. 比如，飞机在水平速度为 $v_0 = 540 \text{ km/h}$，高度 $h = 1\,000$ m 的空中降落时，所需的水平距离不能小于 42 252.8 m.

【实例三】曲率在机械制造中的应用

曲率是描述曲线局部性态的重要指标，刻画的是曲线的弯曲程度，曲率等于切线方向对弧长的转动率. 若曲线的方程为 $y = f(x)$，则任一点 M 处的曲率为 $k = \dfrac{|y''|}{(1 + y'^2)^{3/2}}$，且点 M 的曲率 k 和以半径为 $R = \dfrac{1}{k}$ 的圆的曲率相同，故以 $R = \dfrac{1}{k}$ 为半径的圆称为曲线在点 M 处的曲率圆，其半径

$$R = \frac{(1 + y'^2)^{3/2}}{|y''|} \text{ 称为点 } M \text{ 处的曲率半径}.$$

【例 2】 工件内表面的截面为抛物线 $y = 0.5x^2$，现在要用砂轮磨削其内表面，问用直径多大的砂轮比较合适？

解 为了在磨削时不使砂轮与工件接触处附近的部分工件磨去太多，砂轮的半径应小于或等于抛物线上各点处曲率半径中的最小值. 又抛物线在其顶点处的曲率最大，也就是说，抛物线在其顶点处的曲率半径最小. 现在求抛物线 $y = 0.5x^2$ 在顶点 $O(0, 0)$ 处的曲率半径（如图 2-19 所示）.

因为 $y' = x, y'' = 1$. 所以

$$y'|_{x=0} = 0, y''|_{x=0} = 1.$$

于是

$$R = \left|\frac{(1 + 0^2)^{\frac{3}{2}}}{1}\right| = 1.$$

因此，选用砂轮的半径不得超过 1 单位长，即直径不得超过 2 单位长. 对于用砂轮磨削一般工件表面时，也有类似的结论，即选用

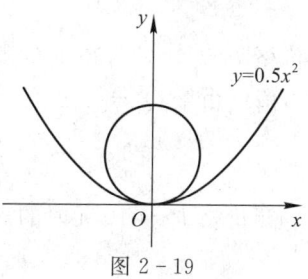

图 2-19

的砂轮的半径不应超过该工件内表面的截线上各点处曲率半径中的最小值.

【实例四】弹性在经济分析中的应用

通过前面的分析,我们知道边际就是导数,是绝对变化率.利用边际虽然也可以研究一些经济量的变化,但有一定的局限性,比如甲产品的价格 10 元,乙产品的价格 1 000 元,价格同涨 1 元对销售量的影响是不可比较的,因此有必要引入相对变化率的概念,也就是弹性.

1. 弹性定义

设函数 $y=f(x)$ 在点 x_0 处可导,函数的相对改变量 $\dfrac{\Delta y}{y_0}$ 与自变量的相对改变量 $\dfrac{\Delta x}{x_0}$ 之比 $\dfrac{\Delta y/y_0}{\Delta x/x_0}$ 当 $\Delta x \to 0$ 时的极限 $\lim\limits_{\Delta x \to 0} \dfrac{\Delta y/y_0}{\Delta x/x_0}$ 称为函数 $y=f(x)$ 在点 x_0 处的**弹性(或相对变化率)**,即

$$\left.\frac{Ey}{Ex}\right|_{x=x_0} = \lim_{\Delta x \to 0} \frac{\Delta y/y_0}{\Delta x/x_0} = \lim_{\Delta x \to 0} \frac{\Delta y}{\Delta x} \cdot \frac{x_0}{y_0} = f'(x_0)\frac{x_0}{f(x_0)}.$$

对于一般的 x, $y=f(x)$ 可导且处处不为零,则有 $\dfrac{Ey}{Ex} = f'(x)\dfrac{x}{f(x)}$ 是 x 的函数,称为 $f(x)$ 的**弹性函数**.

函数 $f(x)$ 在点 x 处的弹性 $\dfrac{Ey}{Ex}$ 反映随 x 的变化 $f(x)$ 变化幅度的大小,即 $f(x)$ 对 x 变化反应的强烈程度或**灵敏度**.

在数值上,$\left.\dfrac{Ey}{Ex}\right|_{x=x_0}$ 表示 $f(x)$ 在点 x_0 处,当 x 产生 1% 的改变时,$f(x)$ 近似地改变 $\left.\dfrac{Ey}{Ex}\right|_{x=x_0}$%.

2. 需求弹性

设需求函数为 $Q=f(P)$,其中 P 表示商品的价格,则该商品在价格为 P 时的**需求弹性**定义为

$$\eta(P) = f'(P)\frac{P}{f(P)}.$$

其经济学意义是:当商品的价格为 P 时,价格下跌(上涨)1%,需求量将增加(减少)$|\eta(P)|$%.

【例 3】 设某商品的市场需求量 Q 与价格 P 的函数关系为

$$Q = \varphi(P) = 100 - 2P,$$

求价格 $P=10,25,30$ 时的求需求弹性 $\eta(P)$,并解释其经济学意义.

解 由于 $Q' = -2$,故

$$\eta(P) = Q'\frac{P}{Q} = \frac{-2P}{100-2P} = \frac{P}{P-50}.$$

当价格 $P=10$ 元时的需求弹性为

$$\eta(10) = \frac{10}{10-50} = -0.25,$$

这说明,当商品的价格为 10 元时,价格上涨(下跌)1%,商品的需求量将减少(增加)约 0.25%,价格的变化对需求量的影响较小,此时称需求是**低弹性的**,生活必需品多属于这种情况.

当价格 $P = 25$ 元时的需求弹性为

$$\eta(25) = \frac{25}{25-50} = -1,$$

这说明,当商品的价格为 25 元时,价格上涨(下跌)1%,商品的需求量将减少(增加)约 1%,需求变动的幅度等于价格变动的幅度,此时称需求是**单位弹性的**.

当价格 $P = 30$ 元时的需求弹性为

$$\eta(30) = \frac{30}{30-50} = -1.5,$$

这说明,当商品的价格为 30 元时,价格上涨(下跌)1%,商品的需求量将减少(增加)约 1.5%,价格的变化对需求量的影响较大,此时称需求是**高弹性的**,奢侈品多属于这种情况.

弹性的概念和理论除了用于研究产品的需求量外,也可用来分析产品的供给和收益,从而给决策者提供了有力、可靠的理论依据.

本 章 总 结

一、基本内容

1. 概念

函数的导数,高阶导数,函数的微分,函数的极值点和极值,曲线的凹凸性与拐点,函数的最大值和最小值.

2. 定理

罗尔中值定理,拉格朗日中值定理,洛必达法则,极值的必要条件,极值的第一充分条件和第二充分条件,曲线凹凸性的判定定理.

二、基本方法

(一) 建立函数的导数(瞬时变化率)模型的方法

1. 求函数的改变量 Δy;

2. 计算平均变化率 $\frac{\Delta y}{\Delta x}$;

3. 求 $\Delta x \to 0$ 时,$\frac{\Delta y}{\Delta x}$ 的极限.

(二) 求函数导数的方法

1. 基本初等函数的求导公式;
2. 函数的和、差、积、商的求导法则;
3. 复合函数和参数方程的求导法则;
4. 高阶导数及其应用.

(三) 求函数微分的方法

若有函数 $y = f(x)$,则函数的微分为 $dy = f'(x)dx$;函数在点 x_0 处的微分为 $dy|_{x=x_0} =$

$f'(x_0)dx$.

(四) 利用微分进行近似计算的方法

1. 求增量的近似值($|\Delta x|$ 相对 x_0 来说较小)
$$\Delta y|_{x=x_0} \approx dy|_{x=x_0} = f'(x_0)\Delta x.$$

2. 求函数在某一点处的近似值($|\Delta x|$ 相对 x_0 来说较小)
$$f(x_0+\Delta x) \approx f(x_0) + f'(x_0)\Delta x.$$

(五) 利用洛必达法则求 $\frac{0}{0}$ 及 $\frac{\infty}{\infty}$ 型极限的方法

1. 检验极限是否为 $\frac{0}{0}$ 型或 $\frac{\infty}{\infty}$ 型未定式;

2. 一次或多次使用洛比达法则,但使用前均需检验极限的类型.

(六) 函数单调性和极值的求法

1. 确定函数的定义域,并求其导数 $f'(x)$;

2. 求出函数的所有驻点及不可导点;

3. 讨论 $f'(x)$ 在上述驻点及不可导点两侧的符号,确定函数的单调性、极值点,并求出极值.

(七) 曲线凹凸性和拐点的求法

1. 求出函数 $f(x)$ 的定义域;

2. 求出 $f''(x)=0$ 和 $f''(x)$ 不存在的点,并以这些点为分界点,将定义域划分为若干个区间;

3. 考察 $f''(x)$ 在上述 2 中所求的每一点 x_0 邻近两侧的符号,若异号,则点 $(x_0,f(x_0))$ 是曲线 $y=f(x)$ 的拐点,反之,则不是拐点.

(八) 实际问题中的最大值和最小值的求法

1. 根据题意写出目标函数及定义区间;

2. 求出目标函数在定义区间内的最大值或最小值.

总复习题二

一、选择题.

1. 直线 L 与 x 轴平行,且与曲线 $y=x-e^x$ 相切,则切点的坐标是(　　)
A. $(1,1)$　　　B. $(-1,1)$　　　C. $(0,-1)$　　　D. $(0,1)$

2. 函数 $f(x)=\begin{cases} x^2\sin\dfrac{1}{x}, & x\neq 0, \\ 0, & x=0 \end{cases}$ 在点 $x=0$ 处(　　)
A. 连续但不可导　　　　　　　　B. 连续且可导
C. 不连续也不可导　　　　　　　D. 可导但不连续

3. 若 $x=2$ 是函数 $y=x-\ln\left(\dfrac{1}{2}+ax\right)$ 的可导极值点,则常数 $a=$(　　)

A. -1 B. $\dfrac{1}{2}$ C. $-\dfrac{1}{2}$ D. 1

4. 设函数 $f(x)$ 二阶可导,且 $f'(x_0)=0$,$f''(x_0)>0$,则 x_0 为 $f(x)$ 的(　　)
A. 极大值点 B. 极小值点 C. 极小值 D. 拐点

5. 设 $f(x)=x^2-3x$,则在区间 $(0,1)$ 内函数 $f(x)$ (　　)
A. 单调递增且其图形是凹的 B. 单调递增且其图形是凸的
C. 单调递减且其图形是凹的 D. 单调递减且其图形是凸的

二、填空题.

1. 设上抛物体的位移函数为 $h(t)=2gt-\dfrac{1}{2}gt^2$,则物体在 $t=1$ 时的速度为____,加速度为_____.

2. 若 $f'(0)=a$,则 $\lim\limits_{x\to 0}\dfrac{f(x)-f(-x)}{x}=$ _____.

3. 若 $y=\arcsin e^x$,则 $dy=$ _____.

4. 极限 $\lim\limits_{x\to 0}\dfrac{x^3}{x-\sin x}=$ _____.

5. 已知曲线 $f(x)=2x^3-3x^2+4x+5$,则其拐点为 _____.

三、计算题.

1. 已知 $y=x\ln 2x$,求 y'.

2. 已知 $y=\dfrac{1+\sin x}{1+\cos x}$,求 y'.

3. 已知 $y=(2x+1)^{2013}$,求 y'.

4. 已知 $y=(x+1)^4$,求 $y^{(4)}$.

四、综合题.

1. 证明:方程 $xe^x=2$ 在 $(0,1)$ 上有且仅有一个实根.

2. 已知某厂生产 q 件产品的成本为
$$C(q)=25\,000+200q+\dfrac{1}{40}q^2 \text{(元)},$$
产量 q 与价格 p 之间的关系为
$$p=440-\dfrac{1}{20}q \text{(元)}.$$
问:产品产量 q 为多少时,该厂可获得最大利润?最大利润是多少?

3. 设函数 $f(x)=ax^3+bx^2+cx-9$ 具有如下性质:
(1) 在 $x=-1$ 的两侧单调性发生改变;
(2) 其图形在点 $(1,2)$ 的两侧凹凸性发生改变;
试确定常数 a,b,c 的值.

4. 已知函数 $f(x)=x^3-3x+1$,试求:
(1) 函数 $f(x)$ 的单调区间与极值;
(2) 函数 $f(x)$ 在 $[-2,3]$ 上的最大值与最小值;

（3）曲线 $f(x)$ 的凹凸区间与拐点．

 阅读资料　第二次数学危机

17世纪末，牛顿和莱布尼茨创立的微积分理论在实践中取得了成功的应用，大部分数学家对于这一理论的可靠性深信不疑．但是，当时的微积分理论主要是建立在无穷小分析之上的，而无穷小分析后来证明是包含逻辑矛盾的．

1734年，贝克莱以"渺小的哲学家"之名出版了一本标题很长的书《分析学家；或一篇致一位不信神数学家的论文，其中审查一下近代分析学的对象、原则及论断是不是比宗教的神秘、信仰的要点有更清晰的表达，或更明显的推理》．在这本书中，贝克莱对牛顿的理论进行了攻击．例如他指责牛顿，为计算比如说 x^2 的导数，先将 x 取一个不为0的增量 Δx，由 $(x+\Delta x)^2-x^2$，得到 $2x\Delta x+(\Delta x)^2$，后再被 Δx 除，得到 $2x+\Delta x$，最后突然令 $\Delta x=0$，求得导数为 $2x$．这是"依靠双重错误得到了不科学却正确的结果"．因为无穷小量在牛顿的理论中一会儿说是零，一会儿又说不是零．因此，贝克莱嘲笑无穷小量是"已死量的幽灵"．贝克莱的攻击虽说出自维护神学的目的，但却真正抓住了牛顿理论中的缺陷，是切中要害的．数学史上把贝克莱的问题称之为"贝克莱悖论"．笼统地说，贝克莱悖论可以表述为"无穷小量究竟是否为0"的问题：就无穷小量在当时实际应用而言，它必须既是0，又不是0．但从形式逻辑而言，这无疑是一个矛盾．这一问题的提出在当时的数学界引起了一定的混乱，由此导致了第二次数学危机的产生．

"向前进，向前进，你就会获得信念！"达朗贝尔吹起奋勇向前的号角，在此号角的鼓舞下，18世纪的数学家们开始不顾基础的不严格，论证的不严密，而是更多依赖于直观去开创新的数学领地．于是一套套新方法、新结论以及新分支纷纷涌现出来．经过一个多世纪的漫漫征程，几代数学家，包括达朗贝尔、拉格朗日、伯努利家族、拉普拉斯以及集众家之大成的欧拉等人的努力，数量惊人前所未有的处女地被开垦出来，微积分理论获得了空前丰富．18世纪有时甚至被称为"分析的世纪"．然而，与此同时18世纪粗糙的、不严密的工作也导致谬误越来越多的局面，不和谐音的刺耳开始震动了数学家们的神经．

直到19世纪20年代，一些数学家才比较关注于微积分的严格基础．从波尔查诺、阿贝尔、柯西、狄利克雷等人的工作开始，到魏尔斯特拉斯、戴德金和康托的工作结束，建立起了严谨的极限理论与实数理论，从而使微积分学这座人类数学史上空前雄伟的大厦建在了牢固可靠的基础之上．微积分学坚实牢固基础的建立，结束了数学中暂时的混乱局面，同时也宣布了第二次数学危机的彻底解决．

第三章 一元函数积分学及应用

名人名言 我不知道在别人看来,我是什么样的人;但在我自己看来,我不过就像是一个在海滨玩耍的小孩,为不时发现比寻常更为光滑的一块卵石或比寻常更为美丽的一片贝壳而沾沾自喜,而对于展现在我面前的浩瀚的真理的海洋,却全然没有发现.

——牛顿

本章导读 与微分学相呼应的是积分学,本章我们就来系统地学习微积分两大分支中的另一分支——积分学.首先,从两个具体例子出发抽象出定积分的概念,在定积分的定义中充分体现了"以直代曲"、"以不变代变"的处理问题的思想和方法;继而从路程与速度之间的关系很自然地得到定积分的求解公式;然后揭露出定积分与不定积分的联系,并较系统地研究了不定积分;最后介绍了定积分的有关应用以及如何利用定积分解决实际问题.

第一节 定积分的概念与性质

一、定积分的概念

1. 变速直线运动的路程

设某运动物体作变速直线运动,其速度 $v=v(t)$ 在时间间隔 $[T_1, T_2]$ 内是连续函数,且 $v(t) \geqslant 0$,试求在 $[T_1, T_2]$ 这段时间内该运动物体所经过的路程 S.

如果该物体作匀速直线运动,则

$$路程 = 速度 \times 时间.$$

但现在考虑的物体作变速直线运动,其速度 v 是随时间 t 的变化而连续地变化的,因此所求路程 S 不能再按匀速直线运动的路程公式来计算.但由于 $v(t)$ 是 t 的连续函数,故当时间 t 在一个很小的时间段上变化时,速度 $v(t)$ 的变化是相当微小的,从而可以近似地看作是匀速运动,这样就可以按上述公式计算路程的近似值.如果把时间段 $[T_1, T_2]$ 分成许多小的时间段,在每个小的时间段里都用匀速运动近似替代变速运动,从而将所有这些小时间段内运动的路程之和作为该运动物体在时间段 $[T_1, T_2]$ 内经过的路程 S 的近似值.对时间段 $[T_1, T_2]$ 分割越细密,此近似值就越接近真实值,所以用小时间段内运动的路程之和的极限表示该运动物体经过的路程,下面将这一过程用数学表示如下.

(1) 分割

在时间间隔 $[T_1, T_2]$ 内任意插入 $n-1$ 个分点

$$T_1 = t_0 < t_1 < t_2 < \cdots < t_{n-1} < t_n = T_2,$$

把 $[T_1, T_2]$ 分成 n 个小的时间段 $[t_0, t_1], [t_1, t_2], \cdots, [t_{n-1}, t_n]$,各个小时段的时长依次为

$\Delta t_1 = t_1 - t_0, \Delta t_2 = t_2 - t_1, \cdots, \Delta t_n = t_n - t_{n-1}$,记第 i 个小时段 $[t_{i-1}, t_i]$ 内物体经过的路程为 $\Delta s_i (i=1,2,\cdots,n)$,则

$$S = \sum_{i=1}^{n} \Delta s_i.$$

(2) 近似替代

在每个小时段 $[t_{i-1}, t_i]$ 内任取一个时刻 τ_i,以 τ_i 时刻的速度 $v(\tau_i)$ 来代替该小时段 $[t_{i-1}, t_i]$ 上各个时刻的速度,得到物体在该小时段上所经过路程 Δs_i 的近似值,即

$$\Delta s_i \approx v(\tau_i) \Delta t_i \quad (i=1,2,\cdots,n).$$

(3) 求和

把 n 个小时段上所经过路程 Δs_i 的近似值求和,得到 $[T_1, T_2]$ 上所经过路程 S 的近似值,即

$$S \approx v(\tau_1)\Delta t_1 + v(\tau_2)\Delta t_2 + \cdots + v(\tau_n)\Delta t_n$$
$$= \sum_{i=1}^{n} v(\tau_i)\Delta t_i.$$

(4) 取极限

记 $\lambda = \max\{\Delta t_1, \Delta t_2, \cdots, \Delta t_n\}$,则当 $\lambda \to 0$ 时,上述和式的极限就是所求变速直线运动的路程

$$S = \lim_{\lambda \to 0} \sum_{i=1}^{n} v(\tau_i) \Delta t_i.$$

2. 曲边梯形的面积

设在平面直角坐标系 xOy 中,称由直线 $x=a, x=b, y=0$ 及连续曲线 $y=f(x)(f(x) \geqslant 0)$ 所围成的平面图形为**曲边梯形**(如图 3-1),下面我们来求该曲边梯形的面积 A.

对于矩形,由于它的高是不变的,所以它的面积可按公式

矩形面积 = 高 × 底

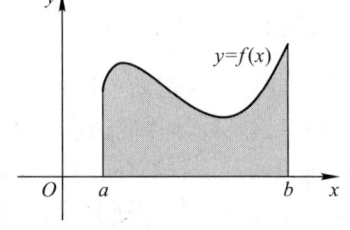

图 3-1

计算. 而对于曲边梯形,由于在底边上各点处的高 $f(x)$ 随 x 在区间 $[a,b]$ 上的变化而变化,所以它的面积不能直接按上述公式计算. 注意到 $f(x)$ 是连续函数,即当 x 变化不大时,$f(x)$ 的变化也不大,从而有理由将 $f(x)$ 在很小一段区间上近似地看成不变. 因此,根据上述分析,我们可用完全类似于求变速直线运动的路程的方法,按照分割、近似替代、求和、取极限四个步骤来求曲边梯形的面积

$$A = \lim_{\lambda \to 0} \sum_{i=1}^{n} f(\xi_i) \Delta x_i.$$

上面讨论的两个实际问题,虽然它们一个属于物理学,一个属于几何学,但它们有着共同的特点:一是解决问题的思路、方法与步骤相同;二是所求的结果都表示为和式的极限.

类似这样的实际问题(如变力作功等)还有很多,如果抛开它们的具体意义,抓住它们的本质与特性加以概括,就可以得出定积分的定义.

定义 设函数 $f(x)$ 在 $[a,b]$ 上有界,在 $[a,b]$ 上任意插入 $n-1$ 个分点

$$a = x_0 < x_1 < \cdots < x_{n-1} < x_n = b,$$

把区间 $[a,b]$ 分成 n 个小区间

$$[x_0, x_1], \quad [x_1, x_2], \quad \cdots, \quad [x_{n-1}, x_n],$$

各个小区间的长度依次为

$$\Delta x_1 = x_1 - x_0, \quad \Delta x_2 = x_2 - x_1, \quad \cdots, \quad \Delta x_n = x_n - x_{n-1};$$

在每个小区间$[x_{i-1}, x_i]$上任取一点$\xi_i(x_{i-1} \leqslant \xi_i \leqslant x_i)$,作函数值$f(\xi_i)$与小区间长度$\Delta x_i$的乘积$f(\xi_i)\Delta x_i (i=1,2,\cdots,n)$,并求和

$$S = \sum_{i=1}^{n} f(\xi_i) \Delta x_i,$$

记$\lambda = \max\{\Delta x_1, \Delta x_2, \cdots, \Delta x_n\}$,如果不论对$[a,b]$怎样分法,也不论在小区间$[x_{i-1}, x_i]$上点$\xi_i$怎样选取,只要当$\lambda \to 0$时,和式$S$的极限为$I$,则称该极限$I$为函数$f(x)$在区间$[a,b]$上的**定积分**(简称积分),记作

$$\int_a^b f(x) \mathrm{d}x,$$

即

$$I = \int_a^b f(x) \mathrm{d}x = \lim_{\lambda \to 0} \sum_{i=1}^{n} f(\xi_i) \Delta x_i,$$

其中符号$\int$称为**积分号**,$f(x)$称为**被积函数**,$f(x)\mathrm{d}x$称为**被积表达式**,x称为**积分变量**,a称为**积分下限**,b称为**积分上限**,$[a,b]$称为**积分区间**,$\sum_{i=1}^{n} f(\xi_i) \Delta x_i$称为**积分和**. 同时也称函数$f(x)$在$[a,b]$上是**可积**的. 否则,称函数$f(x)$在$[a,b]$上是不可积的.

根据定积分的定义,上述作变速直线运动的物体的路程为

$$S = \int_{T_1}^{T_2} v(t) \mathrm{d}t,$$

曲边梯形面积为

$$A = \int_a^b f(x) \mathrm{d}x.$$

二、定积分的几何意义

由定积分的定义,可以得出定积分的下列几何意义.

在$[a,b]$上,当$f(x) \geqslant 0$时,定积分$\int_a^b f(x) \mathrm{d}x$在数值上就是由曲线$y=f(x)$、直线$x=a$,$x=b$与$x$轴所围成的曲边梯形的面积$A$(如图3-2所示),即

$$\int_a^b f(x) \mathrm{d}x = A.$$

在$[a,b]$上,当$f(x) \leqslant 0$时,由曲线$y=f(x)$、直线$x=a$,$x=b$与x轴所围成的曲边梯形位于x轴的下方(如图3-3所示),定积分$\int_a^b f(x) \mathrm{d}x$的值就是曲边梯形面积$A$的负值,即

$$\int_a^b f(x) \mathrm{d}x = -A.$$

当$f(x)$在区间$[a,b]$上有时为正,有时为负时,则由曲线$y=f(x)$、直线$x=a$,$x=b$与x轴围成的图形,某些部分在x轴的上方,某些部分在x轴的下方(如图3-4所示),此时定积分$\int_a^b f(x) \mathrm{d}x$的值就是$x$轴上方的图形面积与$x$轴下方的图形面积之差,即

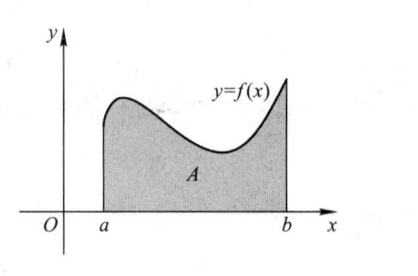

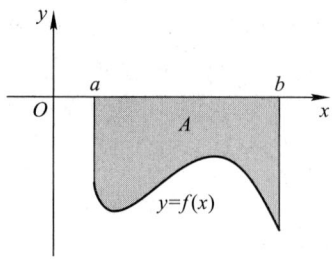

图 3-2   图 3-3

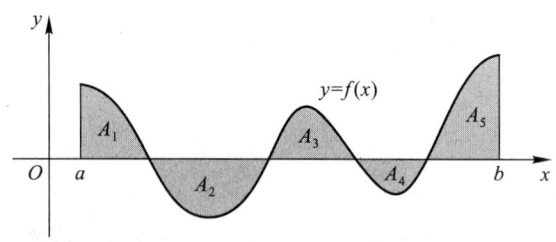

图 3-4

$$\int_a^b f(x)\mathrm{d}x = A_1 - A_2 + A_3 - A_4 + A_5.$$

三、定积分的性质

由定积分的定义和几何意义,我们可以得出定积分的以下性质:

性质 1 $\int_a^b 1 \cdot \mathrm{d}x = \int_a^b \mathrm{d}x = b - a.$

性质 2 当 $a = b$ 时,$\int_a^b f(x)\mathrm{d}x = 0.$

性质 3 $\int_a^b f(x)\mathrm{d}x = -\int_b^a f(x)\mathrm{d}x.$

性质 4 $\int_a^b [f(x) \pm g(x)]\mathrm{d}x = \int_a^b f(x)\mathrm{d}x \pm \int_a^b g(x)\mathrm{d}x.$

推论 1 $\int_a^b [f(x) \pm g(x) \pm h(x)]\mathrm{d}x = \int_a^b f(x)\mathrm{d}x \pm \int_a^b g(x)\mathrm{d}x \pm \int_a^b h(x)\mathrm{d}x.$

性质 5 $\int_a^b kf(x)\mathrm{d}x = k\int_a^b f(x)\mathrm{d}x$ (k 是常数).

推论 2 $\int_a^b [k_1 f(x) \pm k_2 g(x)]\mathrm{d}x = k_1 \int_a^b f(x)\mathrm{d}x \pm k_2 \int_a^b g(x)\mathrm{d}x.$

性质 6(积分区间具有可加性) 如果将积分区间分成两部分,则在整个区间上的定积分等于这两部分区间上定积分之和,即

$$\int_a^b f(x)\mathrm{d}x = \int_a^c f(x)\mathrm{d}x + \int_c^b f(x)\mathrm{d}x.$$

这个性质的证明请读者自己完成.

性质 7 如果在区间 $[a,b]$ 上,$f(x) \geqslant 0$,则

$$\int_a^b f(x)dx \geqslant 0 \quad (a<b).$$

推论 3 如果在区间 $[a,b]$ 上，$f(x) \leqslant g(x)$，则

$$\int_a^b f(x)dx \leqslant \int_a^b g(x)dx \quad (a<b).$$

推论 4 $\left| \int_a^b f(x)dx \right| \leqslant \int_a^b |f(x)|dx \quad (a<b).$

性质 8 设 M 及 m 分别是函数 $f(x)$ 在区间 $[a,b]$ 上的最大值及最小值，则

$$m(b-a) \leqslant \int_a^b f(x)dx \leqslant M(b-a) \quad (a<b).$$

性质 8 表明，由被积函数在积分区间上的最大值和最小值，可以估计积分值的取值范围. 在 $f(x) \geqslant 0$ 时，性质 8 的几何意义如图 3-5 所示：由曲线 $y=f(x)$、直线 $x=a$、$x=b$ 及 x 轴所围曲边梯形的面积，介于以区间 $[a,b]$ 为底、函数 $f(x)$ 的最大值 M 和最小值 m 为高的两个矩形面积之间.

性质 9（积分中值定理） 如果函数 $f(x)$ 在闭区间 $[a,b]$ 上连续，则在 $[a,b]$ 上至少存在一点 ξ，使下式成立：

$$\int_a^b f(x)dx = f(\xi)(b-a) \quad (a \leqslant \xi \leqslant b).$$

这个公式称为**积分中值公式**.

积分中值定理的几何意义如图 3-6 所示：在区间 $[a,b]$ 上至少存在一点 ξ，使得以区间 $[a,b]$ 为底边，以 $y=f(x)$（不妨设 $f(x) \geqslant 0$）为曲边的曲边梯形面积等于以区间 $[a,b]$ 为底边而高为 $f(\xi)$ 的一个矩形的面积.

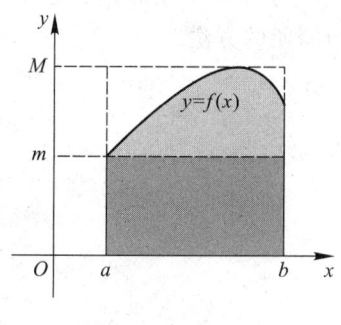

图 3-5

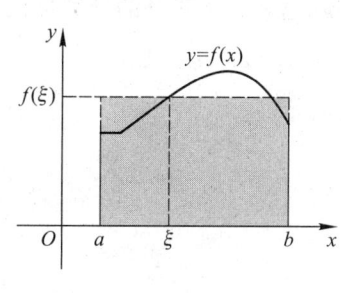

图 3-6

四、微积分的基本公式

由定积分的定义我们知道定积分是一种和式的极限，从而它的结果就应该是一个确切的数值，如果按照定积分的定义来计算定积分往往是非常困难的. 因此，必须来探讨计算定积分值的有效方法.

下面我们仍以变速直线运动的路程为例来探索计算定积分数值的新方法.

由定积分的概念，物体在时间间隔 $[T_1, T_2]$ 内所经过的路程等于速度函数 $v(t)$ 在 $[T_1, T_2]$ 上的定积分

$$\int_{T_1}^{T_2} v(t)dt.$$

假设我们同时知道该运动物体的位置函数 S 与时间 t 的关系 $S=S(t)$，则物体在时间间隔 $[T_1,T_2]$ 内所经过的路程又等于位置函数 $S(t)$ 在区间 $[T_1,T_2]$ 上的增量

$$S(T_2)-S(T_1).$$

即

$$\int_{T_1}^{T_2}v(t)\mathrm{d}t=S(T_2)-S(T_1).$$

而由微分学知识，得

$$S'(t)=v(t),$$

将这一结论推广到一般的定积分，由此得出定积分的计算公式．

定理(微积分基本公式) 连续函数 $f(x)$ 在区间 $[a,b]$ 上的定积分

$$\int_a^b f(x)\mathrm{d}x=F(b)-F(a),$$

其中，

$$F'(x)=f(x) \text{ 或 } \mathrm{d}F(x)=f(x)\mathrm{d}x.$$

微积分基本公式又称为**牛顿(Newton)-莱布尼茨(Leibniz)公式**．为方便起见，我们把 $F(b)-F(a)$ 记为 $F(x)\big|_a^b$ 或 $[F(x)]_a^b$，于是牛顿-莱布尼茨公式又可表示为

$$\int_a^b f(x)\mathrm{d}x=F(x)\big|_a^b=F(b)-F(a),$$

或

$$\int_a^b f(x)\mathrm{d}x=[F(x)]_a^b=F(b)-F(a).$$

微积分基本公式表明：一个连续函数在 $[a,b]$ 上的定积分等于一个导函数是 $f(x)$ 的函数在 $[a,b]$ 上的增量，这就为定积分的计算提供了一个有效而简便的方法．

【**例 1**】 计算定积分 $\int_1^2 \dfrac{1}{x^2}\mathrm{d}x$．

解 因为

$$\left(-\frac{1}{x}\right)'=\frac{1}{x^2},$$

所以

$$\int_1^2 \frac{1}{x^2}\mathrm{d}x=\left(-\frac{1}{x}\right)\Big|_1^2=-\frac{1}{2}-(-1)=\frac{1}{2}.$$

【**例 2**】 计算定积分 $\int_1^{\mathrm{e}}\left(\dfrac{3}{x}-x^2\right)\mathrm{d}x$．

解 由定积分的性质得：

$$\int_1^{\mathrm{e}}\left(\frac{3}{x}-x^2\right)\mathrm{d}x=\int_1^{\mathrm{e}}\frac{3}{x}\mathrm{d}x-\int_1^{\mathrm{e}}x^2\mathrm{d}x$$

$$=3\int_1^{\mathrm{e}}\frac{1}{x}\mathrm{d}x-\int_1^{\mathrm{e}}x^2\mathrm{d}x.$$

因为 $(\ln x)'=\dfrac{1}{x}$，所以

$$\int_1^{\mathrm{e}}\frac{1}{x}\mathrm{d}x=\ln x\big|_1^{\mathrm{e}}=\ln \mathrm{e}-\ln 1=1;$$

又因为 $\left(\dfrac{1}{3}x^3\right)' = x^2$,所以
$$\int_1^e x^2 \mathrm{d}x = \dfrac{1}{3}x^3 \Big|_1^e = \dfrac{1}{3}e^3 - \dfrac{1}{3}.$$
故
$$\begin{aligned}\int_1^e \left(\dfrac{3}{x} - x^2\right)\mathrm{d}x &= 3\int_1^e \dfrac{1}{x}\mathrm{d}x - \int_1^e x^2 \mathrm{d}x \\ &= 3 - \left(\dfrac{1}{3}e^3 - \dfrac{1}{3}\right) \\ &= \dfrac{10}{3} - \dfrac{1}{3}e^3.\end{aligned}$$

习题 3-1

1. 利用定积分的几何意义求解下列定积分:

(1) $\int_0^2 3x\mathrm{d}x$; (2) $\int_{-2}^4 \left(\dfrac{x}{2} + 3\right)\mathrm{d}x$;

(3) $\int_{-4}^4 \sqrt{16 - x^2}\mathrm{d}x$; (4) $\int_0^\pi \cos x\mathrm{d}x$.

2. 设 $\int_{-1}^1 3f(x)\mathrm{d}x = 18, \int_{-1}^3 f(x)\mathrm{d}x = 4, \int_{-1}^3 g(x)\mathrm{d}x = 3$,求

(1) $\int_{-1}^1 f(x)\mathrm{d}x$; (2) $\int_{-1}^3 f(x)\mathrm{d}x$;

(3) $\int_3^{-1} g(x)\mathrm{d}x$; (4) $\int_{-1}^3 \dfrac{1}{5}[4f(x) + 3g(x)]\mathrm{d}x$.

3. 利用微积分基本公式计算下列各定积分:

(1) $\int_1^2 \left(3x^2 + \dfrac{6}{x^4}\right)\mathrm{d}x$; (2) $\int_1^e \dfrac{1 + \sqrt{x}}{x}\mathrm{d}x$;

(3) $\int_0^1 (1 + x^2 - 2^x)\mathrm{d}x$; (4) $\int_1^3 |x - 2|\mathrm{d}x$.

4. 从定积分的几何意义来解释下列定积分的性质:

(1) 积分区间的可加性:
$$\int_a^b f(x)\mathrm{d}x = \int_a^c f(x)\mathrm{d}x + \int_c^b f(x)\mathrm{d}x.$$

(2) $\int_a^b kf(x)\mathrm{d}x = k\int_a^b f(x)\mathrm{d}x$ (k 是常数);

(3) $\int_a^b 1 \cdot \mathrm{d}x = \int_a^b \mathrm{d}x = b - a$.

第二节 不定积分

根据上一节的知识,我们知道要计算定积分 $\int_a^b f(x)\mathrm{d}x$ 的数值,须寻找一个函数 $F(x)$,使得 $F'(x) = f(x)$,因此,本节我们就来探讨如何寻找函数 $F(x)$.

一、原函数与不定积分的概念

在第二章中,我们较系统地学习了如何求一个已知函数的导数或微分,而有时我们会遇到与

求导数相反的问题,即已知某个函数 $F(x)$ 的导函数为 $f(x)$,要我们来求函数 $F(x)$,这样就得到原函数的概念.

定义 1 如果在区间 I 上,可导函数 $F(x)$ 的导函数为 $f(x)$,即对任一个 $x\in I$,都有 $F'(x)=f(x)$ 或 $\mathrm{d}F(x)=f(x)\mathrm{d}x$,则称函数 $F(x)$ 为 $f(x)$ 在区间 I 上的一个**原函数**.

由前面微分学的学习,我们知道 $(\sin x)'=\cos x$,则 $\sin x$ 是 $\cos x$ 的一个原函数,而 $(\sin x+6)'=\cos x$,$(\sin x+C)'=\cos x$(其中 C 为任意常数),则 $\sin x+6$ 和 $\sin x+C$ 都是 $\cos x$ 的原函数. 又如 $(x^3)'=3x^2$,则 x^3 是 $3x^2$ 的一个原函数,而 $(x^3+8)'=3x^2$,$(x^3+C)'=3x^2$(其中 C 为任意常数),则 x^3+8 和 x^3+C 都是 $3x^2$ 的原函数. 这就说明若一个函数存在原函数,则它的原函数不是唯一的. 那么它的全体原函数之间将有什么关系呢? 于是我们有如下定理.

定理 1 若函数 $F(x)$ 是函数 $f(x)$ 在区间 I 上的一个原函数,则 $F(x)+C$(C 为任意常数)是函数 $f(x)$ 在区间 I 上的全体原函数.

这个定理的证明请读者自己完成.

定义 2 若函数 $F(x)$ 是函数 $f(x)$ 在区间 I 上的一个原函数,则称函数 $f(x)$ 在区间 I 上的全体原函数 $F(x)+C$(C 为任意常数)为函数 $f(x)$ 在区间 I 上的**不定积分**,记作 $\int f(x)\mathrm{d}x$,即

$$\int f(x)\mathrm{d}x = F(x)+C,$$

其中符号 $\int$ 仍称为**积分号**,$f(x)$ 称为**被积函数**,$f(x)\mathrm{d}x$ 称为**被积表达式**,x 称为**积分变量**.

由不定积分的定义,我们得

$$\int \cos x\mathrm{d}x = \sin x+C, \quad \int 3x^2\mathrm{d}x = x^3+C.$$

我们发现不定积分的运算与微分运算是互为逆运算的,因此,由导数公式或微分公式,可得出如下公式.

不定积分的基本公式:

(1) $\int k\mathrm{d}x = kx+C$ (k 为常数);

(2) $\int x^\mu \mathrm{d}x = \dfrac{1}{\mu+1}x^{\mu+1}+C$ ($\mu\neq -1$);

(3) $\int \dfrac{1}{x}\mathrm{d}x = \ln|x|+C$;

(4) $\int a^x \mathrm{d}x = \dfrac{1}{\ln a}a^x+C$ ($a>0, a\neq 1$);

(5) $\int \mathrm{e}^x \mathrm{d}x = \mathrm{e}^x+C$;

(6) $\int \sin x\mathrm{d}x = -\cos x+C$;

(7) $\int \cos x\mathrm{d}x = \sin x+C$;

(8) $\int \sec^2 x\mathrm{d}x = \tan x+C$;

(9) $\int \csc^2 x \, dx = -\cot x + C$;

(10) $\int \sec x \tan x \, dx = \sec x + C$;

(11) $\int \csc x \cot x \, dx = -\csc x + C$;

(12) $\int \dfrac{1}{\sqrt{1-x^2}} \, dx = \arcsin x + C$;

(13) $\int \dfrac{1}{1+x^2} \, dx = \arctan x + C$.

二、不定积分的性质

由不定积分的定义，我们可得不定积分的如下性质.

性质 1 $\left[\int f(x) \, dx\right]' = f(x)$ 或 $d\left[\int f(x) \, dx\right] = f(x) \, dx$，

$\int f'(x) \, dx = f(x) + C$ 或 $\int df(x) = \int f'(x) \, dx = f(x) + C$.

性质 2 设函数 $f(x)$ 的原函数存在，k 为非零常数，则

$$\int k f(x) \, dx = k \int f(x) \, dx.$$

性质 3 设函数 $f(x)$ 及 $g(x)$ 的原函数存在，则

$$\int [f(x) \pm g(x)] \, dx = \int f(x) \, dx \pm \int g(x) \, dx.$$

推论 $\int [k_1 f(x) \pm k_2 g(x)] \, dx = k_1 \int f(x) \, dx \pm k_2 \int g(x) \, dx$，

其中 k_1, k_2 为非零常数.

三、积分的方法

为了计算定积分，下面通过具体例题介绍几种常见的积分方法.

【例 1】 求不定积分 $\int (x^2 - \sqrt[3]{x} + 3) \, dx$.

解
$$\int (x^2 - \sqrt[3]{x} + 3) \, dx = \int x^2 \, dx - \int \sqrt[3]{x} \, dx + \int 3 \, dx$$
$$= \frac{1}{3} x^3 - \int x^{\frac{1}{3}} \, dx + 3x$$
$$= \frac{1}{3} x^3 - \frac{3}{4} x^{\frac{4}{3}} + 3x + C.$$

【例 2】 求不定积分 $\int (6e^x + 3\sin x) \, dx$.

解
$$\int (6e^x + 3\sin x) \, dx = \int 6e^x \, dx + \int 3\sin x \, dx$$
$$= 6 \int e^x \, dx + 3 \int \sin x \, dx$$

$$= 6e^x - 3\cos x + C.$$

【例3】 求不定积分 $\int \dfrac{(3x+2)^2}{\sqrt{x}} dx$.

解
$$\int \dfrac{(3x+2)^2}{\sqrt{x}} dx = \int (9x^{\frac{3}{2}} + 12x^{\frac{1}{2}} + 4x^{-\frac{1}{2}}) dx$$
$$= 9\int x^{\frac{3}{2}} dx + 12\int x^{\frac{1}{2}} dx + 4\int x^{-\frac{1}{2}} dx$$
$$= 9 \cdot \dfrac{2}{5} x^{\frac{5}{2}} + 12 \cdot \dfrac{2}{3} x^{\frac{3}{2}} + 4 \cdot 2x^{\frac{1}{2}} + C$$
$$= \dfrac{18}{5} x^{\frac{5}{2}} + \dfrac{24}{3} x^{\frac{3}{2}} + 8x^{\frac{1}{2}} + C.$$

【例4】 求不定积分 $\int \dfrac{x^2}{1+x^2} dx$.

解
$$\int \dfrac{x^2}{1+x^2} dx = \int \dfrac{x^2+1-1}{1+x^2} dx$$
$$= \int \left(1 - \dfrac{1}{1+x^2}\right) dx$$
$$= x - \arctan x + C.$$

上述各例题的解题方法都是将被积函数等价变形之后直接运用不定积分的性质和不定积分的基本公式,我们称之为**直接积分法**.

【例5】 求不定积分 $\int e^{2x} dx$.

解 由于不定积分的基本公式中没有这样的公式,而我们知道 $\left(\dfrac{1}{2} e^{2x}\right)' = e^{2x}$,故
$$\int e^{2x} dx$$
$$= \dfrac{1}{2} \int e^{2x} d(2x)$$
$$= \dfrac{1}{2} e^{2x} + C.$$

例5的解法是通过先凑成公式的形式,然后再积分. 这样的积分方法我们称为**第一换元积分法**,又称为**凑微分法**.

【例6】 求下列不定积分:

(1) $\int (2x+3)^{20} dx$; (2) $\int x\cos x^2 dx$;

(3) $\int e^x \sin e^x dx$; (4) $\int \dfrac{\ln^3 x}{x} dx$.

解 (1) $\int (2x+3)^{20} dx = \dfrac{1}{2} \int (2x+3)^{20} d(2x+3) = \dfrac{1}{42} (2x+3)^{21} + C.$

(2) $\int x\cos x^2 dx = \dfrac{1}{2} \int \cos x^2 d(x^2) = \dfrac{1}{2} \sin x^2 + C.$

(3) $\int e^x \sin e^x dx = \int \sin e^x d(e^x) = -\cos e^x + C.$

(4) $\int \dfrac{\ln^3 x}{x} dx = \int \ln^3 x d(\ln x) = \dfrac{1}{4}\ln^4 x + C.$

【例 7】 求不定积分 $\int \dfrac{1}{1+\sqrt{x}} dx$.

分析 我们知道,若 $\int \dfrac{1}{1+\sqrt{x}} dx$ 改为 $\int \dfrac{1}{1+x} dx$ 或 $\int \dfrac{1}{1+x^2} dx$ 都是非常简单的, $\int \dfrac{1}{1+\sqrt{x}} dx$ 之所以不容易积分,原因是它的被积函数里含有根式,故我们想到将根号去掉将会怎样?

解 令 $\sqrt{x}=t$,则
$$x=t^2, \quad dx=d(t^2)=2tdt,$$
所以
$$\begin{aligned}\int \dfrac{1}{1+\sqrt{x}} dx &= \int \dfrac{1}{1+t} 2t dt \\ &= 2\int \dfrac{t}{1+t} dt \\ &= 2\int \dfrac{t+1-1}{1+t} dt \\ &= 2\int \left(1-\dfrac{1}{1+t}\right) dt \\ &= 2\int dt - 2\int \dfrac{1}{1+t} dt \\ &= 2t - 2\ln|1+t| + C \\ &= 2\sqrt{x} - 2\ln(1+\sqrt{x}) + C.\end{aligned}$$

本题的做法是首先将被积函数中的根式去掉,我们称这样的积分方法为**第二换元积分法**.

【例 8】 求不定积分 $\int \dfrac{1}{x+\sqrt{x}} dx$.

解 令 $\sqrt{x}=t$,则
$$x=t^2, \quad dx=d(t^2)=2tdt,$$
所以
$$\begin{aligned}\int \dfrac{1}{x+\sqrt{x}} dx &= \int \dfrac{1}{t^2+t} 2t dt \\ &= 2\int \dfrac{1}{t+1} dt \\ &= 2\int \dfrac{1}{t+1} d(t+1) \\ &= 2\ln|t+1| + C \\ &= 2\ln(\sqrt{x}+1) + C.\end{aligned}$$

在微分学中我们知道若函数 $u(x)$ 和 $v(x)$ 均可微,则 $u(x)v(x)$ 仍可微,且
$$d[u(x)v(x)] = v(x) du(x) + u(x) dv(x).$$
现对上式两边同时积分:

$$\int \mathrm{d}[u(x)v(x)] = \int v(x)\mathrm{d}u(x) + \int u(x)\mathrm{d}v(x),$$

得：
$$u(x)v(x) = \int v(x)\mathrm{d}u(x) + \int u(x)\mathrm{d}v(x),$$

移项得：
$$\int u(x)\mathrm{d}v(x) = u(x)v(x) - \int v(x)\mathrm{d}u(x).$$

我们称上式为不定积分的**分部积分公式**，称此方法为**分部积分法**。

下面我们运用分部积分公式求解不定积分。

【例 9】 求下列不定积分：

(1) $\int x\mathrm{e}^x \mathrm{d}x$；　　　　　　(2) $\int x\cos x \mathrm{d}x$.

解 (1) $\int x\mathrm{e}^x \mathrm{d}x = \int x\mathrm{d}\mathrm{e}^x = x\mathrm{e}^x - \int \mathrm{e}^x \mathrm{d}x = x\mathrm{e}^x - \mathrm{e}^x + C.$

(2) $\int x\cos x \mathrm{d}x = \int x\mathrm{d}\sin x = x\sin x - \int \sin x \mathrm{d}x = x\sin x + \cos x + C.$

上述两个例子可以看出，在运用分部积分公式时，首先要凑成公式的形式，要正确选择公式中的 $u(x)$ 和 $v'(x)$，现总结如下：当被积函数是表 3-1 中同列的两个函数的乘积时，选第一行的函数为分部积分公式中的 $u(x)$，如指数函数与三角函数的乘积选择指数函数为 $u(x)$；当被积函数是表 3-1 中不同列的两个函数的乘积时，选前一列的函数为分部积分法公式中的 $u(x)$，如指数函数与幂函数的乘积选择幂函数为 $u(x)$。

表 3-1

$$\begin{pmatrix} \text{反三角函数} & \text{有理函数} & \text{指数函数} \\ \text{对数函数} & \text{幂函数} & \text{三角函数} \end{pmatrix}$$

当然，上述只是一般规律，有时选择两者中的任意一个为 $u(x)$ 都可以，如指数函数与三角函数的乘积，此种情形请有兴趣的读者课后自己探讨。

研究不定积分的积分方法后，根据微积分的基本公式，定积分就更容易求解了。

【例 10】 求下列定积分：

(1) $\int_0^{\frac{\pi}{2}} \sin^2 x\cos x \mathrm{d}x$；

(2) $\int_1^8 \dfrac{1}{1+\sqrt[3]{x}}\mathrm{d}x$；

(3) $\int_1^\mathrm{e} x\ln x \mathrm{d}x$。

解 (1) 因为
$$\int \sin^2 x\cos x \mathrm{d}x = \int \sin^2 x \mathrm{d}\sin x$$
$$= \frac{1}{3}\sin^3 x + C,$$

所以

$$\int_0^{\frac{\pi}{2}} \sin^2 x \cos x \, dx = \frac{1}{3} \sin^3 x \Big|_0^{\frac{\pi}{2}}$$
$$= \frac{1}{3}.$$

(2) 令 $\sqrt[3]{x} = t$, 则
$$x = t^3, \quad dx = d(t^3) = 3t^2 \, dt,$$

所以
$$\int \frac{1}{1+\sqrt[3]{x}} dx = \int \frac{1}{1+t} 3t^2 \, dt$$
$$= 3 \int \frac{t^2}{1+t} dt$$
$$= 3 \int \frac{t^2 - 1 + 1}{1+t} dt$$
$$= 3 \int \left(t - 1 + \frac{1}{1+t} \right) dt$$
$$= \frac{3}{2} t^2 - 3t + 3\ln|1+t| + C$$
$$= \frac{3}{2} \sqrt[3]{x^2} - 3\sqrt[3]{x} + 3\ln|1+\sqrt[3]{x}| + C,$$

从而
$$\int_1^8 \frac{1}{1+\sqrt[3]{x}} dx = \left[\frac{3}{2} \sqrt[3]{x^2} - 3\sqrt[3]{x} + 3\ln|1+\sqrt[3]{x}| \right] \Big|_1^8$$
$$= \frac{3}{2} + 3\ln 3 - 3\ln 2.$$

(3) 因为
$$\int x \ln x \, dx = \frac{1}{2} \int \ln x \, d(x^2)$$
$$= \frac{1}{2} \left[x^2 \ln x - \int x^2 \, d(\ln x) \right]$$
$$= \frac{1}{2} \left(x^2 \ln x - \int x \, dx \right)$$
$$= \frac{1}{2} x^2 \ln x - \frac{1}{4} x^2 + C,$$

所以
$$\int_1^e x \ln x \, dx = \left(\frac{1}{2} x^2 \ln x - \frac{1}{4} x^2 \right) \Big|_1^e$$
$$= \frac{1}{4} e^2 + \frac{1}{4}.$$

四、积分上限的函数及导数

由定积分的定义可知, $\int_a^b f(x) dx$ 是一个确定的数值. 这个数值仅与被积函数 $f(x)$ 及积分区

间 $[a,b]$ 有关,而与积分变量的选取无关. 如果既不改变被积函数 f,也不改变积分区间 $[a,b]$,只是把积分变量 x 改成其他字母,如 t 或 u,这时定积分的值不变,即

$$\int_a^b f(x)\mathrm{d}x = \int_a^b f(t)\mathrm{d}t = \int_a^b f(u)\mathrm{d}u.$$

根据定积分的几何意义知,图 3-7 中阴影部分的面积应为

$$A = \int_a^x f(t)\mathrm{d}t ,$$

这里的 x 是定积分的上限,当积分上限 x 在 $[a,b]$ 上任意变动时,对于每一个取定的 x 值,定积分 $\int_a^x f(t)\mathrm{d}t$ 都有一个确定的数值与 x 对应,所以,定积分 $\int_a^x f(t)\mathrm{d}t$ 定义了一个 $[a,b]$ 上的函数,记作 $\Phi(x)$,即

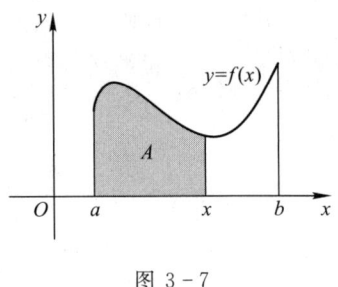

图 3-7

$$\Phi(x) = \int_a^x f(t)\mathrm{d}t \quad (a \leqslant x \leqslant b),$$

称 $\Phi(x)$ 为积分上限的函数.

定理 2 设函数 $f(x)$ 在区间 $[a,b]$ 上连续,则积分上限的函数 $\Phi(x) = \int_a^x f(t)\mathrm{d}t$ 在 $[a,b]$ 上可导,且有

$$\Phi'(x) = \frac{\mathrm{d}}{\mathrm{d}x}\int_a^x f(t)\mathrm{d}t = f(x) \quad (a \leqslant x \leqslant b).$$

即积分上限的函数 $\Phi(x) = \int_a^x f(t)\mathrm{d}t$ 是被积函数 $f(x)$ 的一个原函数.

该定理的证明由读者自己完成.

习题 3-2

1. 求下列不定积分:

(1) $\int (1 + x^2 - 3^x)\mathrm{d}x$;

(2) $\int \frac{3}{x^4}\mathrm{d}x$;

(3) $\int x^2 \sqrt[3]{x^2}\mathrm{d}x$;

(4) $\int (1 - x^2)^2 \mathrm{d}x$;

(5) $\int \frac{2x^2 - 3x + 4}{\sqrt{x}}\mathrm{d}x$;

(6) $\int \frac{\mathrm{d}h}{\sqrt{2gh}}$;

(7) $\int (\sqrt[3]{x} + 1)(\sqrt{x^3} - 1)\mathrm{d}x$;

(8) $\int \tan^2 x \mathrm{d}x$;

(9) $\int \left(8\mathrm{e}^x - \frac{3}{x}\right)\mathrm{d}x$;

(10) $\int \mathrm{e}^x \left(2^x - \frac{\mathrm{e}^{-x}}{\sqrt{1-x^2}}\right)\mathrm{d}x$;

(11) $\int 6^x \mathrm{e}^x \mathrm{d}x$;

(12) $\int \frac{2 \cdot 3^x + 3 \cdot 2^x}{3^x}\mathrm{d}x$;

(13) $\int \left(\frac{6}{1+x^2} + \frac{5}{\sqrt{1-x^2}}\right)\mathrm{d}x$;

(14) $\int \frac{x^2}{1+x^2}\mathrm{d}x$;

(15) $\int \frac{1+x+x^2}{x(1+x^2)}\mathrm{d}x$;

(16) $\int \frac{1+2x^2}{x^2(1+x^2)}\mathrm{d}x$.

2. 利用第一换元积分法计算求解下列不定积分:

(1) $\int \cos 3x \, dx$;

(2) $\int (2+3x)^{100} \, dx$;

(3) $\int e^{3x-2} \, dx$;

(4) $\int \dfrac{x^2}{x+2} \, dx$;

(5) $\int \dfrac{1}{\sqrt{4-x^2}} \, dx$;

(6) $\int \dfrac{1}{9+4x^2} \, dx$;

(7) $\int \dfrac{1}{x^2+5x+6} \, dx$;

(8) $\int \dfrac{x}{1+x^2} \, dx$;

(9) $\int x e^{x^2} \, dx$;

(10) $\int \dfrac{1}{\sqrt{x}(1+\sqrt{x})} \, dx$;

(11) $\int \dfrac{\ln^3 x}{x} \, dx$;

(12) $\int \cot x \, dx$;

(13) $\int \cos^5 x \sin x \, dx$;

(14) $\int \dfrac{\arctan x}{1+x^2} \, dx$;

(15) $\int \dfrac{e^x}{1+e^x} \, dx$;

(16) $\int \dfrac{\arcsin x}{\sqrt{1-x^2}} \, dx$;

(17) $\int \tan^2 x \sec^2 x \, dx$;

(18) $\int \tan x \sec^4 x \, dx$.

3. 利用第二换元积分法求解下列不定积分：

(1) $\int \dfrac{dx}{1+\sqrt{x-1}}$;

(2) $\int \dfrac{x}{\sqrt{2x-3}} \, dx$;

(3) $\int \dfrac{1}{1+\sqrt[3]{x}} \, dx$;

(4) $\int \dfrac{dx}{(x+1)\sqrt{x+2}}$;

(5) $\int \dfrac{dx}{\sqrt{e^x+1}}$;

(6) $\int \dfrac{dx}{\sqrt{x}+\sqrt[4]{x}}$.

4. 利用分部积分法求解下列不定积分：

(1) $\int x \sin x \, dx$;

(2) $\int x^2 \ln x \, dx$;

(3) $\int x^2 e^x \, dx$;

(4) $\int \arcsin x \, dx$;

(5) $\int x \arctan x \, dx$;

*(6) $\int e^{\sqrt{x}} \, dx$;

*(7) $\int e^x \cos x \, dx$.

5. 求解下列定积分：

(1) $\int_0^2 \dfrac{dx}{2x-5}$;

(2) $\int_0^{\frac{\pi}{2}} \cos^6 x \sin x \, dx$;

(3) $\int_0^1 x \sin(x^2+1) \, dx$;

(4) $\int_1^e \dfrac{\cos(\ln x)}{x} \, dx$;

(5) $\int_{-5}^1 \dfrac{x+1}{\sqrt{5-4x}} \, dx$;

(6) $\int_4^9 \dfrac{\sqrt{x}}{\sqrt{x}-1} \, dx$;

(7) $\int_0^\pi x \sin x \, dx$;

(8) $\int_0^1 x e^{2x} \, dx$;

(9) $\int_0^1 \arctan x \, dx$;

(10) 设 $f(x) = \begin{cases} 0, & -1 \leqslant x < 0 \\ 1+e^{-x}, & 0 \leqslant x \leqslant 2 \end{cases}$，求 $\int_{-1}^2 f(x) \, dx$.

6. 设函数 $f(x)$ 在 $[-a,a]$ 上连续，证明：

(1) 若 $f(x)$ 为偶函数，则有 $\int_{-a}^{a} f(x)\mathrm{d}x = 2\int_{0}^{a} f(x)\mathrm{d}x$；

(2) 若 $f(x)$ 为奇函数，则有 $\int_{-a}^{a} f(x)\mathrm{d}x = 0$．

*7. 求解下列导数：

(1) $\dfrac{\mathrm{d}}{\mathrm{d}x}\left(\int_{0}^{x} \cos^2 t \mathrm{d}t\right)$；

(2) $\dfrac{\mathrm{d}}{\mathrm{d}x}\int_{0}^{x} \dfrac{t}{2+\cos t}\mathrm{d}t$；

(3) $\dfrac{\mathrm{d}}{\mathrm{d}x}\int_{x}^{e} \mathrm{e}^{t-t^2}\mathrm{d}t$；

(4) $\dfrac{\mathrm{d}}{\mathrm{d}x}\int_{0}^{\sin x} \sin t \mathrm{d}t$；

(5) $\dfrac{\mathrm{d}}{\mathrm{d}x}\int_{x^3}^{1} \sin t^2 \mathrm{d}t$；

(6) $\dfrac{\mathrm{d}}{\mathrm{d}x}\int_{1-x}^{1} t\sqrt{1-t^2}\mathrm{d}t$；

(7) $\dfrac{\mathrm{d}}{\mathrm{d}x}\int_{x^2}^{x^3} \dfrac{\mathrm{d}t}{\sqrt{1+t^4}}$；

(8) $\dfrac{\mathrm{d}}{\mathrm{d}x}\int_{x^5}^{x^4} \sin t \mathrm{d}t$．

第三节　定积分的应用

由定积分的几何意义知，定积分的数值与曲边梯形的面积有关，因此我们完全可以利用定积分来求图形的面积．本节将介绍定积分在几何、经济、物理等领域的应用．

一、定积分在几何上的应用

1. 求图形的面积

对于由曲线 $y=f_1(x)$，$y=f_2(x)$（$f_2(x)\geqslant f_1(x)$）和直线 $x=a$，$x=b(a<b)$ 围成的平面图形（如图 3-8(a)）的面积，可以看成是由曲线 $y=f_2(x)$ 和直线 $x=a$，$x=b(a<b)$ 以及 x 轴围成的曲边梯形的面积与由曲线 $y=f_1(x)$ 和直线 $x=a$，$x=b(a<b)$ 以及 x 轴围成的曲边梯形的面积之差，故图 3-8 的面积可以表示为

$$A = \int_{a}^{b} f_2(x)\mathrm{d}x - \int_{a}^{b} f_1(x)\mathrm{d}x.$$

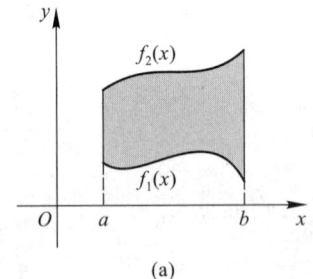
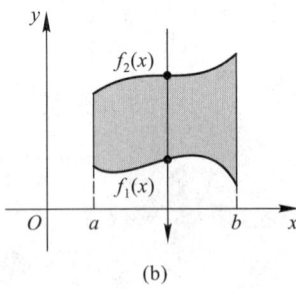

图 3-8

由定积分的性质，上式还可以表示为

$$A = \int_{a}^{b} [f_2(x) - f_1(x)]\mathrm{d}x. \tag{3-1}$$

我们已经会求解定积分了，因此求图形的面积的关键是要将其表达成定积分的形式．具体做

法是:首先观察图形中自变量 x 的取值范围,x 取到的最小值 a 就是定积分的下限,x 取到的最大值 b 就是定积分的上限,这样就将定积分的上、下限确定下来了(注意虽然定积分的定义中没有规定积分上限一定要大于积分下限,但在求图形的面积时要求积分上限一定要大于积分下限,即 $a<b$);接下来要确定被积函数,方法是过积分区间 $[a,b]$ 上任意一点自上而下作一条垂直于 x 轴的垂直线,如图 3-8(b),先与该垂直线相交的曲线就是公式(3-1)中的 $y=f_2(x)$,后与该垂直线相交的曲线就是公式(3-1)中的 $y=f_1(x)$,从而将图形的面积用定积分表示出来.

【例 1】 求由曲线 $xy=1$ 和直线 $y=x,x=2$ 所围成的图形的面积.

解 (1)作图,并求出各交点的坐标,如图 3-9(a)所示,交点为
$$A(1,1), B(2,2), C\left(2,\frac{1}{2}\right).$$

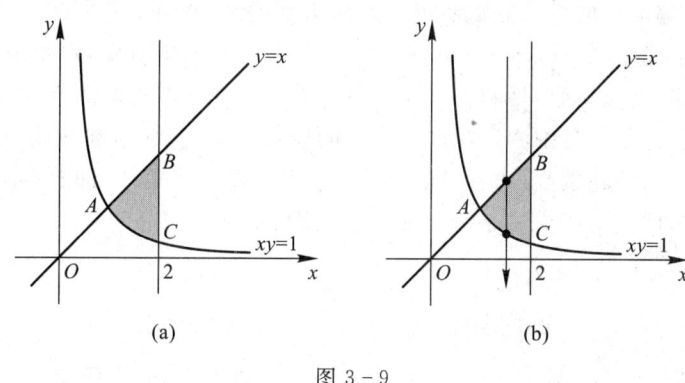

图 3-9

(2) 通过观察得知 x 的取值范围为 $[1,2]$,即积分下限为 1,积分上限为 2.

(3) 过 $[1,2]$ 上任一点自上而下作一条垂直于 x 轴的垂直线,如图 3-9(b)所示,先后分别与 $y=x$ 和 $xy=1$ 相交,故得面积为
$$A=\int_1^2\left(x-\frac{1}{x}\right)\mathrm{d}x.$$

因为
$$\int\left(x-\frac{1}{x}\right)\mathrm{d}x=\int x\mathrm{d}x-\int\frac{1}{x}\mathrm{d}x=\frac{1}{2}x^2-\ln|x|+C,$$

所以
$$A=\int_1^2\left(x-\frac{1}{x}\right)\mathrm{d}x=\left(\frac{1}{2}x^2-\ln|x|\right)\Big|_1^2=\frac{3}{2}-\ln 2.$$

注意上题的解题步骤,以下各题不再详细写出步骤.

【例 2】 求由曲线 $y=x^2+3$ 和直线 $x=1$ 以及 x,y 轴所围成的图形的面积.

解 如图 3-10 所示,面积
$$A=\int_0^1(x^2+3)\mathrm{d}x.$$

因为
$$\int(x^2+3)\mathrm{d}x=\frac{1}{3}x^3+3x+C,$$

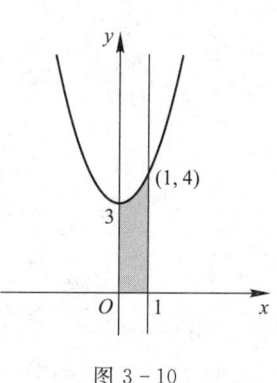

图 3-10

所以
$$A = \int_0^1 (x^2+3)\,dx = \left(\frac{1}{3}x^3+3x\right)\Big|_0^1 = \frac{10}{3}.$$

类似地,对于由曲线 $x=g_1(y), x=g_2(y)$ 和直线 $y=c, y=d(c<d)$ 围成的平面图形(如图 3-11)的面积应为
$$A = \int_c^d [g_2(y) - g_1(y)]\,dy.$$

注:此时的积分变量是 y,请读者自己推导完成.

2. 求旋转体的体积

如果将本章第一节中的图 3-1 绕 x 轴旋转一周将得到一个旋转体,该旋转体也是不规则的,现在按照求曲边梯形的面积的方法步骤:分割、近似替代、求和、取极限,来求它的体积.

过 (a,b) 内任意相隔为 $\Delta x(\Delta x \to 0)$ 的两点作垂直于 x 轴的垂直面,由于 $\Delta x \to 0$,则该旋转体夹在两垂直面间的部分可以近似地看作是个圆柱,先用圆柱的体积近似替代该部分小的旋转体的体积,从而 $v \approx \pi f^2(\xi)\Delta x$,其中 ξ 为两垂直面间的任意一点,$f(\xi)$ 为圆柱底面的半径,$\pi f^2(\xi)$ 为圆柱底面的面积,Δx 为圆柱的高. 再在 (a,b) 内其他部分做类似工作,即分割. 然后再近似替代、求和、取极限,该旋转体的体积应该是一个和式的极限,根据定积分的定义,该旋转体的体积可以表示为
$$V = \int_a^b \pi f^2(x)\,dx = \pi \int_a^b f^2(x)\,dx.$$

【例 3】 设某图形由曲线 $y=x^2$ 和直线 $x=1, x=2$ 以及 x 轴所围成,求该图形绕 x 轴旋转一周所得到的旋转体的体积.

解 如图 3-12 所示,

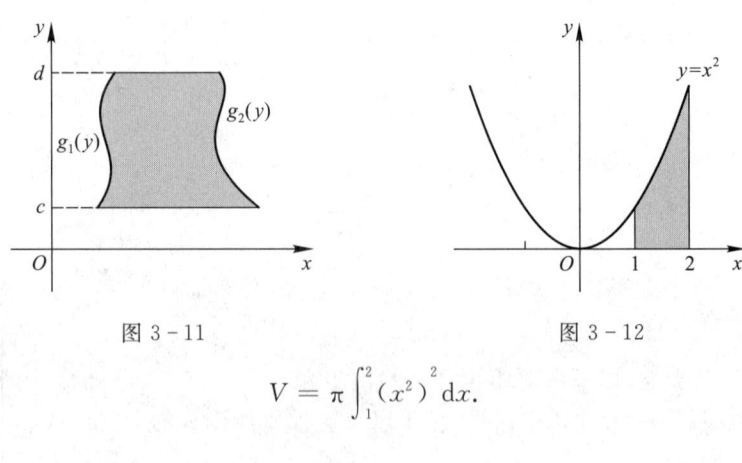

图 3-11　　　　图 3-12

$$V = \pi \int_1^2 (x^2)^2\,dx.$$

因为
$$\int x^4\,dx = \frac{1}{5}x^5 + C,$$

所以
$$V = \pi \int_1^2 (x^2)^2\,dx = \frac{\pi}{5}x^5 \Big|_1^2 = \frac{31}{5}\pi.$$

【例 4】 设某图形由曲线 $y=x^2$ 和 $y=x$ 所围成,求该图形绕 x 轴旋转一周所得到的旋转体

的体积.

解 如图 3-13 所示,该旋转体的体积可以看作是由 $y=x,x=1$ 以及 x 轴所围成的图形绕 x 轴旋转一周所得到的旋转体与由 $y=x^2,x=1$ 以及 x 轴所围成的图形绕 x 轴旋转一周所得到的旋转体的体积之差,则

$$V = \pi \int_0^1 x^2 dx - \pi \int_0^1 (x^2)^2 dx$$
$$= \pi \int_0^1 (x^2 - x^4) dx.$$

因为

$$\int (x^2 - x^4) dx = \frac{1}{3}x^3 - \frac{1}{5}x^5 + C,$$

所有

$$V = \pi \int_0^1 (x^2 - x^4) dx = \pi \left(\frac{1}{3}x^3 - \frac{1}{5}x^5\right)\bigg|_0^1 = \frac{2}{15}\pi.$$

类似地,对于如图 3-14 所示的图形绕 y 轴旋转一周所得到的旋转体的体积为

$$V = \int_c^d \pi g^2(y) dy = \pi \int_c^d g^2(y) dy.$$

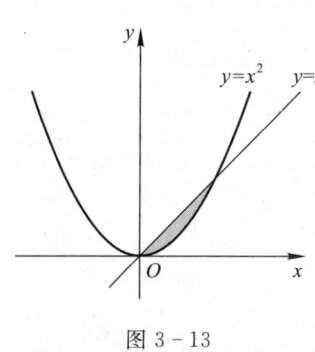

图 3-13

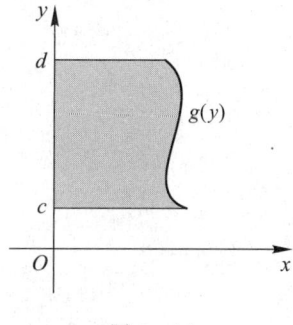

图 3-14

二、定积分在经济学中的应用

通过第二章微分学的学习,我们知道对已知的经济函数(如成本函数、利润函数等)求导后就是它们的边际函数.经过积分学的学习,若知道它们的边际函数,我们完全可以求出相应的经济函数,现通过例题来说明.

【**例 5**】 某汽车公司制造某型号汽车的日边际成本为

$$C'(Q) = 3Q^2 - 12Q + 300 \quad (单位:美元/辆),$$

其中,Q 表示生产该型号汽车的日产量.若生产这种型号的汽车的固定成本为 10 000 美元/天,求:

(1) 生产该型号汽车的总成本函数;

(2) 若该公司现在每天生产该型号汽车 100 辆,如果想每天生产 150 辆,则公司需增加的总成本是多少?

解 (1) 根据边际成本函数 $C'(Q)$ 的定义得,成本函数 $C(Q)$ 与边际成本函数 $C'(Q)$ 的关系为:

$$C(Q) = \int C'(Q) dQ$$

$$= \int (3Q^2 - 12Q + 300) \mathrm{d}Q$$
$$= Q^3 - 6Q^2 + 300Q + C.$$

又因为生产这种型号的汽车的固定成本为 10 000 美元/天,即 $C(0) = 10\ 000$,代入上式得 $C = 10\ 000$,所以每天生产该型号汽车的总成本函数为

$$C(Q) = Q^3 - 6Q^2 + 300Q + 10\ 000.$$

(2) 由定积分的定义得,从每天生产 100 辆到每天生产 150 辆所需要增加的成本为

$$\int_{100}^{150} (3Q^2 - 12Q + 300) \mathrm{d}Q = (Q^3 - 6Q^2 + 300Q) \Big|_{100}^{150}$$
$$= 231.5(万美元).$$

【例 6】 已知某种产品的边际成本为

$$C'(Q) = 4 + \frac{Q}{4} \quad (Q \text{ 为该产品的产量,单位为:百件}),$$

边际收入为

$$R'(Q) = 8 - Q,$$

求生产该产品由 3 个单位增加到 4 个单位时,所得的利润增加多少?(单位:万元)

解 边际利润

$$L'(Q) = R'(Q) - C'(Q)$$
$$= 8 - Q - 4 - \frac{Q}{4}$$
$$= 4 - \frac{5}{4}Q,$$

从而利润函数为

$$L(Q) = \int L'(Q) \mathrm{d}Q$$
$$= \int \left(4 - \frac{5}{4}Q\right) \mathrm{d}Q$$
$$= 4Q - \frac{5}{8}Q^2 + C.$$

很明显,若不生产,一定没有利润,即 $L(0) = 0$,代入上式得 $C = 0$,所以利润函数

$$L(Q) = 4Q - \frac{5}{8}Q^2.$$

故生产该产品由 3 个单位增加到 4 个单位时,所得的利润增加了

$$\int_3^4 \left(4 - \frac{5}{4}Q\right) \mathrm{d}Q$$
$$= \left(4Q - \frac{5}{8}Q^2\right) \Big|_3^4$$
$$= -\frac{3}{8}.$$

我们发现生产 3 个单位的产品后再多生产 1 个单位的产品,利润不仅不增,反而减少.原因很简单,在微分学中我们就介绍过,最大利润是在边际利润为 0 处取得,即 $L'(Q) = 0$ 时.就本题

而言,得 $4-\frac{5}{4}Q=0$,即 $Q=3.2$ 时所得的利润是最大的,故由 3 个单位增加到 4 个单位时,所得的利润不仅不会增加反而减少.

三、定积分在物理学中的应用

定积分在物理学中,也有广泛的应用,如求变力作功、液体的压力、变速物体的行驶路程等,现举例来介绍.

【例 7】 设有一个半径为 5 m 的半球形水池,池内装满了水.现欲将池中的水抽空,问需要作多少功?

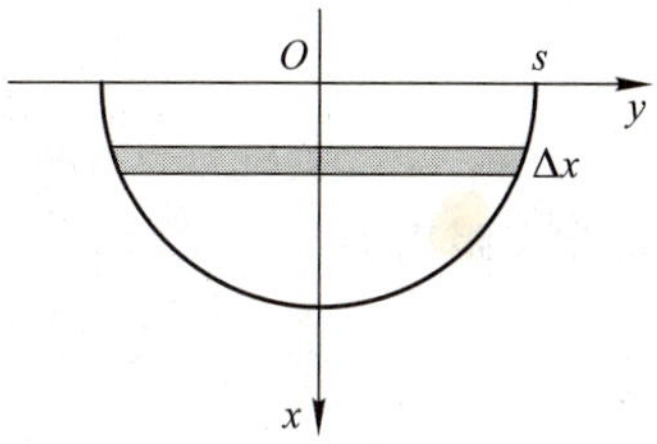

解 建立如图 3-15 所示的坐标系.先求抽出高度为 Δx(Δx 很小,即 $\Delta x \to 0$)的水所需作的功.

高度为 Δx 的水的体积为
$$\Delta V \approx \pi y^2 \Delta x = \pi(25-x^2)\Delta x;$$
高度为 Δx 的水的重力为
$$\rho g \pi(25-x^2)\Delta x,$$
其中取水的密度为 $\rho = 1\,000$ kg/m³,重力加速度为 $g = 9.8$ m/s².

图 3-15

根据定积分的定义得,要将池中的水抽空所需作功为
$$\begin{aligned}
W &= \int_0^5 \rho g \pi x(25-x^2)\mathrm{d}x \\
&= \rho g \pi \int_0^5 x(25-x^2)\mathrm{d}x \\
&= \rho g \pi \int_0^5 (25x-x^3)\mathrm{d}x \\
&= \rho g \pi \left(\frac{25}{2}x^2 - \frac{1}{4}x^4\right)\bigg|_0^5 \\
&= 15\,723 \text{ (J)}.
\end{aligned}$$

【例 8】 一辆汽车正以 90 km/h 的速度行驶,假设司机看到前方距离 50 m 处有一小孩在玩耍,司机立即以 -5 m/s² 的加速度减速停车,问:这个小孩是否有危险?若该辆汽车是以 80 km/h 的速度行驶,小孩是否有危险?

解 易知,90 km/h = 25 m/s.

汽车的加速度为 $a = -5$ m/s²,根据加速度与速度的关系得:
$$v(t) = \int a \mathrm{d}t = \int -5 \mathrm{d}t = -5t + C.$$
又因为开始时,汽车的速度为 25 m/s,即 $v(0) = 25$,得 $C = 25$.从而
$$v(t) = 25 - 5t.$$
此时汽车停下需要的时间,应为
$$v(t) = 25 - 5t = 0,$$
得 $t = 5$ s.所以此时汽车的刹车距离为
$$s = \int_0^5 v(t)\mathrm{d}t = \int_0^5 (25-5t)\mathrm{d}t$$

$$= 62.5 > 50.$$

所以,该小孩有危险.

若汽车以 80 km/h 的速度行驶时,易知

$$80 \text{ km/h} = \frac{200}{9} \text{m/s}.$$

此时

$$v(t) = \frac{200}{9} - 5t,$$ 用与上述同样的方法可得汽车停下所需时间为

$$t = \frac{40}{9} s.$$

于是得刹车距离为

$$s = \int_0^{\frac{40}{9}} v(t) dt = \int_0^{\frac{40}{9}} \left(\frac{200}{9} - 5t\right) dt = \frac{4\,000}{81} \approx 49.38 < 50,$$

所以,当该辆汽车以 80 km/h 的速度行驶时,小孩有惊无险.由该例我们得知,在其他条件相同的情况下(如加速度、距离、路况等)车辆行驶的速度越快,出现意外的可能性就越大,因此,我们在驾驶时,一定不要开得过快.

习题 3-3

1. 求下列图形的面积.

   (1) 求由曲线 $y = \sin x$ 与直线 $y = \frac{2}{\pi} x$ 所围第一象限图形的面积;

   (2) 求椭圆 $\frac{x^2}{a^2} + \frac{y^2}{b^2} = 1$ 所围图形的面积;

   (3) 设平面图形 D 由曲线 $y = \frac{1}{x}$、直线 $x = 1, x = 2$ 及 x 轴所围成,求该平面图形的面积;

   (4) 某平面图形由抛物线 $y = x^2$ 与直线 $y = x$ 围成,试求平面图形的面积.

2. 求下列旋转体的体积.

   (1) 设平面图形 D 由曲线 $y = x^3 (x > 0), y = 1$ 所围成,求该平面图形绕 x 轴旋转一周所得旋转体的体积 V_x;

   (2) 某平面图形由抛物线 $y = x^2$ 与直线 $x = 3$ 及 x 轴围成,试求该平面图形绕 x 轴旋转一周所形成的旋转体的体积 V_x;

   (3) 某平面图形由抛物线 $y = x^2$ 与直线 $y = x$ 围成,试求该平面图形绕 y 轴旋转一周所形成的旋转体的体积 V_y;

   (4) 设 D 表示由两条抛物线 $y^2 = -4(x-1)$ 和 $y^2 = -2(x-2)$ 所围成的平面区域,求该平面图形绕 y 轴旋转所得旋转体的体积.

3. 某产品每天 Q 单位时的固定成本为 200 元,边际成本函数为

$$C'(Q) = 0.6Q + 100 (\text{元/单位}),$$

求总成本函数 $C(Q)$.

4. 设生产某产品 Q 单位时,边际收益函数为

$$R'(Q) = 600 - \frac{Q}{20},$$

求生产 Q 单位时,总收益函数为 $R(Q)$.

5. 设有一个弹簧,原长为 10 cm,已知 40 N 的力使弹簧从原长拉伸至 15 cm 长,如果把弹簧从 15 cm 长拉伸至 18 cm 长,计算所作的功.

6. 一个横放着的圆柱形水桶(即水桶是躺着的),桶内盛有半桶水.设桶的底半径为 R,水的密度为 ρ,计算桶的一个端面上所受的压力.

第四节 数学实验三

在 MATLAB 的符号运算工具箱中,符号积分由函数 int 来实现,其调用格式如表 3-2 所示.

表 3-2 求积分的命令

数学表达式	MATLAB命令	数学表达式	MATLAB命令
$\int f(x) \mathrm{d}x$	int(f)	$\int_a^b f(x) \mathrm{d}x$	int(f,a,b)
$\int f(u,v) \mathrm{d}v$	int(f,v)	$\int_a^b f(u,v) \mathrm{d}v$	int(f,v,a,b)

【例 1】 求不定积分 $\int (1 + x^2 - 2^x) \mathrm{d}x$.

解 MATLAB 操作命令:
```
>> clear all;
>> syms x;
>> f = 1 + x^2 - 2^x;
>> int(f)
ans =
    x + 1/3 * x^3 - 1/log(2) * 2^x
```

【例 2】 求不定积分 $\int \dfrac{1}{\sqrt{1-t^2}} \mathrm{d}t$.

解 MATLAB 操作命令:
```
>> clear all;
>> syms t;
>> f = 1/sqrt(1 - t^2);
>> int(f,t)
ans =
    asin(t)
```

【例 3】 求不定积分 $\int \dfrac{1}{a^2 + x^2} \mathrm{d}x \quad (a \neq 0)$.

解 MATLAB 操作命令:
```
>> clear all;
>> syms a x;
```

```
>> f = 1/(a^2 + x^2);
>> int(f,x)
ans =
    1/a * atan (x/a)
```

【例 4】 求不定积分 $\int x^2 e^x dx$.

解 MATLAB 操作命令：
```
>> clear all;
>> syms x;
>> f = x^2 * exp(x);
>> int(f)
ans =
    x^2 * exp(x) - 2 * x * exp(x) + 2 * exp(x)
```

【例 5】 求定积分 $\int_0^1 x e^x dx$.

解 MATLAB 操作命令：
```
>> clear all;
>> syms x;
>> f = x * exp(x);
>> int(f,0,1)
ans =
    1
```

【例 6】 求定积分 $\int_0^1 t^2 dt$.

解 MATLAB 操作命令：
```
>> clear all;
>> syms t;
>> f = t^2;
>> int(f,t,0,1)
ans =
    1/3
```

【例 7】 求定积分 $\int_0^{+\infty} \frac{1}{1+x^2} dx$.

解 MATLAB 操作命令：
```
>> clear all;
>> syms x;
>> f = 1/(1 + x^2);
>> int(f,0, + inf)
ans =
```

1/2 * pi

注:虽然这种类型在前面没有介绍,但同样可以运用 MATLAB 来解决,其含义可参照本章第五节中的例 4 来理解.

【例 8】 设 $f(x)=\begin{cases}\sqrt[3]{x}, & x<1,\\ e^{-x}, & x\geq1,\end{cases}$ 计算 $\int_0^3 f(x)\mathrm{d}x.$

解 MATLAB 操作命令:
```
>> clear all;
>> syms x;
>> f1 = x^(1/3);f2 = exp(-x);
>> int(f1,0,1) + int(f2,1,3)
ans =
    3/4 - exp(-3) + exp(-1)
```

【例 9】 求极限 $\lim\limits_{x\to 0}\dfrac{\int_0^x \sin^2 t\mathrm{d}t}{x^3}.$

解 MATLAB 操作命令:
```
>> clear all;
>> syms x t;
>> f1 = sin(t)^2;
>> f2 = x^3;
>> p = int(f1,t,0,x),q = p/f2, limit(q,0)
p =
    -1/2 * cos(x) * sin(x) + 1/2 * x
q =
    (-1/2 * cos(x) * sin(x) + 1/2 * x)/x^3
ans =
    1/3
```

第五节　实　用　举　例

一、商场客流量的估算

【例 1】 某世界知名品牌的商场,在我国某二线城市新开一家连锁店,在开业庆典期间进行酬宾活动以扩大宣传吸引顾客,总共约 6 万人光顾了商场. 该商场的工作人员进行了统计,发现每 A 个第一次来商场的顾客中,t 月后即在第 $t+1$ 月还有 $Af(t)$ 个顾客光顾商场,又经研究发现 $f(t)$ 与函数 $e^{-\frac{t}{20}}$ 相当吻合. 另根据研究人员的经验,估计每月会有约 1 000 位新顾客. 现该商场的市场部经理想知道 20 个月以后,即第 21 个月内的客流量,以便决策营销策略.

解 该商场在开业庆典期间的 6 万顾客中,第 21 个月还来商场购物的有

$$G_1 = 60\,000 f(20) = 60\,000\,\mathrm{e}^{-\frac{20}{20}} = 60\,000\mathrm{e}^{-1}(人).$$

在每个小的时间段 Δt 内成为该商场新顾客的有 $1\,000\Delta t$,而这些新顾客在 $(20-t)$ 个月后还来该商场购物的人数为

$$1\,000 f(20-t)\Delta t = 1\,000\,\mathrm{e}^{-\frac{20-t}{20}}\Delta t = 1\,000\,\mathrm{e}^{\frac{t}{20}-1}\Delta t.$$

由定积分的定义知,从现在算起,20 个月内新增加的顾客中在第 21 个月仍来该商场消费的人数为

$$G_2 = \int_0^{20} 1\,000\,\mathrm{e}^{\frac{t}{20}-1}\,\mathrm{d}t.$$

从而在第 21 个月该商场的客流量应为
$$G = G_1 + G_2 + 1\,000,$$

所以

$$\begin{aligned}G &= 60\,000\mathrm{e}^{-1} + \int_0^{20} 1\,000\,\mathrm{e}^{\frac{t}{20}-1}\,\mathrm{d}t + 1\,000 \\ &= 21\,000 + 4\,000\mathrm{e}^{-1}.\end{aligned}$$

照这样的状况,该商场的客流量将如何呢？需不需要采取什么措施？这就需要考查在 T 个月后的客流量了.

一般地,T 个月后的顾客总数为:

$$\begin{aligned}G(T) &= 60\,000\mathrm{e}^{-\frac{T}{20}} + \int_0^T 1\,000\,\mathrm{e}^{-\frac{T-t}{20}}\,\mathrm{d}t + 1\,000 \\ &= 40\,000\mathrm{e}^{-\frac{T}{20}} + 21\,000.\end{aligned}$$

从结果上来看,随着时间的推移,该商场每月的顾客总量呈下降趋势,故该商场应该采取一定的措施,如宣传等,以吸引顾客,增加客流量.

二、交通路口黄灯闪烁时间的确定

【例 2】 2012 年 8 月 21 日公安部部长办公会议通过于 2012 年 10 月 8 日发布的修订版《机动车驾驶证申领和使用规定》,以其对违章驾驶员的严厉惩罚被人们称为"史上最严交规",其中涉及闯黄灯的严厉处罚.

交通路口有红、黄、绿三种颜色信号,黄灯是绿灯与红灯的一个过渡,黄灯信号的一个重要作用就是当机动车行驶到路口时,提醒驾驶员注意红绿灯信号,当遇到红灯时应立即停车,但已经越过停止线的车辆可以继续行驶. 为了使黄灯发挥应有的作用,就应该让它闪烁适当的时间,这个时间不能过长,也不能过短,那么如何来确定黄灯闪烁的时间呢？

解 为了便于描述,如图 3 - 16 所示,假设某机动车自南向北行驶通过一个设置红绿灯的路口时,遇到了黄灯,该路口的宽度为 D. 此时设驾驶员开始停车,停车是需要时间的,设这段时间内车辆的行驶距离为 L,而 L 应该包括两部分,一部分是驾驶员发现黄灯闪烁时起至他判断应当刹车的反应时间内行驶的距离 L_1,另一部分是机动车

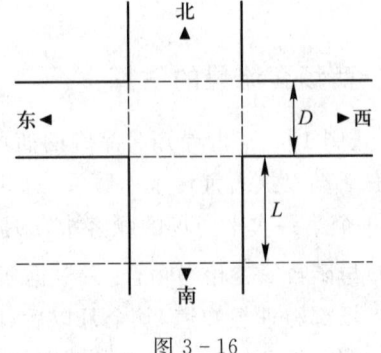

图 3 - 16

从制动后到完全停下来车辆行驶的距离,即刹车距离 L_2. 根据交通部门对驾驶员平均反应时间的研究,该反应时间为 t_1,而在城市不同路况的道路上车辆的行驶速度都是有相应的规定的. 假设该路口限速为 v_1,易得 $L_1 = v_1 t_1$. 由本章第三节例 8 知,假设驾驶员以加速度为 $-a$ 刹车,刹车时的时间记为 $t=0$,则

$$v'(t) = -a, v(t) = \int (-a) \mathrm{d}t = -at + C,$$

又由 $v(0) = v_1$,得 $C = v_1$,所以

$$v(t) = v_1 - at.$$

令 $v(t) = v_1 - at = 0$ 得刹车所需时间为 $t_2 = \dfrac{v_1}{a}$,从而刹车距离为

$$\begin{aligned} L_2 &= \int_0^{t_2} v(t) \mathrm{d}t = \int_0^{t_2}(v_1 - at)\mathrm{d}t = \int_0^{\frac{v_1}{a}}(v_1 - at)\mathrm{d}t \\ &= \left(v_1 t - \frac{1}{2}at^2\right)\Big|_0^{\frac{v_1}{a}} \\ &= \frac{1}{2a}v_1^2. \end{aligned}$$

从而黄灯闪烁的时间应为

$$\begin{aligned} T &= \frac{D+L}{v_1} = \frac{D+L_1+L_2}{v_1} \\ &= \frac{D+v_1 t_1 + \dfrac{v_1^2}{2a}}{v_1} \\ &= \frac{D}{v_1} + t_1 + \frac{v_1}{2a}. \end{aligned}$$

交通部门根据各个城市的交通状况,利用这个式子来设置各个路口的黄灯闪烁的时间.

三、交流电的平均功率的确定

【例 3】 当电流是流经电阻为 R、电流强度为 I 为直流电时,消耗在负载电阻 R 上的电流功率为 $P = I^2 R$. 倘若是交流电,它的功率是随时间的变化而变化的,那么它的平均功率是多少?

解 由于直流电电流 I 是常数,不随时间的变化而变化,所以直流电的功率也是不变的,因此在时间 T 内消耗在电阻 R 上的电流的功为

$$W = PT = I^2 RT.$$

对于交流电 $i = i(t)$ 时,它是随着时间的变化而变化的,从而消耗在负载电阻 R 上的电流功率也随着时间的变化而变化,则

$$P(t) = i^2(t)R,$$

则在很短的时间 Δt 内的功为

$$\Delta W = i^2(t) R \Delta t,$$

在时间 T 内消耗在电阻 R 上的电流所作的功为

$$W = \int_0^T P(t) \mathrm{d}t = \int_0^T i^2(t) R \mathrm{d}t,$$

则负载电阻 R 在时间 T 内的平均功率

$$\bar{P} = \frac{W}{T} = \frac{1}{T}\int_0^T i^2(t)R\,dt.$$

假设正弦交流电 $i(t) = I_m \sin \omega t$，代入上式得，它的平均功率为交流电的最大值 I_m 的直流电的功率的一半.

四、药物有效度的测定

【例 4】 平时生病时我们发现服下药物后并不是立即见效，而要经过一段时间才能看到效果. 这是因为药物必须先被血液系统吸收，然后才能在我们身体的各个部位发生作用. 医学上为了测量被血液系统利用的药物总量，一般是检测药物在尿液中的排泄速度 $f(t)$，$f(t)$ 必然是连续函数，由定积分的定义知，在服药 T 时间后，人体各部分的药物总量应为 $\int_0^T f(t)\,dt$. 在医学上，较为普遍的排泄速度函数为

$$f(t) = te^{-kt} \quad (k>0),$$

从而在服药 T 时间后，人体各部分的药物总量应为

$$D = \int_0^T te^{-kt}\,dt = \frac{1}{k^2} - e^{-kT}\left(\frac{T}{k} + \frac{1}{k^2}\right). \tag{3-2}$$

对于积分上限 T，在理论上是可以取到 $+\infty$ 的，此时

$$D = \int_0^{+\infty} te^{-kt}\,dt,$$

这是一反常积分，虽然它的求解方法我们没有介绍，但不难理解它的数值应该是(3-2)式的极限值，即

$$D = \int_0^{+\infty} te^{-kt}\,dt = \lim_{T\to +\infty}\int_0^T te^{-kt}\,dt = \lim_{T\to +\infty}\left[\frac{1}{k^2} - e^{-kT}\left(\frac{T}{k} + \frac{1}{k^2}\right)\right] = \frac{1}{k^2}.$$

这个结果与临床试验是相吻合的.

本 章 总 结

一、基本内容

1. 基本概念

定积分、原函数、不定积分、变上限函数等的定义.

2. 基本公式

微积分基本公式、不定积分公式、分部积分法公式、变上限函数求导公式、求面积和旋转体体积公式等.

二、基本方法

1. 积分方法

积分的直接积分法、凑微分法、换元积分法和分部积分法.

2. 基本思想

以"直"代"曲"、以"不变"代"变"的数学思想.

总复习题三

一、选择题.

1. 若 $F(x)$ 是 $f(x)$ 的一个原函数,则下列等式中成立的是( )

   A. $\int f'(x)\mathrm{d}x = F(x)+C$
   B. $\int F'(x)\mathrm{d}x = f(x)+C$
   C. $\int f(x)\mathrm{d}x = F(x)+C$
   D. $\int F(x)\mathrm{d}x = f(x)+C$

2. 函数 $f(x)=\mathrm{e}^{2x}-\mathrm{e}^{-2x}$ 的一个原函数是( )

   A. $(\mathrm{e}^x-\mathrm{e}^{-x})^2$
   B. $\dfrac{1}{2}(\mathrm{e}^x+\mathrm{e}^{-x})^2$
   C. $2(\mathrm{e}^{2x}-\mathrm{e}^{-2x})$
   D. $2(\mathrm{e}^{2x}+\mathrm{e}^{-2x})$

3. 设 $\varPhi(x)=\int_{x^3}^{x^2}\ln t\,\mathrm{d}t$,则 $\varPhi'(x)=$( )

   A. $\ln x^2-\ln x^3$
   B. $\ln x^2$
   C. $\ln x^2-\ln x^3$
   D. $2x\ln x^2-3x^2\ln x^3$

4. 设 $f(x)=\mathrm{e}^{-x}$,则 $\int\dfrac{f'(\ln x)}{x}\mathrm{d}x=$( )

   A. $\dfrac{1}{x}+C$ B. $\ln x+C$ C. $-\dfrac{1}{x}+C$ D. $-\ln x+C$

5. 由连续曲线 $y=f(x)$,直线 $x=a,x=b(a<b)$ 及 x 轴所围成的图形面积 $A=$( )

   A. $\int_a^b f(x)\mathrm{d}x$
   B. $\left|\int_a^b f(x)\mathrm{d}x\right|$
   C. $\int_a^b|f(x)|\mathrm{d}x$
   D. $\dfrac{b-a}{2}[f(a)+f(b)]$

*6. 设 $f(x),g(x)$ 在 $[a,b]$ 上连续,且 $g(x)<f(x)<m$(m 为常数),则由曲线 $y=f(x),y=g(x)$ 及直线 $x=a,x=b$ 所围成的平面图形绕直线 $y=m$ 旋转而成的旋转体体积 $V=$( )

   A. $\int_a^b \pi[2m-f(x)+g(x)][f(x)-g(x)]\mathrm{d}x$

   B. $\int_a^b \pi[2m-f(x)-g(x)][f(x)-g(x)]\mathrm{d}x$

   C. $\int_a^b \pi[m-f(x)+g(x)][f(x)-g(x)]\mathrm{d}x$

   D. $\int_a^b \pi[m-f(x)-g(x)][f(x)-g(x)]\mathrm{d}x$

二、填空题.

1. 如果 $\left(\int f(x)\mathrm{d}x\right)'=\sin x$,则 $f'(x)=$ _____.

2. 设 $f'(\ln x)=1+x$,则 $f(x)=$ _____.

3. $\int\left(1-\dfrac{1}{\cos^2 x}\right)\mathrm{d}(\cos x)=$ _____.

4. $\int_{-1}^{1} \dfrac{x}{1+x^2} dx = $ _____.

5. 若 $\int f(x)dx = F(x) + C$，则 $\int f(e^x)e^x dx = $ _____.

6. 通过点 $(2,8)$ 的积分曲线 $y = \int 3x^2 dx$ 的方程是 _____.

三、求解下列各题.

1. 求下列不定积分：

(1) $\int \dfrac{dx}{x^2(1-x^2)}$；

(2) $\int \dfrac{\ln^5 x}{x} dx$；

(3) $\int e^{\cos x} \sin x\, dx$；

(4) $\int x \ln x\, dx$；

(5) $\int \dfrac{\sqrt[3]{x}}{x(\sqrt{x}+\sqrt[3]{x})} dx$；

(6) $\int \dfrac{\ln(\ln x)}{x \ln x} dx$；

(7) $\int \dfrac{1+\cos x}{x+\sin x} dx$；

(8) $\int x^2 e^{-x} dx$.

2. 求下列定积分：

(1) $\int_0^{\pi/2} \dfrac{\cos x}{1+2\sin x} dx$；

(2) $\int_1^3 \sqrt{x^2-4x+4}\, dx$；

(3) $\int_4^9 \dfrac{1}{x-\sqrt{x}} dx$；

(4) $\int_0^1 x \arctan x\, dx$.

*3. 求下列极限：

(1) $\lim\limits_{x \to 0} \dfrac{\int_0^x \sin t^2\, dt}{x^3}$；

(2) $\lim\limits_{x \to 0} \dfrac{\int_0^{x^2} \cos t\, dt}{\ln(1+x^2)}$；

(3) $\lim\limits_{x \to +\infty} \dfrac{\int_2^x (\arctan t)^2\, dt}{\sqrt{x^2+1}}$；

(4) $\lim\limits_{x \to 0} \dfrac{\int_0^{x^2} t f(t)\, dt}{x^4}$，其中 $f(x)$ 连续.

4. 某平面图形由抛物线 $y=\sqrt{x}$ 与直线 $y=x$ 围成，试求：

(1) 该平面图形的面积；

(2) 该平面图形绕 x 轴旋转一周所形成的旋转体的体积.

5. 某种产品的总成本 C（万元）的变化率是产量 Q（百台）的函数 $C'(Q) = 4 + \dfrac{Q}{4}$，总收入 R（万元）的变化率是产量 Q 的函数 $R'(Q) = 8 - Q$.

(1) 求产量由 100 台增加到 500 台总成本与总收入的增加值；

(2) 产量为多少时，总利润最大？

(3) 已知固定成本 $C(0) = 1$（万元），分别求总成本、总利润与产量 Q 的函数关系式；

(4) 求利润最大时的总利润、总成本与总收入.

6. (1) 已知 $f(x)$ 满足 $f(x) = 3 - x\int_0^1 f(x)dx$，求 $f(x)$；

(2) 已知 $f(x)$ 的一个原函数为 $\tan 2x$，求 $\int x f'(x) dx$.

阅读资料　17世纪的亚里士多德——莱布尼茨

莱布尼茨是德国最重要的自然科学家、数学家、物理学家、历史学家和哲学家,是一位举世罕见的科学天才,被誉为17世纪的亚里士多德.他与牛顿先后独立发明了微积分,同为微积分的创建人."世界上没有两片完全相同的树叶"就是出自他之口,他还是最早研究中国文化和中国哲学的德国人,对丰富人类的科学知识宝库做出了不可磨灭的贡献.然而,由于他创建了微积分,并精心设计了非常巧妙简洁的微积分符号,从而使他以伟大数学家的称号闻名于世.

公元1646年7月1日,莱布尼茨出生于德国东部莱比锡的一个书香之家,父亲是莱比锡大学的道德哲学教授,母亲出身于教授家庭,虔信路德新教.莱布尼茨的父母亲自做孩子的启蒙教师,耳濡目染使莱布尼茨从小就十分好学,并有很高的天赋,幼年时就对诗歌和历史有着浓厚的兴趣.

莱布尼茨的父亲在他年仅6岁时便去世了,给他留下了比金钱更宝贵的丰富的藏书,知书达理的母亲担负起了儿子的幼年教育.莱布尼茨因此得以广泛接触古希腊罗马文化,阅读了许多著名学者的著作,由此而获得了坚实的文化功底和明确的学术目标.

8岁时,莱布尼茨进入尼古拉学校,学习拉丁文、希腊文、修辞学、算术、逻辑、音乐以及《圣经》、路德教义等.从幼年时代起,莱布尼茨就明显展露出一颗灿烂的思想明星的迹象.他13岁时就像其他孩子读小说一样轻松地阅读经院学者的艰深的论文了.

1661年,15岁的莱布尼茨进入莱比锡大学学习法律,一进校便跟上了大学二年级标准的人文学科的课程,他还抓紧时间学习哲学和科学.1663年5月,他以《论个体原则方面的形而上学争论》一文获学士学位.这期间莱布尼茨还广泛阅读了培根、开普勒、伽利略等人的著作,并对他们的著述进行深入的思考和评价.在听了教授讲授的欧几里得的《几何原本》的课程后,莱布尼茨对数学产生了浓厚的兴趣.莱布尼茨在数学方面的成就是巨大的,他的研究及成果渗透到高等数学的许多领域.他的一系列重要数学理论的提出,为后来的数学理论奠定了基础.

莱布尼茨曾讨论过负数和复数的性质,得出复数的对数并不存在,共轭复数的和是实数的结论.在后来的研究中,莱布尼茨证明了自己的结论是正确的.他还对线性方程组进行研究,对消元法从理论上进行了探讨,并首先引入了行列式的概念,提出行列式的某些理论,此外,莱布尼茨还创立了符号逻辑学的基本概念.

第四章 常微分方程

名人名言 宇宙之大,粒子之微,火箭之速,化工之巧,地球之变,生物之谜,日用之繁,无处不用数学.

—— 华罗庚

本章导读 本章将对常微分方程及其求解方法进行探讨.每种常微分方程具有典型性,同一种类型,可以一题多解,善于区分它们的优缺点,从中总结经验.进一步熟练掌握各种方法的特点,以便"对号入座"多做练习,注意细节把握.由于常微分方程应用性强,还需注意理论与实际的联系.

第一节 常微分方程的基本概念

一、引入实例

引例 1 某曲线在任意点处的切线斜率为横坐标的 2 倍,且通过点 (1,4),求该曲线方程.

解 设所求曲线方程为 $y=y(x)$,由导数的几何意义及题意可知,应满足方程

$$\frac{dy}{dx}=2x, \tag{4-1}$$

两边积分,得

$$y=\int 2x\,dx=x^2+C \quad (C \text{ 为任意常数}).$$

将 $y(1)=4$ 代入得 $4=1^2+C$,即 $C=3$.所以,所求曲线方程为

$$y=x^2+3.$$

引例 2 质量为 m 的物体,受重力作自由落体运动,试求物体下落的距离随时间变化的规律.

解 设下落距离与时间的函数关系为 $s=s(t)$,选取坐标使 s 轴竖直向下,原点选在起始点,由牛顿定理与题意知,函数应满足

$$\begin{cases} \dfrac{d^2 s}{dt^2}=g, & (4-2) \\ s\big|_{t=0}=0, & (4-3) \\ \dfrac{ds}{dt}\bigg|_{t=0}=0, & (4-4) \end{cases}$$

对式 (4-2) 两边积分一次得

$$\frac{ds}{dt}=gt+C_1, \tag{4-5}$$

再积分一次得

$$s(t)=\frac{1}{2}gt^2+C_1t+C_2, \tag{4-6}$$

其中,C_1,C_2 为任意常数.

将式(4-3)、式(4-4)代入式(4-5)、式(4-6),解得 $C_1=0$,$C_2=0$,则所求的函数为

$$s(t)=\frac{1}{2}gt^2.$$

上述两例的方程都含有未知函数的导数,又如下面的方程:

(1) $y^{(4)}-x(y')^5+x^2=0$;

(2) $\dfrac{d^2u}{dv^2}-uv^3+u^2=0$;

(3) $ydx-xdy=dx$

都是微分方程. 微分方程的一般定义如下.

二、微分方程的基本概念

定义 1 含有未知函数的导数(或微分)的方程,称为**微分方程**(简称**方程**). 在这里讲的未知函数都是一元函数,这种微分方程称为**常微分方程**.

正如上面的几个例子,方程中可以出现任意阶数的导数,我们把微分方程中出现的未知函数最高阶导数的阶数,称为微分方程的**阶**. 例如,引例 1 中的方程(4-1),以及上述举例的方程(3)是一阶微分方程,上述举例的方程(1)是四阶微分方程,而引例 2 中的方程(4-2)和上述举例的方程(2)是二阶微分方程. 通常,n 阶微分方程的一般形式为

$$F(x,y,y',\cdots,y^{(n)})=0,$$

其中 x 是自变量,y 是未知函数.

定义 2 任何代入微分方程使其成为恒等式的函数称为微分方程的**解**.

例如,方程 $y'=2x$,我们将函数 $y=x^2+3$ 代入,方程两边相等,那么 $y=x^2+3$ 就是方程 $y'=2x$ 的解,其实 $y=x^2+C$(C 为任意常数)都是这个方程的解. 在引例 1 中,我们仅通过直接积分求出这个解. 它的几何意义就是满足斜率 $y'=2x$ 的所有的积分曲线 $y=x^2+C$(C 为任意常数).

再如二阶微分方程 $\dfrac{d^2s}{dt^2}=g$(见引例 2),同样采用求积分的方法,两次积分后可求得

$$s=\frac{1}{2}gt^2+C_1t+C_2 \quad (C_1,C_2 \text{ 为任意常数}).$$

不难看出,方程的阶数和解中任意常数 C 的个数息息相关.

定义 3 若微分方程的解中含有任意常数的个数与方程的阶数相同,且任意常数之间不能合并,则称此解为该方程的**通解**(或**一般解**).

很多时候,实际问题中却要我们求出某一个特定的解,这时候必须给出某些特定的条件,而且这些条件往往是由系统某一瞬间的状态所给出,称之为**初始条件**. 由初始条件求出的不含任何常数的特定的解称为微分方程适合初始条件的**特解**. 例如,例 1 中求斜率方程为 $y'=2x$、且过点

$(1,4)$ 的曲线,我们先求出方程的通解 $y=x^2+C$(C 为任意常数),再将条件 $y|_{x=1}=4$ 代入通解,得 $C=3$,此时满足初始条件下的特解为 $y=x^2+3$.

【例】 验证 $y=C_1 e^x+C_2 e^{-2x}$ 是方程 $y''+y'=2y$ 的通解,并求满足初始条件 $y|_{x=0}=3$, $y'|_{x=0}=0$ 的特解.

解 由 $y=C_1 e^x+C_2 e^{-2x}$ 得
$$y'=C_1 e^x-2C_2 e^{-2x},$$
$$y''=C_1 e^x+4C_2 e^{-2x},$$

将 y' 与 y'' 代入方程,
$$\text{左边}=C_1 e^x+4C_2 e^{-2x}+C_1 e^x-2C_2 e^{-2x}=2C_1 e^x+2C_2 e^{-2x}=2y=\text{右边},$$

且函数 y 中任意常数的个数为 2,等于方程的阶数,所以 $y=C_1 e^x+C_2 e^{-2x}$ 是方程 $y''+y'=2y$ 的通解.

将初始条件 $y|_{x=0}=3$ 代入 $y=C_1 e^x+C_2 e^{-2x}$,得
$$C_1+C_2=3;$$

同样,将 $y'|_{x=0}=0$ 代入 $y'=C_1 e^x-2C_2 e^{-2x}$,得
$$C_1-2C_2=0.$$

由上述 C_1,C_2 的两个方程解得 $C_1=2$,$C_2=1$,故所求特解为
$$y=2e^x+e^{-2x}.$$

因此,为了求出特解,方程的阶数是多少,就要给出多少个初始条件.

习题 4-1

1. 指出下列微分方程的阶数.

   (1) $y''+xy-x=3$;
   (2) $x\dfrac{dy}{dx}+y\sin x=6x^2$;
   (3) $(y')^3-y''=1$;
   (4) $y^{(4)}-2y'=\cos x$;
   (5) $\dfrac{d^2 y}{dx^2}-x=e^{2x}$;
   (6) $(y'')^3-x(y')^2-5x^2=1$.

2. 验证 $y=Cx^3$ 是方程 $xy'-3y=0$ 的通解(C 为任意常数),并求满足初始条件 $y(1)=\dfrac{1}{3}$ 的特解.

3. 验证 $y=C_1 x+C_2 e^x$ 是微分方程 $(1-x)y''+xy'-y=0$ 的通解.

第二节 一阶微分方程

一阶微分方程的一般形式为
$$F(x,y,y')=0.$$
下面我们介绍几种常见的一阶微分方程.

一、可分离变量的一阶微分方程

若方程可将变量 x,y 及其微分分列于等式两边,即可化为形如
$$g(y)dy=f(x)dx$$

的形式,称这种方程为**可分离变量的微分方程**.

因为方程中的变量可以完全地分离到等式两边,所以对于这样的方程,可以两边同时积分. 左边对 y 积分,右边对变量 x 求积分,即

$$\int g(y)\mathrm{d}y = \int f(x)\mathrm{d}x,$$

可得

$$G(y) = F(x) + C,$$

即不含导数(或微分)的等式,这就是方程的解.

【例 1】 求微分方程 $y' = \mathrm{e}^{x-y}$ 的通解.

解 化原方程为

$$\frac{\mathrm{d}y}{\mathrm{d}x} = \mathrm{e}^x \cdot \mathrm{e}^{-y},$$

分离变量,得

$$\mathrm{e}^y \mathrm{d}y = \mathrm{e}^x \mathrm{d}x,$$

两边积分,得

$$\int \mathrm{e}^y \mathrm{d}y = \int \mathrm{e}^x \mathrm{d}x,$$

即通解为

$$\mathrm{e}^y = \mathrm{e}^x + C.$$

【例 2】 求方程 $x(1+y^2)\mathrm{d}x - y(1+x^2)\mathrm{d}y = 0$ 满足初始条件 $y|_{x=0} = 2$ 的特解.

解 分离变量,得

$$\frac{x}{1+x^2}\mathrm{d}x = \frac{y}{1+y^2}\mathrm{d}y,$$

两边积分,得

$$\int \frac{x}{1+x^2}\mathrm{d}x = \int \frac{y}{1+y^2}\mathrm{d}y.$$

而

$$\text{左边} = \int \frac{x}{1+x^2}\mathrm{d}x = \frac{1}{2}\int \frac{1}{1+x^2}\mathrm{d}(1+x^2) = \frac{1}{2}\ln(1+x^2) + C_1,$$

$$\text{右边} = \int \frac{y}{1+y^2}\mathrm{d}y = \frac{1}{2}\ln(1+y^2) + C_2,$$

即

$$\frac{1}{2}\ln(1+x^2) = \frac{1}{2}\ln(1+y^2) + C_3,$$

整理后,得通解

$$1+x^2 = C(1+y^2) \quad (\text{其中 } C = \mathrm{e}^{2C_3}),$$

由 $y|_{x=0} = 2$,有

$$1+0^2 = C(1+2^2),$$

解得 $C = \dfrac{1}{5}$,将之代入通解,得满足初始条件的特解为

$$y^2 = 5x^2 + 4.$$

【例 3】 求方程 $y' = \dfrac{y}{x}$ 的通解.

解 分离变量,得
$$\frac{\mathrm{d}y}{y} = \frac{\mathrm{d}x}{x},$$

两边积分,得
$$\int \frac{\mathrm{d}y}{y} = \int \frac{\mathrm{d}x}{x},$$
$$\ln|y| = \ln|x| + C_1,$$

整理,得
$$\mathrm{e}^{\ln|y|} = \mathrm{e}^{\ln|x| + C_1},$$
$$|y| = |x| \cdot \mathrm{e}^{C_1},$$

所以
$$y = \pm \mathrm{e}^{C_1} x,$$

令 $C_2 = \pm \mathrm{e}^{C_1}$,则
$$y = C_2 x \quad (C_2 \neq 0).$$

另外,我们看出 $y = 0$ 也是方程的解,所以 $y = C_2 x$ 中的 C_2 可以等于零,因此 C_2 可作为任意常数. 这样,方程的通解为
$$y = Cx.$$

注:由上述例子我们可以看出,积分后的对数中虽然出现了绝对值,但是可以合并到任意常数 C 中去,这就跟积分后没加绝对值的效果一样. 因此,为方便起见,今后在求解微分方程过程中凡遇到积分后是对数的情形时,一律不加绝对值.

【例 4】 求方程 $xyy' = 1 - x^2$ 的通解.

解 分离变量,得
$$y\mathrm{d}y = \frac{1-x^2}{x}\mathrm{d}x,$$

两边积分,得
$$\int y\mathrm{d}y = \int \frac{1-x^2}{x}\mathrm{d}x,$$

即
$$\frac{1}{2}y^2 = \ln x - \frac{1}{2}x^2 + C_1,$$

整理得通解为
$$\mathrm{e}^{x^2 + y^2} = Cx^2.$$

二、一阶线性微分方程

形如
$$y' + p(x)y = q(x)$$

的方程称为**一阶线性微分方程**.

限于篇幅,我们直接给出方程 $y'+p(x)y=q(x)$ 的通解公式:

$$y = e^{-\int p(x)dx}\left[\int q(x)e^{\int p(x)dx}dx + C\right], \quad (4-7)$$

即求解一阶线性非齐次微分方程 $y'+p(x)y=q(x)$,可直接代入公式(4-7)求通解.

【例 5】 求方程 $y'-\dfrac{3}{x+1}y=(x+1)^4$ 的通解.

解 代入通解公式求解. 方程形如 $y'+p(x)y=q(x)$,其中

$$p(x)=-\frac{3}{x+1}, \quad q(x)=(x+1)^4,$$

所以,

$$y = e^{\int \frac{3}{x+1}dx}\left(\int (x+1)^4 e^{-\int \frac{3}{x+1}dx}dx + C\right),$$

即

$$y=(x+1)^3\left(\frac{1}{2}x^2+x+C\right).$$

【例 6】 求方程 $xy'+y=\sin x$ 满足初始条件 $y|_{x=\frac{\pi}{2}}=1$ 的特解.

解 将所给的方程改写成下列形式:

$$y'+\frac{y}{x}=\frac{\sin x}{x},$$

这是一个线性微分方程,形如 $y'+p(x)y=q(x)$,其中

$$p(x)=\frac{1}{x}, \quad q(x)=\frac{\sin x}{x},$$

所以,

$$y = e^{-\int \frac{1}{x}dx}\left(\int \frac{\sin x}{x}e^{\int \frac{1}{x}dx}dx + C\right),$$

即

$$y=\frac{1}{x}(-\cos x+C).$$

由 $y|_{x=\frac{\pi}{2}}=1$,得

$$\frac{2}{\pi}\left(-\cos\frac{\pi}{2}+C\right)=1,$$

于是 $C=\dfrac{\pi}{2}$. 所以方程满足 $y|_{x=\frac{\pi}{2}}=1$ 的特解为

$$y=\frac{1}{x}\left(-\cos x+\frac{\pi}{2}\right).$$

习题 4-2

1. 求下列微分方程的通解.

(1) $2x^2yy'=y^2+1$; (2) $xy'=y\ln y$;

(3) $y' + y\cos x = 0$;

(4) $y' - y = x^2 e^x$;

(5) $y' = 2x - y$;

(6) $y' + 2xy = xe^{-x^2}\sin x$.

2. 求微分方程 $xy\mathrm{d}x - (1+y^2)\sqrt{1+x^2}\mathrm{d}y = 0$ 满足初始条件 $y(0) = \dfrac{1}{\mathrm{e}}$ 的特解.

3. 求微分方程 $\dfrac{\mathrm{d}y}{\mathrm{d}x} + 5y = -4\mathrm{e}^{-3x}$ 满足初始条件 $y(0) = -4$ 的特解.

4. 求微分方程 $y' + \dfrac{1}{x}y = \dfrac{1}{x^2}$ 满足初始条件 $y|_{x=1} = 2$ 的特解.

第三节　二阶线性微分方程

形如
$$y'' + p(x)y' + q(x)y = f(x)$$
的微分方程称为**二阶线性微分方程**.

当 $f(x) \neq 0$ 时,
$$y'' + p(x)y' + q(x)y = f(x) \tag{4-8}$$
称为**二阶线性非齐次微分方程**；

当 $f(x) = 0$ 时,
$$y'' + p(x)y' + q(x)y = 0 \tag{4-9}$$
称为**二阶线性齐次微分方程**；

当系数 $p(x), q(x)$ 分别为常数 p 和 q 时,上述方程分别成为
$$y'' + py' + qy = f(x) \tag{4-10}$$
和
$$y'' + py' + qy = 0, \tag{4-11}$$
分别称为**二阶常系数线性非齐次微分方程**和**二阶常系数线性齐次微分方程**.

一、二阶线性微分方程解的结构

1. 二阶线性齐次微分方程解的结构

定理 1　设函数 y_1, y_2 是方程(4-9)的解,则函数 $y = C_1 y_1 + C_2 y_2$ (C_1, C_2 为任意常数)也是方程(4-9)的解.

这里要提醒的是函数 $y = C_1 y_1 + C_2 y_2$ 虽然是方程(4-9)的解,且从形式上看其含有两个任意常数,但它却不一定是方程的通解. 因为当 $\dfrac{y_1}{y_2} = k$(常数)时,
$$y = C_1 y_1 + C_2 y_2 = C_1 k y_2 + C_2 y_2 = (C_1 k + C_2) y_2,$$
而 $C_1 k + C_2$ 实际上是一个常数,故 $y = C_1 y_1 + C_2 y_2$ 也不是所求方程的通解. 为更清楚地阐明二阶线性微分方程解的结构,我们引进一个新的概念:函数的线性相关与线性无关.

定义 1　若 y_1, y_2 是两个任意函数,$\dfrac{y_1}{y_2} = $ 常数,则称 y_1, y_2 为**线性相关**,若 $\dfrac{y_1}{y_2} \neq $ 常数,则称 y_1, y_2 为**线性无关**.

例如 e^{-x} 与 e^{2x} 线性无关,$\cos^2 x$ 与 $\cos 2x + 1$ 线性相关.

下面给出二阶线性齐次微分方程通解的结构.

定理 2 设函数 y_1, y_2 是方程(4-9)的两个线性无关的特解,则函数 $y = C_1 y_1 + C_2 y_2$ (C_1, C_2 为任意常数)是方程(4-9)的通解.

例如,$y = C_1 e^{3x} + C_2 e^{-2x}$($C_1, C_2$ 为任意常数)是微分方程 $y'' - y' - 6y = 0$ 的通解,可验证 $y_1 = e^{3x}, y_2 = e^{-2x}$ 是方程 $y'' - y' - 6y = 0$ 的两个特解,而 $\dfrac{y_1}{y_2} = \dfrac{e^{3x}}{e^{-2x}} = e^{5x}$ 不是常数,即 y_1, y_2 是线性无关的,故由定理 2 知,$y = C_1 e^{3x} + C_2 e^{-2x}$($C_1, C_2$ 为任意常数)是微分方程 $y'' - y' - 6y = 0$ 的通解.

2. 二阶线性非齐次微分方程解的结构

定理 3 设函数 y^* 是二阶线性非齐次微分方程(4-8)的一个特解,函数 Y 是其对应的二阶线性齐次微分方程(4-9)的通解,则 $y = Y + y^*$ 是方程(4-8)的通解.

证明 因为 y^* 和 Y 分别是方程(4-8)与(4-9)的特解和通解,故有
$$(y^*)'' + p(x)(y^*)' + q(x)y^* = f(x),$$
$$Y'' + p(x)Y' + q(x)Y = 0.$$
将 $y = Y + y^*$ 代入方程(4-8),得
$$\text{左边} = (Y + y^*)'' + p(x)(Y + y^*)' + q(x)(Y + y^*)$$
$$= [Y'' + p(x)Y' + q(x)Y] + [(y^*)'' + p(x)(y^*)' + q(x)y^*]$$
$$= 0 + f(x) = f(x) = \text{右边}.$$
因此,$y = Y + y^*$ 是方程(4-8)的解,又 Y 是方程(4-9)的通解,且含有两个独立的任意常数,于是 $y = Y + y^*$ 中也含有两个独立的任意常数,由通解的定义知,$y = Y + y^*$ 是方程(4-8)的通解.

二、二阶常系数线性齐次微分方程

由定理 2 知,要求二阶常系数线性齐次微分方程(4-11)的通解,关键是找出其两个线性无关的特解. 由于 $y'' + py' + qy = 0$ 中 p, q 均为常数,而形如 $y = e^{rx}$ 的指数函数及其各阶导数都是自身的倍数,故我们设想方程 $y'' + py' + qy = 0$ 有形如 $y = e^{rx}$ 的解(其中 r 为待定常数).

将 $y = e^{rx}, y' = r e^{rx}, y'' = r^2 e^{rx}$ 代入方程(4-11),得
$$r^2 e^{rx} + p r e^{rx} + q e^{rx} = (r^2 + pr + q) e^{rx} = 0.$$
因为 $e^{rx} \neq 0$,故
$$r^2 + pr + q = 0.$$
由此可见,只要解出上述一元二次方程的根 r,就能得到方程 $y'' + py' + qy = 0$ 的解 e^{rx}.

定义 2 方程 $r^2 + pr + q = 0$ 称为二阶常系数线性齐次微分方程(4-11)的**特征方程**,特征方程的根称为**特征根**.

特征根有如下三种情况:

(1) 特征方程有两个不相等的实根 r_1, r_2,此时 $y_1 = e^{r_1 x}, y_2 = e^{r_2 x}$ 为方程(4-11)的两个线性无关的特解,因此方程(4-11)的通解为
$$y = C_1 e^{r_1 x} + C_2 e^{r_2 x} \quad (C_1, C_2 \text{ 为任意常数}).$$

(2) 特征方程有两个相等的实根 $r_1 = r_2$,此时方程只有一个特解 $y_1 = e^{r_1 x}$,我们还要寻

找另一个特解 y_2，可以证明，$y_2 = xe^{r_1 x}$ 是与 y_1 线性无关的一个特解，从而得到方程(4-11)的通解为

$$y = (C_1 + C_2 x)e^{r_1 x} \quad (C_1, C_2 \text{ 为任意常数}).$$

(3) 特征方程有一对共轭复根 $r_1, r_2 = \alpha \pm i\beta (\beta \neq 0, \alpha, \beta$ 为实数)，此时方程(4-11)有两个复数形式的特解 $y_1 = e^{(\alpha + i\beta)x}, y_2 = e^{(\alpha - i\beta)x}$，为了得到实数形式的特解，运用欧拉公式

$$e^{ix} = \cos x + i\sin x,$$

则 y_1, y_2 可改写成

$$y_1 = e^{\alpha x}(\cos \beta x + i\sin \beta x), y_2 = e^{\alpha x}(\cos \beta x - i\sin \beta x).$$

由定理 1 知，

$$\frac{1}{2}(y_1 + y_2) = e^{\alpha x}\cos \beta x, \frac{1}{2i}(y_1 - y_2) = e^{\alpha x}\sin \beta x$$

也为方程(4-11)的特解，由于它们线性无关，故方程(4-11)的通解为

$$y = e^{\alpha x}(C_1 \cos \beta x + C_2 \sin \beta x) \quad (C_1, C_2 \text{ 为任意常数}).$$

综上所述，求解二阶常系数线性齐次微分方程(4-11)的通解步骤如下：
(1) 写出方程所对应的特征方程 $r^2 + pr + q = 0$；
(2) 求出特征方程的两个特征根 r_1, r_2；
(3) 由特征根的三种不同情况写出微分方程 $y'' + py' + qy = 0$ 的通解．
具体情形如表 4-1 所示．

表 4-1 二阶常系数线性齐次微分方程三种特征根对应通解的结论

特征方程有两个不相等的实根 $r_1 \neq r_2$	$y = C_1 e^{r_1 x} + C_2 e^{r_2 x}$
特征方程有两个相等的实根 $r_1 = r_2$	$y = (C_1 + C_2 x)e^{r_1 x}$
特征方程有一对共轭复根 $r_1, r_2 = \alpha \pm i\beta$	$y = e^{\alpha x}(C_1 \cos \beta x + C_2 \sin \beta x)$

【例 1】 求微分方程 $y'' - y' - 2y = 0$ 的通解．

解 特征方程为 $r^2 - r - 2 = 0$，特征根为 $r_1 = -1, r_2 = 2$，所以微分方程的通解为

$$y = C_1 e^{-x} + C_2 e^{2x} \quad (C_1, C_2 \text{ 为任意常数}).$$

【例 2】 求微分方程 $y'' + 2y' + y = 0$ 满足条件 $y(0) = 1, y'(0) = 2$ 的特解．

解 特征方程为 $r^2 + 2r + 1 = 0$，特征根为 $r_1 = r_2 = -1$，所以微分方程的通解为

$$y = (C_1 + C_2 x)e^{-x},$$

求导，得

$$y' = (C_2 - C_1 - C_2 x)e^{-x},$$

将初始条件 $y(0) = 1, y'(0) = 2$ 代入上面两式，得

$$\begin{cases} 1 = C_1, \\ 2 = C_2 - C_1, \end{cases}$$

解方程组，得

$$C_1 = 1, C_2 = 3,$$

于是所求的微分方程的特解为

$$y = (1 + 3x)e^{-x}.$$

【例3】 求微分方程 $2y''+y'+y=0$ 的通解.

解 特征方程为 $2r^2+r+1=0$,特征根为 $r_1,r_2=\dfrac{-1\pm\sqrt{7}\mathrm{i}}{4}$,所以微分方程的通解为
$$y=\mathrm{e}^{-\frac{1}{4}x}\left(C_1\cos\dfrac{\sqrt{7}}{4}x+C_2\sin\dfrac{\sqrt{7}}{4}x\right) \quad (C_1,C_2 \text{ 为任意常数}).$$

三、二阶常系数线性非齐次微分方程

根据定理3,二阶常系数线性非齐次微分方程 $y''+py'+qy=f(x)$ 的通解为对应的线性齐次微分方程 $y''+py'+qy=0$ 的通解加上原方程的一个特解. 现在的问题是如何寻找原方程的一个特解 y^*. 下面仅就 $f(x)$ 的几种常见情况给出 y^* 的形式.

1. $f(x)=P_m(x)\mathrm{e}^{\lambda x}$

此时特解的形式是
$$y^*=x^k Q_m(x)\mathrm{e}^{\lambda x},$$

其中, $P_m(x)$ 和 $Q_m(x)$ 都是 x 的 m 次多项式,具体形式如表4-2所示.

表4-2 $f(x)=P_m(x)\mathrm{e}^{\lambda x}$ 类型中的 y^* 的形式

自由项 $f(x)$ 的形式	对应的线性齐次微分方程的特征根与 λ 的关系	一个特解 y^* 的形式
$f(x)=P_m(x)\mathrm{e}^{\lambda x}$	λ 不是特征根	$y^*=Q_m(x)\mathrm{e}^{\lambda x}$
	λ 只是一个特征根	$y^*=xQ_m(x)\mathrm{e}^{\lambda x}$
	λ 是两重特征根	$y^*=x^2Q_m(x)\mathrm{e}^{\lambda x}$

【例4】 求微分方程 $y''-2y'+y=\mathrm{e}^x$ 的通解.

解 方程右边 $f(x)=\mathrm{e}^x$, $m=0$, $\lambda=1$. $\lambda=1$ 是特征方程 $r^2-2r+1=0$ 的两重根,故设特解为
$$y^*=x^2Q_0(x)\mathrm{e}^x=ax^2\mathrm{e}^x,$$
则
$$(y^*)'=2ax\mathrm{e}^x+ax^2\mathrm{e}^x, \quad (y^*)''=2a\mathrm{e}^x+4ax\mathrm{e}^x+ax^2\mathrm{e}^x,$$
代入原方程,得
$$2a\mathrm{e}^x=\mathrm{e}^x,$$
故 $a=\dfrac{1}{2}$,所以原方程的特解为
$$y^*=\dfrac{1}{2}x^2\mathrm{e}^x.$$

所以原方程的通解为
$$y=(C_1+C_2 x)\mathrm{e}^x+\dfrac{1}{2}x^2\mathrm{e}^x.$$

2. $f(x)=\mathrm{e}^{\alpha x}(A\cos\beta x+B\sin\beta x)$ (A,B 是任意常数)

此时特解的形式是
$$y^*=x^k\mathrm{e}^{\alpha x}[C\cos\beta x+D\sin\beta x],$$

其中, C,D 是待定系数,具体形式如表4-3所示.

表 4-3　$f(x)=e^{\alpha x}(A\cos \beta x+B\sin \beta x)$ 类型中的 y^* 的形式

自由项 $f(x)$ 的形式	对应的线性齐次微分方程的特征根与 $\alpha\pm\beta i$ 关系	一个特解 y^* 的形式
$f(x)=e^{\alpha x}(A\cos \beta x+B\sin \beta x)$	$\alpha\pm\beta i$ 不是特征根	$y^*=e^{\alpha x}(C\cos \beta x+D\sin \beta x)$
	$\alpha\pm\beta i$ 是特征根	$y^*=xe^{\alpha x}(C\cos \beta x+D\sin \beta x)$

只需将上述给定的特解 $y^*,(y^*)',(y^*)''$ 代入方程 $y''+py'+qy=f(x)$ 中就可确定出相应的 C,D.

【例 5】　求微分方程 $y''+y=\sin x$ 的一个特解.

解　方程右边 $f(x)=\sin x$，属 $f(x)=e^{\alpha x}(A\cos \beta x+B\sin \beta x)$ 型，其中 $\alpha=0,\beta=1$. 因为 $\alpha\pm\beta i=\pm i$ 是特征方程 $r^2+1=0$ 的根，故特解设为

$$y^*=x(C\cos x+D\sin x),$$

对 y^* 求导得

$$(y^*)'=x(D\cos x-C\sin x)+C\cos x+D\sin x,$$
$$(y^*)''=-2C\sin x+2D\cos x-x(C\cos x+D\sin x),$$

将 $y^*,(y^*)',(y^*)''$ 代入所给方程，化简得

$$-2C\sin x+2D\cos x=\sin x,$$

比较上式两边 $\cos x,\sin x$ 的系数，得

$$\begin{cases}-2C=1,\\ 2D=0,\end{cases}$$

解此方程组，得

$$C=-\frac{1}{2},\quad D=0.$$

于是原方程的一个特解为

$$y^*=-\frac{1}{2}x\cos x.$$

习题 4-3

1. 求下列微分方程的通解：
(1) $y''-4y'-5y=0$；
(2) $y''-y=0$；
(3) $y''-9y'=0$；
(4) $y''-7y'+12y=xe^x$；
(5) $y''+y'+y=e^{3x}$；
(6) $y''-4y'+8y=e^{2x}\sin 2x$.

2. 求下列微分方程的特解：
(1) $4y''+4y'+y=0,\quad y|_{x=0}=2,\quad y'|_{x=0}=0$；
(2) $y''-3y'+2y=0,\quad y|_{x=0}=0,\quad y'|_{x=0}=1$；

3. 求微分方程 $y''+3y'+2y=2x^2+1$ 的一个特解.

4. 求微分方程 $y''-6y'+9y=e^x\sin x$ 的一个特解.

第四节　数学实验四

MATLAB 符号运算工具箱提供了一个线性常系数微分方程求解的实用函数 dsolve，该函

数允许用字符串的形式描述微分方程及初值、边值条件,最终将得出微分方程的解析解.其调用格式如表 4-4 所示.

表 4-4 求解微分方程的命令

MATLAB 命令	功 能
dsolve('f')	求微分方程 f 的解析解,默认变量为 t
dsolve('f','v')	求微分方程 f 的解析解,指定变量为 v
Dsolve('f','v','f1')	求微分方程 f 的解析解,指定变量为 v,初始条件为 $f1$

注:在描述微分方程时,$y', y'', y''', y^{(4)}, \cdots$ 可以分别用符号 $Dy, D2y, D3y, D4y, \cdots$ 表示,边值条件 $y(0)=0, y'(0)=0, y''(0)=0, \cdots$ 可用 $y(0)=0, Dy(0)=0, D2y(0)=0, \cdots$ 表示.若描述微分方程的自变量不是 t 而是 x,则需在语句中指明.

【**例 1**】 求方程 $y' = \dfrac{y}{x}$ 的通解.

解 MATLAB 操作命令:
```
>>clear all;
>>syms x;
>>y1 = dsolve('Dy = y/x','x')
y1 =
    C1 * x
```

【**例 2**】 求方程 $y' - y\cos x = e^{\sin x}$ 的通解.

解 MATLAB 操作命令:
```
>>clear all;
>>syms x;
>>y2 = dsolve('Dy - y * cos(x) = exp(sin(x))','x')
y2 =
    exp(sin(x)) * x + exp(sin(x)) * C1
```

【**例 3**】 求方程 $xy' + y = \sin x$ 满足初始条件 $y\big|_{x=\frac{\pi}{2}} = 1$ 的特解.

解 MATLAB 操作命令:
```
>>clear all;
>>syms x;
>>y3 = dsolve('x * Dy + y = sin(x)','y(pi/2) = 1','x')
y3 =
    (-cos(x) + 1/2 * pi)/x
```

【**例 4**】 求微分方程 $y'' - y' - 2y = 0$ 的通解.

解 MATLAB 操作命令:
```
>>clear all;
>>syms x;
>>y4 = dsolve('D2y - Dy - 2 * y = 0','x')
```

y4 =
   C1 * exp(2 * x) + C2 * exp(- x)

【例 5】 求微分方程 $y''+2y'+y=0$ 满足条件 $y(0)=1, y'(0)=2$ 的特解.

解　MATLAB 操作命令：

>>clear all;
>>syms x;
>>y5 = dsolve('D2y + 2 * Dy + y = 0','y(0) = 1','Dy(0) = 2','x')
y5 =
   exp(- x) + 3 * exp(- x) * x

【例 6】 求微分方程 $2y''+y'+y=0$ 的通解.

解　MATLAB 操作命令：

>>clear all;
>>syms x;
>>y6 = dsolve('2 * D2y + Dy + y = 0','x')
y6 =
   C1 * exp(- 1/4 * x) * cos(1/4 * 7^(1/2) * x) + C2 * exp(- 1/4 * x) * sin(1/4 * 7^(1/2) * x)

【例 7】 求微分方程 $2y''+y'-y=2e^x$ 的通解.

解　MATLAB 操作命令：

>>clear all;
>>syms x;
>>y7 = dsolve('2 * D2y + Dy - y = 2 * exp(x)','x')
y7 =
   exp(x) + C1 * exp(- x) + C2 * exp(1/2 * x)

第五节　实 用 举 例

应用微分方程解决实际应用问题，常常按下列步骤进行：

(1) 由实际问题建立方程与初始条件；

(2) 求出所列方程的通解；

(3) 根据初始条件确定出所需要的特解.

【例 1】(木材积蓄问题)　设某林场现有木材 15 万立方米，且木材的蓄积量对时间(以年为单位)的变化率与当时的蓄积量成正比.假设经 10 年后该林场的蓄积量为 30 万立方米，求林场木材的蓄积量与时间 t 的关系.

解　设林场木材的蓄积量为 y 万立方米，因为木材的蓄积量的变化率 y' 与蓄积量 y 成正比，所以应满足微分方程

$$y'=ky,$$

由题意知，蓄积量 y 应满足初始条件

故得
$$y|_{t=0}=15,$$

$$\begin{cases} y'=ky, \\ y|_{t=0}=15, \end{cases}$$

解得
$$y=15\mathrm{e}^{kt},$$

再根据题意确定比例常数 k，因为 10 年后该林场的蓄积量为 30 万立方米，即
$$y|_{t=10}=30,$$

解得
$$k=\frac{\ln 2}{10},$$

从而得林场木材的蓄积量 y 与时间 t 的关系为
$$y=15 \cdot 2^{\frac{t}{10}}.$$

【例 2】（鱼池养鱼问题） 在某池中养鱼，设该池最多能养鱼 2 000 尾，在时刻 t（以月为单位）池中鱼数 x 是 t 的函数，其变化率与 x 和 $\frac{2\,000-x}{2\,000}$ 成正比．今在池中放养 500 尾鱼，已知半年后池中有鱼 800 尾，求经 t 个月后池中鱼的尾数．

解 设所求的方程为 $x=x(t)$，由题意应满足方程

$$\begin{cases} x'=\dfrac{k}{2\,000}(2\,000x-x^2), & (4-12) \\ x(0)=500. & (4-13) \end{cases}$$

由 (4-12) 式得
$$\frac{\mathrm{d}x}{2\,000x-x^2}=\frac{k\mathrm{d}t}{2\,000},$$

对上式两边积分，得
$$\ln\frac{x}{2\,000-x}=kt+\ln C,$$

故
$$\frac{x}{2\,000-x}=C\mathrm{e}^{kt}, \qquad (4-14)$$

将 (4-13) 式代入 (4-14) 式得 $C=\dfrac{1}{3}$，则所求函数为
$$\frac{x}{2\,000-x}=\frac{1}{3}\mathrm{e}^{kt}.$$

利用条件 $t=6, x=800$，确定比例系数 $k=\dfrac{\ln 2}{6}$，得
$$\frac{x}{2\,000-x}=\frac{1}{3} \cdot 2^{\frac{t}{6}}.$$

【例 3】（商品销售问题） 设商品的需求量 Q 对价格 P 的弹性为 $-P\ln 2$，若该商品价格 $P=0$ 时，$Q=1\,000$（最大需求量）．试求需求量 Q 与价格 P 的函数关系．

解 设所求的方程为 $Q=Q(P)$，由题意应满足方程

$$\begin{cases} \dfrac{P}{Q} \times \dfrac{\mathrm{d}Q}{\mathrm{d}P} = -P\ln 2, & (4-15) \\ Q(0) = 1\,000. & (4-16) \end{cases}$$

由(4-15)式得

$$\frac{\mathrm{d}Q}{Q} = -\ln 2 \mathrm{d}P,$$

对上式两边积分,得

$$\ln Q = -P\ln 2 + C \quad (C\text{ 为任意常数}),$$

故

$$Q = \mathrm{e}^{-P\ln 2 + C}, \tag{4-17}$$

将(4-16)式代入(4-17)式得 $C = \ln 1\,000$,则所求的需求函数为

$$Q = 1\,000 \times 2^{-P}.$$

【例 4】(细菌增殖问题) 某细菌的增长率与总量成正比,如果培养的细菌总量在 12 小时内从 100 增长为 300,请说明细菌的增殖模型.

解 设所求细菌总量是 $y(t)$,由题意,得

$$\begin{cases} \dfrac{\mathrm{d}y}{\mathrm{d}t} = ky, \\ y(0) = 100, \\ y(12) = 300. \end{cases}$$

方程为可分离变量微分方程,解方程,得

$$y(t) = 100\mathrm{e}^{\frac{\ln 3}{12}t} = 100 \times 3^{\frac{t}{12}}.$$

【例 5】(电脑维修问题) 某电脑维修部门发现每修一台电脑的总维修成本 y 满足模型

$$y' + \frac{2y}{x} = \frac{500}{x^2}.$$

已知当维修时间 $x = 1$ 个月时,总维修成本 $y = 600$ 元.请问总维修成本 y 与维修的时间间隔 x 的关系式.

解 由已知 $y' + \dfrac{2y}{x} = \dfrac{500}{x^2}$,代入通解公式

$$y = \mathrm{e}^{-\int \frac{2}{x}\mathrm{d}x}\left(\int \frac{500}{x^2}\mathrm{e}^{\int \frac{2}{x}\mathrm{d}x}\mathrm{d}x + C\right),$$

即

$$y = \frac{1}{x^2}(500x + C).$$

又由 $x = 1$ 时,$y = 600$,解得 $C = 100$.所以总维修成本 y 与维修的时间间隔 x 的关系式为

$$y = \frac{1}{x^2}(500x + 100).$$

本 章 总 结

1. 微分方程的基本概念

微分方程、微分方程的阶、微分方程的解、微分方程的通解、微分方程的特解等.

2. 一阶微分方程的基本解法

（1）可分离变量微分方程的求解：分离变量，两边积分得通解.

（2）一阶线性非齐次微分方程的形式：
$$y' + P(x)y = Q(x).$$
一阶线性非齐次微分方程的通解：
$$y = e^{-\int P(x)dx}\left[\int Q(x)e^{\int P(x)dx}dx + C\right].$$

3. 二阶微分方程的基本解法

（1）二阶常系数线性齐次微分方程的形式：
$$y'' + py' + qy = 0.$$
二阶常系数线性齐次微分方程对应的特征方程：
$$r^2 + pr + q = 0.$$
特征根：特征方程 $r^2 + pr + q = 0$ 的根 r_1, r_2.

二阶常系数线性齐次微分方程的通解：

1) 实根 $r_1 \neq r_2$, $y = C_1 e^{r_1 x} + C_2 e^{r_2 x}$；

2) 实根 $r_1 = r_2 = r$, $y = (C_1 + C_2 x)e^{rx}$；

3) 复根 $r_1, r_2 = \alpha \pm i\beta(\beta \neq 0, \alpha, \beta$ 为实数), $y = e^{\alpha x}(C_1 \cos \beta x + C_2 \sin \beta x)$.

（2）二阶常系数线性非齐次微分方程，按照自由项可以分为
$$f(x) = P_m(x)e^{\lambda x} \text{ 和 } f(x) = e^{\alpha x}(A\cos \beta x + B\sin \beta x)$$
再以此设置特解 y^*，进而代入微分方程中解出待定系数.

二阶常系数线性非齐次微分方程的通解：
$$Y = y + y^*,$$
其中，y 为其对应的二阶常系数线性齐次微分方程的通解.

总复习题四

一、单选题.

1. 微分方程 $y''' - x^2 y'' - x^5 = 1$ 的通解中应含的独立常数的个数为（   ）

A. 3　　　　　　　B. 5　　　　　　　C. 4　　　　　　　D. 2

2. $y'' + y = 0$ 满足初始条件 $y|_{x=0} = 0, y'|_{x=0} = 1$ 的特解是（   ）

A. $y = c_1 \cos x + c_2 \sin x$　　　　　　B. $y = \sin x$

C. $y = c\cos x$　　　　　　　　　　　　D. $y = \cos x$

3. 设 y_1, y_2 是某个二阶常系数线性齐次微分方程的解，那么某函数 $y = c_1 y_1 + c_2 y_2 (c_1, c_2$ 为任意常数，且不能合并）是（   ）

A. 特解　　　　　　　　　　　　　　　B. 通解

C. 既非通解又非特解的解　　　　　　　D. 不是方程的解

4. 微分方程 $y'' - 4y' + 4y = 0$ 的特解是（   ）

A. $y=xe^{2x}$ B. $y=x^2e^{2x}$
C. $y=e^{-2x}$ D. $y=xe^{-2x}$

5. 下列方程中为常微分方程的是（　　）
A. $y''+xy=0$ B. $y+x^2y=2$
C. $y+3x=xy$ D. $y\cos x+x\sin x=1$

6. 微分方程 $xy'-y=x$ 满足初始条件 $y|_{x=1}=1$ 的特解为（　　）
A. $y=x\ln x+cx$ B. $y=2x\ln x+cx$
C. $y=x\ln x+x$ D. $y=2x\ln x+x$

7. 微分方程 $xy'=x\ln x+x^2y$ 是（　　）
A. 可分离变量微分方程   B. 一阶线性齐次微分方程
C. 二阶常系数线性齐次微分方程   D. 一阶线性非齐次微分方程

8. 微分方程 $y''-6y'+9y=e^{3x}$ 一个特解的形式是（　　）
A. $y^*=Ax^2e^{3x}$ B. $y^*=Axe^{3x}$
C. $y^*=x^2e^{3x}$ D. $y^*=Ae^{3x}$

9. 若微分方程 $y'+p(x)y=0$ 的一个特解是 $y=\sin 2x$，则该方程满足初始条件 $y\left(\dfrac{\pi}{4}\right)=2$ 的特解为（　　）
A. $y=2\sin x$ B. $y=2\sin 2x$
C. $y=\sin x$ D. $y=2\sin 2x+1$

10. 函数 $y=\cos x$ 是下列哪个微分方程的解（　　）
A. $y'-y=0$ B. $y''+y=0$
C. $y''-y=0$ D. $y''+y'=0$

二、填空题．

1. 微分方程 $x^2y'=1$ 的通解是_____．
2. 微分方程 $xyy'=2-y^2$ 的通解是_____．
3. 微分方程 $y''+y'-2y=0$ 的通解是_____．
4. 微分方程 $xy'+y=2$ 满足初始条件 $y|_{x=1}=1$ 的特解是_____．
5. 以 $y=(c_1+c_2x)e^{2x}$ 为通解的二阶常系数线性齐次微分方程是_____．
6. 微分方程 $\dfrac{dy}{dx}-p(x)y=0$ 的通解是_____．
7. 二阶常系数线性非齐次方程 $y''+4y'+3y=e^{-2x}$ 的特解形式是_____．
8. $xy'''+2x^2(y')^2+x^3y=x^4+1$ 是_____阶微分方程．

三、判断题．

1. 微分方程 $xdy+ydx=0$ 的通解是 $xy=c$．   （　　）
2. $y=e^x$ 是微分方程 $y'+y=0$ 的解．   （　　）
3. 微分方程 $y''+y'=0$ 的某个特解是 $y=3\sin x-4\cos x$．   （　　）
4. $y''+3y'-y=0$ 是二阶常系数线性非齐次微分方程．   （　　）
5. 所有的微分方程都必须通过积分运算才能得到解．   （　　）

6. 微分方程 $y''+2y'+2y=e^x$ 的一个特解形式是 $y^*=Ae^x$. ( )

四、计算题.

1. 求下列微分方程的通解.

(1) $\sec^2 x\tan y\,dx=\sec^2 y\tan x\,dy$;

(2) $\sqrt{1-x^2}\,dy=\sqrt{1-y^2}\,dx$;

(3) $(x-2)y'=y+2(x-2)^2$;

(4) $y'-y\sin x=e^{-\cos x}$;

(5) $y''-y'+2y=0$;

(6) $y''-y'=x^2$.

2. 求下列微分方程的特解.

(1) $y'=1-x$, $y|_{x=0}=2$;

(2) 求解初值问题:$\begin{cases} xy'-y=2x, \\ y|_{x=1}=1; \end{cases}$

(3) $y''-3y'+2y=0$, $y'|_{x=0}=3$, $y|_{x=0}=2$;

(4) $y''+4y=0$, $y|_{x=0}=1$, $y'|_{x=0}=2$.

五、应用题.

1. 已知某曲线过点 $(0,2)$,且该曲线上任一点 $P(x,y)$ 处的切线斜率为 (e^x+y),求该曲线的方程.

2. 常温(20℃)下冷却—120℃的物体,经过10分钟后测量物体的温度降至70℃,试求物体冷却的模型(假设物体冷却速度与物体和环境温度差成正比).

阅读资料　常微分方程的由来

常微分方程是伴随着微积分发展起来的,你知道吗?它的思想萌芽始于一个小故事:饿狼扑兔的问题.故事说一只兔子正在洞穴正南面60码①的地方觅食,一只饿狼此刻正在兔子正东100码的地方瞧见了兔子.兔子回首间猛然遇见了饿狼贪婪的目光,预感有危险,慌忙之中奔向自己的洞穴,兔子在前面跑,狼在后面追,为了不让到嘴的美食逃脱,狼以兔子一倍的速度紧跟兔子追去.于是,狼与兔子之间展开了生死时速的较量,问兔子能否逃过厄运?回答这个问题需要明确兔子的目的,即在饿狼捉住自己之前跑回自己巢穴,假如饿狼知道兔子的巢穴的具体位置,它只要先通过直线运动到达兔子巢穴,然后守株待兔,根据它们的速度关系和饿狼的行动轨迹,我们建立直角坐标系,通过简单的数学计算就可以完成,结果兔子肯定是活不了了.事实上,饿狼不可能知道兔子巢穴的具体位置,它的速度方向永远是朝着兔子的,兔子一直向北跑,饿狼相对于兔子的运动角度时刻产生着变化,所以饿狼的轨迹是一条曲线,并且某一时刻的切线指向同一时刻兔子的位置.这就是问题的关键——饿狼在任意时刻追赶兔子的曲线的切线方程可用来描述它的运动轨迹.这就需要用到常微分方程的知识反应它们的运动关系.那么故事的结局是饿狼在不知兔子的目的地的情况下,兔子可以安全脱险.

---

① 注:1码=0.9144米.

第五章 无穷级数

名人名言　……数学分析与自然界一样的广阔,它可以定义所有可了解的关系、测量时间、空间、力和温度.这是一门形成缓慢而又艰深的学科.它小心地保留了每一条必须保留的原则;在人类思维的变易与错误中,数学分析不断地增长而且变得越来越强大有力.

——傅里叶

本章导读　无穷级数是数与函数的一种重要表达形式,也是研究函数的性质、进行数值计算的一种重要工具,它在自然科学、工程技术和数学的许多分支中都有广泛的应用.它主要包括常数项级数和函数项级数两部分,本章将在介绍函数项级数的一些基本概念和性质的基础上,进一步讨论如何将函数展开成幂级数的问题.

第一节　常数项级数的概念和性质

一、常数项级数的概念

人们认识事物在数量方面的特征,往往有一个由近似到精确的过程.而在认识的过程中,又会遇到由有限个数量相加到无限个数量相加的问题.

例如,前面我们讲过"一尺之锤,日取其半,万世不竭"的问题,并已知每天剩余的部分可以构成一个数列

$$\frac{1}{2}, \frac{1}{4}, \frac{1}{8}, \cdots, \frac{1}{2^n}, \cdots.$$

现在我们换个角度来考虑这个问题,我们将每天截去的部分相加,则可以得到

$$\frac{1}{2},$$
$$\frac{1}{2}+\frac{1}{4},$$
$$\frac{1}{2}+\frac{1}{4}+\frac{1}{8},$$
$$\cdots\cdots$$
$$\frac{1}{2}+\frac{1}{4}+\frac{1}{8}+\cdots+\frac{1}{2^n},$$
$$\cdots\cdots$$

显然,

$$\frac{1}{2} + \frac{1}{4} + \frac{1}{8} + \cdots + \frac{1}{2^n} \approx 1,$$

且当 n 越大，这个近似值就越接近 1. 根据极限的概念可知

$$\lim_{n\to\infty}\left(\frac{1}{2} + \frac{1}{4} + \frac{1}{8} + \cdots + \frac{1}{2^n}\right) = 1.$$

也就是说，

$$1 = \frac{1}{2} + \frac{1}{4} + \frac{1}{8} + \cdots + \frac{1}{2^n} + \cdots$$

这样我们就得到了一个无穷项的"求和"问题，这个"无穷和式"就是一个数项级数.

定义 1 设已给数列 $u_1, u_2, \cdots, u_n, \cdots$，把数列中各项依次用加号连接起来的式子 $u_1 + u_2 + \cdots + u_n + \cdots$ 称为**(常数项)无穷级数**，简称**级数**，记作 $\sum\limits_{n=1}^{\infty} u_n$，即

$$\sum_{n=1}^{\infty} u_n = u_1 + u_2 + \cdots + u_n + \cdots, \tag{5-1}$$

其中，数列的各项 $u_1, u_2, \cdots, u_n, \cdots$ 称为级数的**项**，u_n 称为级数的**一般项**或**通项**.

无穷级数的定义只是形式上表示为无穷多个数的和. 这个"和"是否像引例那样存在？又如何确定其式子的"和"？对于任意有限项数的和是完全确定的. 因此，我们想通过考察级数的前 n 项的和随 n 的变化趋势来认识这个级数.

级数 (5-1) 的前 n 项和

$$S_n = u_1 + u_2 + \cdots + u_n$$

称为级数 $\sum\limits_{n=1}^{\infty} u_n$ 的**前 n 项部分和**，当 n 依次取 $1, 2, 3, \cdots$ 时，我们得到一个新的数列 $\{S_n\}$，即

$$S_1 = u_1, \quad S_2 = u_1 + u_2, \quad S_3 = u_1 + u_2 + u_3, \cdots, \quad S_n = u_1 + u_2 + \cdots + u_n, \cdots$$

根据这个数列的极限是否存在，我们得到级数收敛与发散的概念.

定义 2 若级数 $\sum\limits_{n=1}^{\infty} u_n$ 的部分和数列 $\{S_n\}$ 极限存在，即 $\lim\limits_{n\to\infty} S_n = S$，则称该级数**收敛**，极限值 S 称为该级数的**和**，记为

$$S = \sum_{n=1}^{\infty} u_n = u_1 + u_2 + \cdots + u_n + \cdots,$$

这时也称该级数收敛于 S. 若级数 $\sum\limits_{n=1}^{\infty} u_n$ 的部分和数列 $\{S_n\}$ 极限不存在，则称该级数**发散**.

【例 1】 求级数 $\sum\limits_{n=1}^{\infty} \dfrac{1}{n(n+1)}$ 的前 n 项和并判断其敛散性.

解 级数的前 n 项部分和为

$$\begin{aligned}
S_n &= u_1 + u_2 + \cdots + u_n \\
&= \frac{1}{1 \cdot 2} + \frac{1}{2 \cdot 3} + \frac{1}{3 \cdot 4} + \cdots + \frac{1}{n(n+1)} \\
&= \left(\frac{1}{1} - \frac{1}{2}\right) + \left(\frac{1}{2} - \frac{1}{3}\right) + \left(\frac{1}{3} - \frac{1}{4}\right) + \cdots + \left(\frac{1}{n} - \frac{1}{n+1}\right) \\
&= 1 - \frac{1}{n+1}.
\end{aligned}$$

显然，
$$\lim_{n\to\infty} S_n = \lim_{n\to\infty}\left(1-\frac{1}{n+1}\right) = 1,$$

所以级数 $\sum_{n=1}^{\infty}\frac{1}{n(n+1)}$ 收敛，且其和为 1.

如果级数 $\sum_{n=1}^{\infty}u_n$ 收敛于 S，则部分和 $S_n \approx S$，其误差
$$r_n = S - S_n = u_{n+1} + u_{n+2} + \cdots,$$

显然有 $\lim_{n\to\infty} r_n = 0$.

【例 2】 讨论等比级数（又称几何级数）$\sum_{n=1}^{\infty} aq^{n-1}\ (a\neq 0)$ 的敛散性.

解 该级数的部分和
$$S_n = \begin{cases} \dfrac{a(1-q^n)}{1-q}, & |q|\neq 1, \\ na, & |q|=1. \end{cases}$$

(1) 当 $|q|<1$ 时，
$$\lim_{n\to\infty} S_n = \lim_{n\to\infty}\frac{a(1-q^n)}{1-q} = \frac{a}{1-q},$$

故原级数收敛，且
$$\sum_{n=1}^{\infty} aq^{n-1} = \frac{a}{1-q}.$$

(2) 当 $|q|>1$ 时，
$$\lim_{n\to\infty} S_n = \lim_{n\to\infty}\frac{a(1-q^n)}{1-q} = \infty,$$

故原级数发散.

(3) 当 $|q|=1$ 时，即 $q=\pm 1$. 若 $q=-1$，$S_n = \dfrac{1-(-1)^n}{2}a$，显然 $\lim_{n\to\infty} S_n$ 不存在；若 $q=1$，$S_n = na \to \infty\ (n\to\infty)$，故 $|q|=1$ 时原级数发散.

综上所述，等比级数 $\sum_{n=1}^{\infty} aq^{n-1}\ (a\neq 0)$ 当公比 $|q|<1$ 时收敛，且
$$\sum_{n=1}^{\infty} aq^{n-1} = \frac{a}{1-q};$$

当公比 $|q|\geqslant 1$ 时，等比级数发散.

二、收敛级数的基本性质

性质 1（级数收敛的必要条件） 若级数 $\sum_{n=1}^{\infty} u_n$ 收敛，则 $\lim_{n\to\infty} u_n = 0$.

证明 设 $\sum_{n=1}^{\infty} u_n = S$，则由 $u_n = S_n - S_{n-1}$，得
$$\lim_{n\to\infty} u_n = \lim_{n\to\infty}(S_n - S_{n-1}) = 0.$$

注：(1) 该定理的逆命题不真，也就是说：即使级数 $\sum_{n=1}^{\infty} u_n$ 满足 $\lim_{n\to\infty} u_n = 0$，级数也不一定收敛．

(2) 其逆否命题可作为判断级数发散的一种方法，即若 $\lim_{n\to\infty} u_n \neq 0$，则级数 $\sum_{n=1}^{\infty} u_n$ 发散．

【例 3】 讨论级数 $\sum_{n=1}^{\infty} \left(\dfrac{n+1}{n}\right)^n$ 的敛散性．

解 由于
$$\lim_{n\to\infty} u_n = \lim_{n\to\infty} \left(\dfrac{n+1}{n}\right)^n = \mathrm{e} \neq 0,$$
因此原级数 $\sum_{n=1}^{\infty} \left(\dfrac{n+1}{n}\right)^n$ 发散．

【例 4】 证明级数 $\sum_{n=1}^{\infty} \dfrac{1}{n}$（调和级数）发散．

证明 该级数的部分和不易求得，我们用反证法证明．

若级数 $\sum_{n=1}^{\infty} \dfrac{1}{n}$ 收敛，设它的部分和为 S_n，且 $S_n \to S(n\to\infty)$，显然，对于部分和 S_{2n} 也有 $S_{2n} \to S(n\to\infty)$，于是
$$S_{2n} - S_n \to S - S = 0 \quad (n\to\infty).$$
但另一方面
$$S_{2n} - S_n = \dfrac{1}{n+1} + \dfrac{1}{n+2} + \cdots + \dfrac{1}{2n} > \dfrac{1}{2n} + \dfrac{1}{2n} + \cdots + \dfrac{1}{2n} = \dfrac{1}{2},$$
故
$$S_{2n} - S_n \not\to 0 \quad (n\to\infty).$$
这与假设级数收敛矛盾，所以级数 $\sum_{n=1}^{\infty} \dfrac{1}{n}$ 发散．

根据数项级数收敛的概念，可以得出如下关于收敛级数的基本性质．

性质 2 如果级数 $\sum_{n=1}^{\infty} u_n$ 收敛，且其和是 S，c 为常数，则级数 $\sum_{n=1}^{\infty} cu_n$ 也收敛，且和为 cS；如果级数 $\sum_{n=1}^{\infty} u_n$ 发散，c 为非零常数，则级数 $\sum_{n=1}^{\infty} cu_n$ 也发散．

性质 3 两个收敛的级数的对应项相加，所得的级数收敛，且其和等于两个级数的和相加．

性质 4 在任何收敛的级数中，任意添加括号，所得的新级数仍收敛于原来的和．

注：某级数经过加括号后所得级数发散，则原级数也发散；但经加括号后所得级数收敛，而原级数仍可能发散．例如公比为 -1 的等比级数 $a - a + a - a + \cdots$ 发散，但加括号后的级数 $(a-a) + (a-a) + \cdots$ 收敛于 0．

性质 5 在级数中改变、增加或去掉有限项并不改变级数的敛散性．

习题 5-1

1. 求下列级数的前 n 项和并判断其收敛性．

(1) $\sum_{n=1}^{\infty} \frac{1}{2^n}$;(2) $\sum_{n=1}^{\infty} n$;(3) $\sum_{n=1}^{\infty} \ln \frac{n}{n+1}$;(4) $\sum_{n=1}^{\infty} \frac{1}{(n+1)(n+2)}$.

2. 判断下列级数的敛散性.

(1) $\sum_{n=1}^{\infty} \frac{2}{(-3)^n}$;(2) $\sum_{n=1}^{\infty} \left(\frac{1}{3^n} + \frac{5}{n(n+1)}\right)$;(3) $\sum_{n=1}^{\infty} \frac{n}{2n+1}$;(4) $\sum_{n=0}^{\infty} \frac{7^n - 5^n}{6^n}$.

第二节 常数项级数的审敛法

对于一个级数,我们一般会提出这样两个问题:它是不是收敛的?它的和是多少?显然第一个问题更重要些,因为如果级数是发散的,那么第二个问题就不存在了.

在一般情况下,利用定义来判别级数的敛散性是很困难的,能否找到判别级数敛散性更简单、更有效的方法呢?正项级数敛散性的判别法正是寻找级数敛散性判别法的突破口.

一、正项级数的审敛法

我们先来考虑**正项级数**(即每一项 $u_n \geq 0$ 的级数)的收敛问题.

易知,正项级数 $\sum_{n=1}^{\infty} u_n$ 的部分和数列 $\{S_n\}$ 是单调增加的数列,即 $S_1 \leq S_2 \leq \cdots \leq S_n \leq \cdots$,根据单调有界数列必有极限存在的准则,可得到一个判定正项级数敛散性的定理.

定理 1 正项级数 $\sum_{n=1}^{\infty} u_n$ 收敛的充分必要条件是部分和数列 $\{S_n\}$ 有界.

直接由该定理判断正项级数的敛散性往往不太方便,因为很多正项级数的部分和不易求得.但由该定理可以得到一系列常用的正项级数的审敛法.

定理 2(比较审敛法) 设有两个正项级数 $\sum_{n=1}^{\infty} u_n$ 及 $\sum_{n=1}^{\infty} v_n$,而且 $u_n \leq v_n (n=1,2,3,\cdots)$.

(1) 如果 $\sum_{n=1}^{\infty} v_n$ 收敛,那么 $\sum_{n=1}^{\infty} u_n$ 也收敛;

(2) 如果 $\sum_{n=1}^{\infty} u_n$ 发散,那么 $\sum_{n=1}^{\infty} v_n$ 也发散.

【例 1】 讨论 p - 级数 $\sum_{n=1}^{\infty} \frac{1}{n^p}$ 的敛散性(p 为大于 0 的常数).

解 (1) 当 $p=1$ 时,p - 级数即为调和级数 $\sum_{n=1}^{\infty} \frac{1}{n}$,故发散;

(2) 当 $p<1$ 时,由于 $\frac{1}{n^p} \geq \frac{1}{n} (n=1,2,3,\cdots)$,而级数 $\sum_{n=1}^{\infty} \frac{1}{n}$ 发散,根据比较审敛法可知,此时的 p - 级数发散;

(3) 当 $p>1$ 时,若 $n-1 \leq x < n$,有 $\frac{1}{n^p} < \frac{1}{x^p}$,所以

$$\frac{1}{n^p} = \int_{n-1}^{n} \frac{1}{n^p} dx < \int_{n-1}^{n} \frac{1}{x^p} dx \quad (n=1,2,3,\cdots),$$

从而

$$S_n = \frac{1}{1^p} + \frac{1}{2^p} + \frac{1}{3^p} + \cdots + \frac{1}{n^p} < 1 + \int_1^2 \frac{1}{x^p} dx + \cdots + \int_{n-1}^n \frac{1}{x^p} dx$$

$$= 1 + \int_1^n \frac{1}{x^p} dx = 1 + \frac{1}{1-p}(n^{1-p} - 1)$$

$$= \frac{p}{p-1} - \frac{1}{p-1} \cdot \frac{1}{n^{p-1}} < \frac{p}{p-1},$$

所以部分和数列有界,由定理 1 可知,$p-$级数收敛.

综上所述,$p-$级数 $\sum\limits_{n=1}^{\infty} \frac{1}{n^p}$ 当 $p \leqslant 1$ 时发散,$p > 1$ 时收敛.

在利用比较审敛法判断正项级数的敛散性时,往往通过该级数与 $p-$级数的比较得出结论.

【例 2】 确定正项级数 $\sum\limits_{n=1}^{\infty} \frac{2n+1}{n^2+2n+3}$ 的敛散性.

解 由于 $2n+1 > 2n, n^2+2n+3 < 6n^2$,因此

$$\frac{2n+1}{n^2+2n+3} > \frac{2n}{6n^2} = \frac{1}{3} \cdot \frac{1}{n} \quad (n=1,2,3,\cdots),$$

而级数 $\sum\limits_{n=1}^{\infty} \frac{1}{n}$ 发散(调和级数),由性质 2 知,级数 $\sum\limits_{n=1}^{\infty} \frac{1}{3} \cdot \frac{1}{n}$ 仍然发散,根据比较审敛法可知,原级数 $\sum\limits_{n=1}^{\infty} \frac{2n+1}{n^2+2n+3}$ 发散.

【例 3】 证明正项级数 $\sum\limits_{n=1}^{\infty} \frac{1}{n(2n+3)}$ 收敛.

证明 因为

$$\frac{1}{n(2n+3)} < \frac{1}{2n^2} \quad (n=1,2,3,\cdots),$$

而 $p-$级数 $\sum\limits_{n=1}^{\infty} \frac{1}{n^2}$ $(p=2>1)$ 收敛,由比较审敛法可知,原级数 $\sum\limits_{n=1}^{\infty} \frac{1}{n(2n+3)}$ 收敛.

分析例 2 和例 3 不难发现,如果正项级数的通项 u_n 是分式,而且分子分母都是 n 的多项式(常数是零次多项式)或无理式时,只要分母的最高次数比分子的最高次数高一次以上(不包含一次),该正项级数收敛,否则发散.

定理 3(比较审敛法的极限形式) 设有两个正项级数 $\sum\limits_{n=1}^{\infty} u_n$ 及 $\sum\limits_{n=1}^{\infty} v_n$,若 $\lim\limits_{n \to \infty} \frac{u_n}{v_n} = l$,则

(1) 当 $0 < l < +\infty$ 时,$\sum\limits_{n=1}^{\infty} u_n$ 与 $\sum\limits_{n=1}^{\infty} v_n$ 具有相同的敛散性;

(2) 当 $l = 0$ 时,由 $\sum\limits_{n=1}^{\infty} v_n$ 收敛可推出 $\sum\limits_{n=1}^{\infty} u_n$ 收敛;

(3) 当 $l = +\infty$ 时,由 $\sum\limits_{n=1}^{\infty} v_n$ 发散可推出 $\sum\limits_{n=1}^{\infty} u_n$ 发散.

使用比较判别法,需要寻找一个已知级数作比较,有一定的难度,当正项级数的通项中含有 a^n 或 $n!$ 等形式时,难度更大,下面介绍的比值审敛法,只需利用级数自身特点,就可以判别级数的敛散性.

定理 4(比值审敛法,也称为达朗贝尔审敛法) 设有正项级数 $\sum_{n=1}^{\infty} u_n$,如果极限 $\lim_{n \to \infty} \dfrac{u_{n+1}}{u_n} = \rho$ 存在,那么

(1) 当 $\rho < 1$ 时级数收敛;

(2) 当 $\rho > 1$ 时级数发散;

(3) 当 $\rho = 1$ 时,本判别法失效.

【例 4】 判断级数 $\sum_{n=1}^{\infty} \dfrac{3^n}{n \cdot 5^n}$ 的敛散性.

解 易知 $u_n = \dfrac{3^n}{n \cdot 5^n}$,因为

$$\lim_{n \to \infty} \frac{u_{n+1}}{u_n} = \lim_{n \to \infty} \frac{3^{n+1}}{(n+1) \cdot 5^{n+1}} \cdot \frac{n \cdot 5^n}{3^n} = \lim_{n \to \infty} \frac{3n}{5(n+1)} = \frac{3}{5} < 1,$$

由比值审敛法知,原级数 $\sum_{n=1}^{\infty} \dfrac{3^n}{n \cdot 5^n}$ 收敛.

【例 5】 判别级数 $\sum_{n=1}^{\infty} \dfrac{a^n n!}{n^n} \ (a > 0)$ 的收敛性.

解 因为

$$\lim_{n \to \infty} \frac{u_{n+1}}{u_n} = \lim_{n \to \infty} \frac{a^{n+1}(n+1)!}{(n+1)^{n+1}} \cdot \frac{n^n}{a^n n!} = \lim_{n \to \infty} a \cdot \left(\frac{n}{n+1}\right)^n$$

$$= \lim_{n \to \infty} \frac{a}{\left(1 + \dfrac{1}{n}\right)^n} = \frac{a}{e}.$$

故当 $0 < a < e$ 时原级数收敛,当 $a > e$ 时原级数发散.

当 $a = e$ 时,虽然不能利用比值审敛法直接得到级数收敛或发散的结论,但由于 $\dfrac{u_{n+1}}{u_n} = \dfrac{e}{\left(1 + \dfrac{1}{n}\right)^n} > 1$,从而 $u_{n+1} > u_n$,进而 $n \to \infty$ 时通项 u_n 不以零为极限,故原级数发散.

一般地,对通项中含有阶乘、指数函数等因式的正项级数,在讨论其敛散性时可优先考虑用比值判别法一试.

例 5 说明,虽然定理 4 对于 $\rho = 1$ 的情形,不能判定级数的敛散性,但若能确定在 $\lim_{n \to \infty} \dfrac{u_{n+1}}{u_n} = 1$ 的过程中,$\dfrac{u_{n+1}}{u_n}$ 总是从大于 1 的方向趋近于 1,则也可判定级数是发散的. 此外,凡是用比值审敛法判定的发散级数,都必有 $\lim_{n \to \infty} u_n \neq 0$.

二、交错级数的审敛法

当级数中的正数项与负数项均为无穷多时,就称级数为**任意项级数**,如级数 $\sum_{n=0}^{\infty} (-1)^{\frac{n(n+1)}{2}} \dfrac{1}{2^n}$.

交错级数就是任一相邻的两项符号相反的级数,它是任意项级数的一种特殊级数. 它的一般

形式为：
$$\sum_{n=1}^{\infty}(-1)^{n-1}u_n=u_1-u_2+u_3-\cdots+(-1)^{n-1}u_n+\cdots,$$
其中，$u_n>0(n=1,2,3,\cdots)$. 对于交错级数，我们有专门的判定其敛散性的方法．

定理 5（莱布尼茨审敛法） 设交错级数 $\sum_{n=1}^{\infty}(-1)^{n-1}u_n$ 满足

(1) $u_n \geqslant u_{n+1}(n=1,2,3,\cdots)$；

(2) $\lim_{n\to\infty}u_n=0$，

则级数 $\sum_{n=1}^{\infty}(-1)^{n-1}u_n$ 收敛，且其和 $S\leqslant u_1$．

【例 6】 判别交错级数 $\sum_{n=1}^{\infty}(-1)^{n-1}\dfrac{1}{\sqrt{n}}$ 的敛散性．

解 因为交错级数满足

(1) $u_n=\dfrac{1}{\sqrt{n}}>\dfrac{1}{\sqrt{n+1}}=u_{n+1}$；

(2) $\lim_{n\to\infty}u_n=\lim_{n\to\infty}\dfrac{1}{\sqrt{n}}=0$．

由莱布尼茨审敛法知，交错级数 $\sum_{n=1}^{\infty}(-1)^{n-1}\dfrac{1}{\sqrt{n}}$ 收敛．

【例 7】 试判断交错级数 $\sum_{n=1}^{\infty}(-1)^{n-1}\dfrac{2n-1}{n^2}$ 的敛散性．

解 在利用交错级数审敛法时，条件(2)往往比较容易判断，所以，我们先来求 $\lim_{n\to\infty}u_n$，即
$$\lim_{n\to\infty}u_n=\lim_{n\to\infty}\dfrac{2n-1}{n^2}=0.$$

对于条件(1)，可以直接比较 u_n 与 u_{n+1} 的大小，也可以借用其他方法来帮助判定 u_n 与 u_{n+1} 的大小．

这里我们用导数来帮助判定 $u_n \geqslant u_{n+1}(n=1,2,3,\cdots)$，即设函数 $f(x)=\dfrac{2x-1}{x^2}$，因为
$$f'(x)=\dfrac{2(1-x)}{x^3},$$

当 $x\geqslant 1$ 时，$f'(x)\leqslant 0$，即函数 $f(x)=\dfrac{2x-1}{x^2}$ 单调减少，由此可以推得当 $n\geqslant 1$ 时，数列 $\left\{\dfrac{2n-1}{n^2}\right\}$ 单调减少，有
$$\dfrac{2n-1}{n^2}\geqslant\dfrac{2(n+1)-1}{(n+1)^2}\quad(n=1,2,3,\cdots),$$
即
$$u_n\geqslant u_{n+1}.$$

因此由莱布尼茨审敛法知，交错级数 $\sum_{n=1}^{\infty}(-1)^{n-1}\dfrac{2n-1}{n^2}$ 收敛．

三、绝对收敛与条件收敛

设有任意项级数 $\sum\limits_{n=1}^{\infty} u_n$,我们称各项的绝对值所构成的正项级数 $\sum\limits_{n=1}^{\infty} |u_n|$ 为对应于原级数的**绝对值级数**. 如果级数 $\sum\limits_{n=1}^{\infty} |u_n|$ 收敛,就称原级数 $\sum\limits_{n=1}^{\infty} u_n$ **绝对收敛**.

定理 6 若级数 $\sum\limits_{n=1}^{\infty} |u_n|$ 收敛,则原级数 $\sum\limits_{n=1}^{\infty} u_n$ 必收敛.

如果级数 $\sum\limits_{n=1}^{\infty} |u_n|$ 发散,而级数 $\sum\limits_{n=1}^{\infty} u_n$ 收敛,则称级数 $\sum\limits_{n=1}^{\infty} u_n$ **条件收敛**.

【**例 8**】 证明:当 $\lambda > 1$ 时,级数 $\sum\limits_{n=1}^{\infty} \dfrac{\cos nx}{n^\lambda}$ 绝对收敛.

证明 因为 $\left|\dfrac{\cos nx}{n^\lambda}\right| \leqslant \dfrac{1}{n^\lambda}$,而当 $\lambda > 1$ 时级数 $\sum\limits_{n=1}^{\infty} \dfrac{1}{n^\lambda}$ 收敛,故级数 $\sum\limits_{n=1}^{\infty} \left|\dfrac{\cos nx}{n^\lambda}\right|$ 收敛,从而原级数 $\sum\limits_{n=1}^{\infty} \dfrac{\cos nx}{n^\lambda}$ 绝对收敛.

【**例 9**】 判断级数 $\sum\limits_{n=1}^{\infty} \dfrac{(-1)^{n-1}}{\sqrt[3]{n^2}}$ 的敛散性.

解 对题设级数的各项都取绝对值,得级数 $\sum\limits_{n=1}^{\infty} \dfrac{1}{\sqrt[3]{n^2}}$,由于 $p = \dfrac{2}{3} < 1$,根据 p-级数敛散性的结论知,$\sum\limits_{n=1}^{\infty} \dfrac{1}{\sqrt[3]{n^2}}$ 发散,所以原级数不绝对收敛. 而原级数是交错级数,且满足

$$\lim_{n\to\infty} u_n = \lim_{n\to\infty} \dfrac{1}{\sqrt[3]{n^2}} = 0;$$

$$u_n = \dfrac{1}{\sqrt[3]{n^2}} > \dfrac{1}{\sqrt[3]{(n+1)^2}} = u_{n+1},$$

由此可知原交错级数收敛.

因此,原级数条件收敛.

习题 5-2

1. 判别下列级数的敛散性.

(1) $\sum\limits_{n=1}^{\infty} \dfrac{1}{n\sqrt{n+2}}$;

(2) $\sum\limits_{n=1}^{\infty} \dfrac{1}{(n+1)(n+3)}$;

(3) $\sum\limits_{n=1}^{\infty} \dfrac{n+1}{n^2+1}$;

(4) $\sum\limits_{n=1}^{\infty} \ln\left(1 + \dfrac{1}{n^2}\right)$;

(5) $\sum\limits_{n=1}^{\infty} \dfrac{1}{n!}$;

(6) $\sum\limits_{n=1}^{\infty} \dfrac{n!}{5^n}$;

(7) $\sum\limits_{n=1}^{\infty} \dfrac{n^2}{\left(3+\dfrac{1}{n}\right)^n}$;

(8) $\sum\limits_{n=1}^{\infty} \dfrac{1}{\sqrt[n]{3}}$;

(9) $\sum_{n=1}^{\infty} \frac{3^n \cdot n!}{n^n}$;

(10) $\sum_{n=1}^{\infty} 2^n \sin \frac{\pi}{3^n}$;

(11) $\sum_{n=1}^{\infty} \frac{\sin nx}{n^3}$;

(12) $\sum_{n=1}^{\infty} \frac{1}{1+a^n}$ $(a>0)$.

2. 判别下列级数的敛散性,若收敛,是条件收敛还是绝对收敛.

(1) $\sum_{n=2}^{\infty} (-1)^n \frac{1}{\ln n}$;

(2) $\sum_{n=1}^{\infty} (-1)^{n-1} \frac{\sqrt{n}}{100+n}$;

(3) $\sum_{n=1}^{\infty} \frac{(-1)^{n-1}}{n^3} \sin \frac{\pi}{n}$;

(4) $\sum_{n=1}^{\infty} (-1)^n \frac{1}{n^\alpha}$,其中 $\alpha > 0$.

第三节 幂 级 数

一、函数项级数的一般概念

在自然科学与工程技术中运用级数这一工具时,经常用到不是常数项的级数,而是一类特殊的函数项级数——幂级数,下面我们先来介绍一下函数项级数的一般概念.

设有定义在区间 I 上的函数序列 $u_1(x), u_2(x), u_3(x), \cdots, u_n(x), \cdots$,表达式

$$\sum_{n=1}^{\infty} u_n(x) = u_1(x) + u_2(x) + u_3(x) + \cdots + u_n(x) + \cdots$$

称为定义在 I 上的**函数项级数**.

与常数项级数一样,我们把

$$S_n(x) = u_1(x) + u_2(x) + u_3(x) + \cdots + u_n(x)$$

称为**函数项级数的前 n 项部分和**.

对 $x_0 \in I$,若常数项级数 $\sum_{n=1}^{\infty} u_n(x_0)$ 收敛,则称函数项级数 $\sum_{n=1}^{\infty} u_n(x)$ 在点 x_0 处**收敛**,x_0 称为该函数项级数的**收敛点**. 反之,若常数项级数 $\sum_{n=1}^{\infty} u_n(x_0)$ 发散,则称函数项级数 $\sum_{n=1}^{\infty} u_n(x)$ 在点 x_0 处**发散**,x_0 称为该函数项级数的**发散点**. 我们将函数项级数 $\sum_{n=1}^{\infty} u_n(x)$ 的全体收敛点的集合称为其**收敛域**.

如果对区间 I 内的每一点 x,函数项级数 $\sum_{n=1}^{\infty} u_n(x)$ 都收敛,则称级数在区间 I 内收敛. 此时 $S_n(x)$ 的极限是定义在区间 I 上的函数,记作 $S(x)$. 这个函数 $S(x)$ 称为级数的**和函数**,简称和,即

$$S(x) = \sum_{n=0}^{\infty} u_n(x).$$

二、幂级数及其收敛性

如下形式的函数项级数:

$$a_0 + a_1 x + a_2 x^2 + a_3 x^3 + \cdots + a_n x^n + \cdots = \sum_{n=0}^{\infty} a_n x^n,$$

它们的各项都是正整数幂的幂函数. 这种级数称为**幂级数**,其中 $a_n(n=0,1,2,\cdots)$ 为常数,称为幂级数对应项的系数. 幂级数的另一种形式为

$$a_0 + a_1(x-x_0) + a_2(x-x_0)^2 + \cdots + a_n(x-x_0)^n + \cdots = \sum_{n=0}^{\infty} a_n(x-x_0)^n, \quad (5-2)$$

级数(5-2)通过作变量代换 $t=x-x_0$ 可以转化为 $\sum_{n=0}^{\infty} a_n t^n$ 的形式,所以,我们以后主要针对幂级数 $\sum_{n=0}^{\infty} a_n x^n$ 展开讨论.

若幂级数 $\sum_{n=0}^{\infty} a_n x^n$ 中 $a_n \neq 0 (n=0,1,2,\cdots)$,则称级数为不缺项的幂级数,否则称为缺项的幂级数. 例如幂级数

$$\sum_{n=0}^{\infty} n x^{2n} = x^2 + 2x^4 + 3x^6 + \cdots + n x^{2n} + \cdots$$

就是缺 x 的奇次幂的缺项的幂级数.

【例 1】 讨论幂级数 $\sum_{n=0}^{\infty} x^n = 1 + x + x^2 + \cdots + x^n + \cdots$ 的敛散性.

解 这是一个公比为 x 的等比级数(或称几何级数),级数前 n 项的部分和为

$$S_n(x) = 1 + x + x^2 + x^3 + \cdots + x^{n-1} = \frac{1-x^n}{1-x}.$$

当 $|x|<1$ 时,

$$\lim_{n\to\infty} S_n(x) = \lim_{n\to\infty} \frac{1-x^n}{1-x} = \frac{1}{1-x};$$

当 $|x|>1$ 时,

$$\lim_{n\to\infty} S_n(x) = \lim_{n\to\infty} \frac{1-x^n}{1-x} = \infty;$$

当 $|x|=1$ 时,显然,级数发散.

所以,该幂级数的收敛区间为 $(-1,1)$,相应的和函数为

$$S(x) = \frac{1}{1-x},$$

发散域为 $(-\infty,-1] \cup [1,+\infty)$.

对于一般的幂级数 $\sum_{n=0}^{\infty} a_n x^n$,显然 $x=0$ 是其收敛点,对于任意 $x \in \mathbf{R}$,产生的幂级数 $\sum_{n=0}^{\infty} a_n x^n$,我们可以对其绝对值级数利用比值审敛法来确定其敛散性,得如下定理.

定理 1 设有不缺项幂级数 $\sum_{n=0}^{\infty} a_n x^n$,如果极限 $\lim_{n\to\infty} \left|\frac{a_{n+1}}{a_n}\right| = \rho \neq 0$,则

(1) 当 $|x| < \dfrac{1}{\rho}$ 时,幂级数收敛,而且绝对收敛;

(2) 当 $|x| > \dfrac{1}{\rho}$ 时,幂级数发散.

证明 考察极限

$$\lim_{n\to\infty}\left|\frac{a_{n+1}x^{n+1}}{a_n x^n}\right|=\lim_{n\to\infty}\left|\frac{a_{n+1}}{a_n}\right|\cdot|x|=\rho|x|,$$

其中
$$\rho=\lim_{n\to\infty}\left|\frac{a_{n+1}}{a_n}\right|.$$

当 $\rho|x|<1$,即 $|x|<\dfrac{1}{\rho}$ 时,幂级数 $\sum\limits_{n=0}^{\infty}|a_n x^n|$ 收敛,即幂级数绝对收敛,当然幂级数 $\sum\limits_{n=0}^{\infty}a_n x^n$ 必然收敛.

当 $\rho|x|>1$,即 $|x|>\dfrac{1}{\rho}$ 时,有 $\lim\limits_{n\to\infty}\left|\dfrac{a_{n+1}x^{n+1}}{a_n x^n}\right|>1$,可得
$$|a_{n+1}x^{n+1}|>|a_n x^n|,$$

这说明所给幂级数各项的绝对值随 n 的增大而越来越大,一般项 $a_n x^n$ 不趋于零,由级数收敛的必要条件可知,该幂级数发散.

由定理 1 可知:幂级数的收敛区间是关于原点对称的区间 $\left(-\dfrac{1}{\rho},\dfrac{1}{\rho}\right)$,$\dfrac{1}{\rho}$ 称为幂级数的**收敛半径**,记作 R,即 $R=\dfrac{1}{\rho}$,则区间 $(-R,R)$ 称为幂级数的**收敛区间**.

讨论幂级数收敛的问题主要在于寻求收敛半径.当 $|x|=R$ 时,级数的敛散性不能由定理来判定,需将 $x=\pm R$ 代入幂级数,转化为常数项级数再进行判定.

关于收敛半径的求法,归纳为如下定理.

定理 2 设幂级数 $\sum\limits_{n=0}^{\infty}a_n x^n$ 中各项系数 $a_n\neq 0$,如果 $\lim\limits_{n\to\infty}\left|\dfrac{a_{n+1}}{a_n}\right|=\rho$,则

(1) 当 $\rho\neq 0$ 时,该幂级数的收敛半径 $R=\dfrac{1}{\rho}$;

(2) 当 $\rho=0$ 时,该幂级数的收敛半径 $R=+\infty$;

(3) 当 $\rho=+\infty$ 时,该幂级数的收敛半径 $R=0$.

【**例 2**】 求幂级数 $1+\dfrac{x}{2\cdot 3}+\dfrac{x^2}{3\cdot 3^2}+\cdots+\dfrac{x^n}{(n+1)3^n}+\cdots$ 的收敛域.

解 因为
$$\rho=\lim_{n\to\infty}\left|\frac{a_{n+1}}{a_n}\right|=\lim_{n\to\infty}\left|\frac{\dfrac{1}{(n+2)3^{n+1}}}{\dfrac{1}{(n+1)3^n}}\right|=\lim_{n\to\infty}\frac{n+1}{3(n+2)}=\frac{1}{3},$$

所以收敛半径 $R=3$.

当 $x=3$ 时,级数为
$$1+\frac{1}{2}+\frac{1}{3}+\frac{1}{4}+\cdots+\frac{1}{n+1}+\cdots,$$

此级数为调和级数,是发散的.

当 $x=-3$ 时,级数为
$$1-\frac{1}{2}+\frac{1}{3}-\frac{1}{4}+\cdots+\frac{(-1)^n}{n+1}+\cdots,$$

此级数为收敛的交错级数 $\sum_{n=1}^{\infty} \frac{(-1)^{n-1}}{n}$.

所以此幂级数的收敛域是 $[-3,3)$.

【例3】 求幂级数 $\sum_{n=0}^{\infty} (-1)^n \frac{x^{2n}}{3n+1}$ 的收敛域.

解 所给的幂级数缺少 x 的奇次幂项,是一个缺项幂级数,因此不能直接利用公式求收敛半径 R,我们仍可考虑级数

$$\sum_{n=0}^{\infty} \left| (-1)^n \frac{x^{2n}}{3n+1} \right| = \sum_{n=0}^{\infty} \frac{x^{2n}}{3n+1},$$

对此正项级数利用比值审敛法,有

$$\rho = \lim_{n \to \infty} \frac{u_{n+1}}{u_n} = \lim_{n \to \infty} \frac{\frac{x^{2(n+1)}}{3(n+1)+1}}{\frac{x^{2n}}{3n+1}} = x^2.$$

当 $\rho < 1$,即 $x^2 < 1$,也就是说 $|x| < 1$ 时,所求幂级数收敛.

当 $x = \pm 1$ 时,代入得级数 $\sum_{n=0}^{\infty} (-1)^n \frac{1}{3n+1}$ 为收敛级数.

所以幂级数 $\sum_{n=0}^{\infty} (-1)^n \frac{x^{2n}}{3n+1}$ 的收敛域为 $[-1,1]$.

【例4】 求幂级数 $\sum_{n=1}^{\infty} (-1)^n \frac{2^n}{\sqrt{n}} \left(x - \frac{1}{2}\right)^n$ 的收敛域.

解 令 $t = x - \frac{1}{2}$,原级数化为

$$\sum_{n=1}^{\infty} (-1)^n \frac{2^n}{\sqrt{n}} t^n,$$

易得

$$\rho = \lim_{n \to \infty} \left| \frac{u_{n+1}}{u_n} \right| = \lim_{n \to \infty} \left| \frac{\frac{2^{n+1}}{\sqrt{n+1}}}{\frac{2^n}{\sqrt{n}}} \right| = \lim_{n \to \infty} \frac{2\sqrt{n}}{\sqrt{n+1}} = 2.$$

所以级数 $\sum_{n=1}^{\infty} (-1)^n \frac{2^n}{\sqrt{n}} t^n$ 的收敛半径为 $\frac{1}{2}$,即当 $|t| < \frac{1}{2}$ 时是收敛的,从而原级数为 $\left|x - \frac{1}{2}\right| < \frac{1}{2}$ 时,也就是说 $x \in (0,1)$ 时,所求幂级数收敛.

当 $x = 0$ 时,代入得级数 $\sum_{n=0}^{\infty} \frac{1}{\sqrt{n}}$ 为发散级数.

当 $x = 1$ 时,代入得级数 $\sum_{n=0}^{\infty} \frac{(-1)^n}{\sqrt{n}}$ 为收敛级数.

所以幂级数 $\sum_{n=1}^{\infty} (-1)^n \frac{2^n}{\sqrt{n}} \left(x - \frac{1}{2}\right)^n$ 的收敛域为 $(0,1]$.

三、幂级数的运算性质

设有两个幂级数 $\sum\limits_{n=0}^{\infty}a_n x^n$ 与 $\sum\limits_{n=0}^{\infty}b_n x^n$，且

$$\sum_{n=0}^{\infty}a_n x^n = S_1(x), -R_1 < x < R_1,$$

$$\sum_{n=0}^{\infty}b_n x^n = S_2(x), -R_2 < x < R_2,$$

记 $R = \min(R_1, R_2)$，则有下列几个性质.

性质 1 $\sum\limits_{n=0}^{\infty}(a_n \pm b_n)x^n = S_1(x) \pm S_2(x), -R < x < R.$

性质 2 $\sum\limits_{n=0}^{\infty}a_n x^n \cdot \sum\limits_{n=0}^{\infty}b_n x^n = S_1(x) \cdot S_2(x), -R < x < R.$

性质 3 若幂级数 $\sum\limits_{n=0}^{\infty}a_n x^n$ 的收敛半径为 R，则和函数 $S(x)$ 在其收敛区间上连续.

性质 4 若幂级数 $\sum\limits_{n=0}^{\infty}a_n x^n$ 的收敛半径为 R，则在 $(-R, R)$ 内的和函数 $S(x)$ 可逐项求导，即有

$$S'(x) = \left(\sum_{n=0}^{\infty}a_n x^n\right)' = \sum_{n=0}^{\infty}(a_n x^n)' = \sum_{n=0}^{\infty}a_n n x^{n-1},$$

所得幂级数仍在 $(-R, R)$ 内收敛，但在收敛区间端点处的收敛性可能改变.

性质 5 若幂级数 $\sum\limits_{n=0}^{\infty}a_n x^n$ 的收敛半径为 R，则幂级数的和函数 $S(x)$ 在收敛区间 $(-R, R)$ 内可以逐项积分，即有

$$\int_0^x S(x)\mathrm{d}x = \int_0^x \sum_{n=0}^{\infty}a_n x^n \mathrm{d}x = \sum_{n=0}^{\infty}\int_0^x a_n x^n \mathrm{d}x = \sum_{n=0}^{\infty}\frac{a_n}{n+1}x^{n+1},$$

所得幂级数仍在 $(-R, R)$ 内收敛，但在收敛区间端点处的敛散性可能改变.

由以上这些性质可知：幂级数在其收敛区间内就像普通的多项式一样，可以相加、相减、相乘，也可以逐项求导、逐项积分.

性质 3、性质 4、性质 5 常用于求幂级数的和函数，在求幂级数的和函数时，经常通过幂级数的运算性质将幂级数转化为几何级数

$$\sum_{n=0}^{\infty}x^n = 1 + x + x^2 + \cdots + x^n + \cdots = \frac{1}{1-x} \quad (-1 < x < 1),$$

再由几何级数的和函数来解决相关幂级数的和函数问题.

【**例 5**】 求幂级数 $\sum\limits_{n=1}^{\infty}n x^{n-1}$ 的和函数.

解 由

$$\rho = \lim_{n\to\infty}\left|\frac{u_{n+1}}{u_n}\right| = \lim_{n\to\infty}\frac{n+1}{n} = 1,$$

得幂级数 $\sum_{n=1}^{\infty} nx^{n-1}$ 的收敛半径 $R=\dfrac{1}{\rho}=1$. 当 $x=\pm 1$ 时,因通项在 $n\to\infty$ 时的极限不是零,故原级数发散,因此原级数的收敛域为 $(-1,1)$.

设 $S(x)=\sum_{n=1}^{\infty} nx^{n-1}, x\in(-1,1)$,利用幂级数的运算性质,逐项求积分得

$$\int_0^x S(x)\mathrm{d}x = \int_0^x \sum_{n=1}^{\infty} nx^{n-1}\mathrm{d}x = \sum_{n=1}^{\infty}\int_0^x nx^{n-1}\mathrm{d}x = \sum_{n=1}^{\infty} x^n = \frac{x}{1-x}, x\in(-1,1),$$

两边对 x 求导,得所求和函数为

$$S(x)=\frac{1}{(1-x)^2}, x\in(-1,1).$$

【例 6】 求幂级数 $\sum_{n=1}^{\infty}(-1)^{n-1}\dfrac{x^n}{n}$ 在收敛区间上的和函数.

解 由

$$\rho = \lim_{n\to\infty}\left|\frac{a_{n+1}}{a_n}\right| = \lim_{n\to\infty}\frac{n}{n+1} = 1$$

得收敛半径 $R=1$,所以收敛区间为 $(-1,1)$. 设在收敛区间 $(-1,1)$ 上的和函数为 $S(x)$,即

$$S(x)=x-\frac{x^2}{2}+\frac{x^3}{3}-\frac{x^4}{4}+\cdots+(-1)^{n-1}\frac{x^n}{n}+\cdots.$$

显然 $S(0)=0$,且

$$\begin{aligned}S'(x) &= 1-x+x^2-x^3+\cdots+(-1)^{n-1}x^{n-1}+\cdots\\ &= \frac{1}{1-(-x)} = \frac{1}{1+x}(-1<x<1).\end{aligned}$$

由积分公式

$$\int_0^x S'(t)\mathrm{d}t = S(x)-S(0),$$

所以

$$S(x)=S(0)+\int_0^x S'(t)\mathrm{d}t = 0+\int_0^x \frac{1}{1+t}\mathrm{d}t = \ln(1+x).$$

习题 5-3

求下列幂级数的收敛半径和收敛域.

(1) $\sum_{n=1}^{\infty}\dfrac{x^n}{n\cdot 3^n}$;   (2) $\sum_{n=0}^{\infty}\dfrac{x^n}{n!}$;

(3) $\sum_{n=1}^{\infty}\dfrac{3^n}{2n+1}x^{2n+1}$;   (4) $\sum_{n=1}^{\infty}\dfrac{2n-1}{2^n}x^{2n-2}$;

(5) $\sum_{n=1}^{\infty}\dfrac{(x-1)^n}{(n+1)2^n}$;   (6) $\sum_{n=1}^{\infty}\dfrac{\sqrt{n}}{n^2+1}\cdot x^n$;

第四节 函数展开成幂级数

通过前面的学习我们看到,幂级数不仅形式简单,而且有一些与多项式类似的性质. 另外我们还发现有一些函数可以表示成幂级数,例如

$$\frac{1}{1-x} = 1 + x + x^2 + \cdots + x^n + \cdots,$$

$$\frac{1}{1+x} = 1 - x + x^2 - \cdots + (-1)^n x^n + \cdots.$$

为此我们有了下面两个问题:

问题 1:函数 $f(x)$ 在什么条件下可以表示成幂级数

$$f(x) = a_0 + a_1(x-x_0) + a_2(x-x_0)^2 + \cdots + a_n(x-x_0)^n + \cdots.$$

问题 2:如果 $f(x)$ 能表示成如上形式的幂级数,那么系数 $a_n(n=0,1,2,\cdots)$ 怎样确定?

下面我们就来讨论这两个问题.

我们先来讨论第二个问题. 假定 $f(x)$ 在 x_0 的某邻域内能表示成

$$f(x) = a_0 + a_1(x-x_0) + a_2(x-x_0)^2 + \cdots + a_n(x-x_0)^n + \cdots$$

这种形式的幂级数,其中 x_0 是事先给定某一常数,我们来看系数 $a_n(n=0,1,2,\cdots)$ 与 $f(x)$ 应有怎样的关系.

由于 $f(x)$ 可以表示成幂级数,我们可根据幂级数的性质,在 $x=x_0$ 的邻域内 $f(x)$ 任意阶可导. 对其表示式两端求导,得

$$f'(x) = a_1 + 2a_2(x-x_0) + 3a_3(x-x_0)^2 + \cdots,$$

$$f''(x) = 2 \times 1 \times a_2 + 3 \times 2 \times a_3(x-x_0) + 4 \times 3 \times 2 \times a_4(x-x_0)^2 + \cdots,$$

$$\cdots\cdots\cdots\cdots$$

$$f^{(n)}(x) = n(n-1)\cdots \times 2 \times a_n + (n+1)n(n-1)\cdots \times 2 \times a_{n+1}(x-x_0) + \cdots,$$

$$\cdots\cdots\cdots\cdots$$

在 $f(x)$ 幂级数形式及其各阶导数中,令 $x=x_0$,分别得

$$a_0 = f(x_0), a_1 = f'(x_0), a_2 = \frac{1}{2!}f''(x_0), \cdots, a_n = \frac{1}{n!}f^{(n)}(x_0), \cdots.$$

把这些所求的系数代入

$$f(x) = a_0 + a_1(x-x_0) + a_2(x-x_0)^2 + \cdots + a_n(x-x_0)^n + \cdots$$

得

$$f(x) = f(x_0) + f'(x_0)(x-x_0) + \frac{f''(x_0)}{2!}(x-x_0)^2 + \cdots + \frac{f^{(n)}(x_0)}{n!}(x-x_0)^n + \cdots,$$

该式右端的幂级数称为 $f(x)$ 在 $x=x_0$ 处的**泰勒级数**.

上式是在 $f(x)$ 可以展成形如

$$f(x) = a_0 + a_1(x-x_0) + a_2(x-x_0)^2 + \cdots + a_n(x-x_0)^n + \cdots$$

的幂级数的假定下得出的. 实际上,只要 $f(x)$ 在 $x=x_0$ 处任意阶可导,我们就可以写出函数的泰勒级数.

那么,函数写成泰勒级数后能否收敛?若收敛,是否收敛于 $f(x)$ 呢?

函数写成泰勒级数是否收敛将取决于 $f(x)$ 与它的泰勒级数的部分和之差

$$r_n(x) = f(x) - \left[f(x_0) + f'(x_0)(x-x_0) + \frac{f''(x_0)}{2!}(x-x_0)^2 + \cdots + \frac{f^{(n)}(x_0)}{n!}(x-x_0)^n \right]$$

是否在 $n \to \infty$ 时趋于零. 如果在某一区间 I 中有

$$\lim_{n \to \infty} r_n(x) = 0 (x \in I),$$

那么 $f(x)$ 在 $x = x_0$ 处的泰勒级数将在区间 I 上收敛于 $f(x)$. 此时,我们把这个泰勒级数称为函数 $f(x)$ 在区间 I 上的**泰勒展开式**.

定理(泰勒定理) 设函数 $f(x)$ 在 $x = x_0$ 的某邻域内有直到 $(n+1)$ 阶的导数,则对于该邻域内的任一 x,都有

$$f(x) = f(x_0) + f'(x_0)(x-x_0) + \frac{f''(x_0)}{2!}(x-x_0)^2$$
$$+ \cdots + \frac{f^{(n)}(x_0)}{n!}(x-x_0)^n + r_n(x), \tag{5-3}$$

其中

$$r_n(x) = \frac{f^{(n+1)}(\xi)}{(n+1)!}(x-x_0)^{n+1} \quad (\xi \text{ 在 } x_0 \text{ 与 } x \text{ 之间}),$$

则称此公式为泰勒公式,$r_n(x)$ 称为拉格朗日型余项.

在泰勒公式 (5-3) 中,取 $x_0 = 0$,此时泰勒公式变成:

$$f(x) = f(0) + f'(0)x + \frac{f''(0)}{2!}x^2 + \cdots + \frac{f^{(n)}(0)}{n!}x^n + \frac{f^{(n+1)}(\xi)}{(n+1)!}x^{n+1},$$

其中,ξ 在 0 与 x 之间. 此式称为**麦克劳林公式**.

函数 $f(x)$ 在 $x = 0$ 的泰勒级数称为麦克劳林级数. 当麦克劳林公式中的余项趋于零时,函数 $f(x)$ 就可展开成 x 的幂级数:

$$f(x) = f(0) + f'(0)x + \frac{f''(0)}{2!}x^2 + \cdots + \frac{f^{(n)}(0)}{n!}x^n + \cdots.$$

显然,函数 $f(x)$ 能展开成 x 的幂级数,则这个幂级数就是**麦克劳林级数**,且函数的幂级数展开式是唯一的.

【例1】 求指数函数 $f(x) = e^x$ 的麦克劳林展开式.

解 由于

$$f(x) = f'(x) = f''(x) = \cdots = f^{(n)}(x) = e^x,$$

故有

$$f(0) = f'(0) = f''(0) = \cdots f^{(n)}(0) = 1,$$

因此,$f(x)$ 的麦克劳林级数为

$$f(x) = e^x = f(0) + f'(0)x + \frac{f''(0)}{2!}x^2 + \cdots + \frac{f^{(n)}(0)}{n!}x^n + \cdots$$
$$= 1 + x + \frac{1}{2!}x^2 + \cdots + \frac{1}{n!}x^n + \cdots = \sum_{n=0}^{\infty} \frac{1}{n!}x^n.$$

显然,该幂级数的收敛区间为 $(-\infty, +\infty)$.

对任意 $x \in (-\infty, +\infty)$,$f(x)$ 在 $x = 0$ 的泰勒公式中余项的绝对值满足

$$|r_n(x)| = \left|\frac{e^\xi}{(n+1)!}x^{n+1}\right| \leqslant e^{|x|}\frac{|x|^{n+1}}{(n+1)!},$$

其中,ξ 是介于 0 与 x 之间的一个数,当 x 固定时,$e^{|x|}$ 是一个确定的数,而 $\frac{|x|^{n+1}}{(n+1)!}$ 是收敛级数 $\sum_{n=0}^{\infty}\frac{|x|^{n+1}}{(n+1)!}$ 的一般项,所以有

$$\lim_{n\to\infty}\frac{|x|^{n+1}}{(n+1)!} = 0,$$

从而 $\lim_{n\to\infty}r_n(x)=0$,于是得到 e^x 的幂级数展开式为

$$e^x = 1 + x + \frac{1}{2!}x^2 + \cdots + \frac{1}{n!}x^n + \cdots, \quad x \in (-\infty, +\infty).$$

这说明 e^x 在 $x=0$ 附近用幂级数的部分和(多项式)来近似代替,随着项数的增加,越来越接近 e^x.

这种由泰勒定理将函数展开成 x 的幂级数的方法称为直接展开法,一般操作步骤如下:

(1) 计算 $f^{(n)}(x_0)$, $n=0,1,2,\cdots$;

(2) 写出对应泰勒级数 $\sum_{n=0}^{\infty}\frac{f^{(n)}(x_0)}{n!}(x-x_0)^n$,并求出收敛半径 R;

(3) 验证在 $|x-x_0|<R$ 内,$\lim_{n\to\infty}r_n(x)=0$;

(4) 写出所求函数 $f(x)$ 的泰勒级数及其收敛区间.

由此方法,读者不难将函数 $f(x)=\sin x$ 展开成 x 的幂级数.

【例2】 求函数 $f(x)=\sin x$ 的麦克劳林展开式.

解 由

$$f^{(n)}(x) = \sin\left(x + \frac{n}{2}\pi\right) \quad (n=1,2,3,\cdots),$$

可知

$$f(0)=0, f'(0)=1, f''(0)=0, f'''(0)=-1,$$
$$\cdots, f^{(2n)}(0)=0, f^{(2n+1)}(0)=(-1)^n,$$

因此,可以得到幂级数

$$x - \frac{1}{3!}x^3 + \frac{1}{5!}x^5 - \cdots + (-1)^n \frac{1}{(2n+1)!}x^{2n+1} + \cdots,$$

且它的收敛区间为 $(-\infty, +\infty)$.

因为所给函数的麦克劳林公式中的余项为

$$r_n(x) = \frac{\sin\left[\theta\xi + \frac{(n+1)\pi}{2}\right]}{(n+1)!}x^{n+1}.$$

所以可以推知

$$|r_n(x)| = \left|\frac{\sin\left[\theta\xi + \frac{(n+1)\pi}{2}\right]}{(n+1)!}\right||x^{n+1}| \leqslant \frac{|x|^{n+1}}{(n+1)!} \to 0 \quad (\text{当 } n\to\infty \text{ 时}).$$

因此得到 $f(x)=\sin x$ 的幂级数展开式为

$$\sin x = x - \frac{1}{3!}x^3 + \frac{1}{5!}x^5 - \cdots + (-1)^n \frac{1}{(2n+1)!}x^{2n+1} + \cdots, x \in (-\infty, +\infty).$$
(5-4)

这种运用麦克劳林公式将函数展开成幂级数的方法,虽然程序明确,但是运算常常过于繁琐,且在一般情况下,只有少数简单的函数的幂级数展开式能利用直接展开法得到,更多的函数是根据唯一性定理,利用已知函数的展开式,通过线性运算法则、变量代换、恒等变形、逐项求导或逐项积分等方法间接地求得幂级数的展开式.我们称这种方法为函数展开成幂级数的间接展开法.实质上,求函数的幂级数展开式是求幂级数和函数的逆过程.

【例 3】 将函数 $f(x) = \cos x$ 展开成 x 的幂级数.

解 我们注意到 $(\sin x)' = \cos x$,对函数 $f(x) = \sin x$ 的幂级数展开式(5-4)两边求导可得函数 $\cos x$ 的展开式:

$$\cos x = 1 - \frac{x^2}{2!} + \frac{x^4}{4!} - \cdots + (-1)^n \frac{x^{2n}}{(2n)!} + \cdots, \quad x \in (-\infty, +\infty).$$

【例 4】 将函数 $f(x) = \ln(x+1)$ 展开成 x 的幂级数.

解 注意到 $\ln(x+1) = \int_0^x \frac{1}{t+1} dt$,而已知

$$\frac{1}{1+x} = 1 - x + x^2 - x^3 + \cdots + (-1)^n x^n + \cdots, \quad x \in (-1, 1).$$

对 $\frac{1}{1+x}$ 的幂级数展开式两边积分可得函数 $\ln(x+1)$ 的展开式:

$$\ln(x+1) = x - \frac{1}{2}x^2 + \frac{1}{3}x^3 - \cdots + \frac{(-1)^n}{n+1}x^{n+1} + \cdots.$$

因为幂级数逐项积分后收敛半径不变,所以,上式右端级数的收敛半径仍为 $R=1$;而当 $x=-1$ 时该级数发散,当 $x=1$ 时级数收敛.故收敛域为 $-1 < x \leqslant 1$.

【例 5】 试求函数 $f(x) = \arctan x$ 的幂级数展开式.

解 我们注意到

$$(\arctan x)' = \frac{1}{1+x^2},$$

而 $\frac{1}{1+x^2}$ 可以由 $\frac{1}{1-x}$ 的幂级数展开式将 x 换成 $-x^2$ 即可.

因为 $\frac{1}{1-t} = \sum_{n=0}^{\infty} t^n (|t| < 1)$,令 $t = -x^2$ 可得

$$f'(x) = \frac{1}{1+x^2} = \sum_{n=0}^{\infty} (-1)^n x^{2n}, \quad x \in (-1, 1).$$

对上式两边积分,得所求展开式为

$$\arctan x = \sum_{n=0}^{\infty} (-1)^n \frac{x^{2n+1}}{2n+1}, \quad x \in [-1, 1]$$

另外我们补充一个二项式级数:

$$(1+x)^m = 1 + mx + \frac{m(m-1)}{2!}x^2 + \cdots + \frac{m(m-1)\cdots(m-n+1)}{n!}x^n + \cdots, \quad x \in (-1, 1),$$

其端点的敛散性与 m 有关,例如当 $m>0$ 时,收敛域为 $[-1,1]$,而当 $-1<m<0$ 时,收敛域为 $(-1,1]$.

【例 6】 将函数 $f(x)=\dfrac{1}{x^2-x-2}$ 展开成 $x-3$ 的幂级数.

解 因为
$$f(x)=\frac{1}{(x-2)(x+1)}=\frac{1}{3}\left(\frac{1}{x-2}-\frac{1}{x+1}\right)$$
$$=\frac{1}{3}\left[\frac{1}{1+(x-3)}-\frac{1}{4\left(1+\dfrac{x-3}{4}\right)}\right],$$

而
$$\frac{1}{1+(x-3)}=\sum_{n=0}^{\infty}(-1)^n(x-3)^n \quad (|x-3|<1),$$
$$\frac{1}{4\left(1+\dfrac{x-3}{4}\right)}=\frac{1}{4}\sum_{n=0}^{\infty}(-1)^n\left(\frac{x-3}{4}\right)^n \quad \left(\left|\frac{x-3}{4}\right|<1\right),$$

所以
$$f(x)=\frac{1}{x^2-x-2}=\frac{1}{3}\left[\sum_{n=0}^{\infty}(-1)^n(x-3)^n-\frac{1}{4}\sum_{n=0}^{\infty}(-1)^n\left(\frac{x-3}{4}\right)^n\right]$$
$$=\sum_{n=0}^{\infty}\frac{(-1)^n}{3}\left(1-\frac{1}{4^{n+1}}\right)(x-3)^n, \quad x\in(2,4).$$

习题 5–4

1. 将下列函数展开成 x 的幂级数,并指出收敛区间.

(1) $f(x)=\dfrac{1}{2+x}$;　　　　　(2) $f(x)=\dfrac{3}{x^2+x-2}$;

(3) $f(x)=\cos^2 x$;　　　　　　(4) $f(x)=\dfrac{3}{1-x^2}$;

(5) $f(x)=\mathrm{e}^{2x}$;　　　　　　　(6) $f(x)=\ln(2+x)$.

2. 将下列函数展开成 $x-1$ 的幂级数.

(1) $f(x)=\dfrac{1}{3+x}$;　　　　　(2) $f(x)=\ln x$.

第五节　数学实验五

一、常数项级数求和

在 MATLAB 中,用于级数求和的命令是 symsum( ),其调用格式为
$$\text{symsum(comiterm,v,a,b)},$$
其中 comiterm 为级数的通项表达式,v 是通项中的求和变量,a,b 分别为求和变量的起点和终点.

【例 1】 求级数 $S_1=\sum\limits_{n=1}^{\infty}\dfrac{2n-1}{2^n}, S_2=\sum\limits_{n=1}^{\infty}\dfrac{1}{n(2n+1)}$ 的和.

解 MATLAB 操作命令：
```
>> clear all;
>> syms n;
>> f1 = (2*n-1)/2^n;f2 = 1/(n*(2*n+1));
>> S1 = symsum(f1,n,1,inf), S2 = symsum(f2,n,1,inf)
S1 =
    3
S2 =
    2 - 2*log(2)
```

【例 2】 求级数 $S_3 = \sum_{n=1}^{\infty} \frac{\sin x}{n^2}, S_4 = \sum_{n=1}^{\infty} (-1)^{n-1} \frac{x^n}{n}$ 的和.

解 MATLAB 操作命令：
```
>> clear all;
>> syms x n;
>> f3 = sin(x)/n^2;f4 = (-1)^(n-1)*x^n/n;
>> S3 = symsun(f3,n,1,inf), S4 = symsun(f4,n,1,inf)
S3 =
    1/6*sin(x)*pi^2
S4 =
    log(x+1)
```

二、函数的泰勒展开

在 MATLAB 中，用于幂级数展开的命令是 taylor( )，其调用格式为
$$\text{taylor(fun,n,v,a)},$$
其中 fun 为待展开的函数表达式，n 为展开项数，缺省是展开至 5 次幂，v 是函数表达式中指定的变量，缺省为默认变量，a 为展开点，缺省为 0，即麦克劳林展开式.

【例 3】 将函数 $f(x) = \sin x, f(x) = e^x$ 展开为 x 的幂级数，分别展开至 5 次和 9 次.

解 MATLAB 操作命令：
```
>> clear all;
>> syms x;
>> f1 = sin(x);f2 = exp(x);
>> t1_5 = taylor(f1), t2_5 = taylor(f2)
t1_5 =
    x - 1/6*x^3 + 1/120*x^5
t2_5 =
    1 + x + 1/2*x^2 + 1/6*x^3 + 1/24*x^4 + 1/120*x^5
>> t1_9 = taylor(f1,10), t2_9 = taylor(f2,10)
t1_9 =
```

$x - 1/6*x^3 + 1/120*x^5 - 1/5040*x^7 + 1/362880*x^9$

t2_9 =
　　$1 + x + 1/2*x^2 + 1/6*x^3 + 1/24*x^4 + 1/120*x^5 + 1/720*x^6 + 1/5040*x^7 + 1/40320*x^8 + 1/362880*x^9$

第六节　实用举例

一、近似计算

在函数的幂级数展开式中,取前面有限项,即可得到函数的近似公式,这样就可计算复杂函数的函数值,可以首先利用级数把函数近似表示为 x 的多项式,而多项式的计算是非常方便的.

【例 1】 利用 e^x 的幂级数展开式求 e 的近似值,要求精确到 10^{-5}.

解　e^x 的幂级数展开式为

$$e^x = 1 + x + \frac{1}{2!}x^2 + \cdots + \frac{1}{n!}x^n + \cdots$$

$$\approx 1 + x + \frac{1}{2!}x^2 + \cdots + \frac{1}{n!}x^n.$$

因为

$$\frac{1}{9!} \approx 2.755\ 73 \times 10^{-6} < 10^{-5} < \frac{1}{8!} \approx 2.480\ 16 \times 10^{-5},$$

所以,令 $x=1, n=8$ 得,

$$e \approx 1 + 1 + \frac{1}{2!} + \cdots + \frac{1}{8!} \approx 2.718\ 28.$$

上述结果可由 MATLAB 计算如下:
≫ s = 1;for i = 1∶8 s = s + 1/factorial(i);end,vpa(s,6)
ans =
　　2.718 28

【例 2】 计算 $\int_0^1 \frac{\sin x}{x} dx$, 精确到 10^{-4}.

解　函数 $\sin x$ 的幂级数展开式为

$$\sin x = x - \frac{1}{3!}x^3 + \frac{1}{5!}x^5 - \frac{1}{7!}x^7 + \cdots,$$

所以

$$\int_0^1 \frac{\sin x}{x} dx = 1 - \frac{1}{3 \cdot 3!} + \frac{1}{5 \cdot 5!} - \frac{1}{7 \cdot 7!} + \cdots,$$

因为

$$\frac{1}{7 \cdot 7!} < \frac{1}{30\ 000} < 10^{-4}$$

故取前 3 项为积分的近似值,得

$$\int_0^1 \frac{\sin x}{x} dx = 1 - \frac{1}{3 \cdot 3!} + \frac{1}{5 \cdot 5!} \approx 0.946\,1.$$

二、永续奖学金

【例 3】 某基金会拟在某校设立一永续奖学金,合同规定该基金会每年向学校捐助 50 万元用以奖励品学兼优的学生,永不停止. 自签约之日起支付第一笔款项,以后每年支付一笔,所有款项均通过银行兑付. 假设银行年利率为 5%,且以连续复利计算利息,试问在签订合同之日,该基金会应该在银行存入多少钱才能保证合同正常履行?

解 设银行年利率为 r,每年计息 n 次,银行现有存款为 P,t 年后银行存款余额 F 为

$$F = P\left(1 + \frac{r}{n}\right)^{nt}.$$

由于以连续复利计算利息,可以认为 $n \to \infty$,所以

$$F = P \cdot \lim_{n \to \infty}\left(1 + \frac{r}{n}\right)^{nt} = P \cdot e^{rt}.$$

这等价于

$$P = F \cdot e^{-rt}.$$

这样,当 $r=0.05$,$F=50$(万元)时,第一笔款项在签约当天兑付,其现值为 $P_1=50$(万元);第二笔款项在 1 年后兑付,其现值为 $P_2=50 \cdot e^{-0.05}$;第三笔款项在 2 年后兑付,其现值为 $P_3=50 \cdot e^{-0.05 \times 2}$;这样永续下去,第 n 笔款项在 $n-1$ 年后兑付,其现值为 $P_n=50 \cdot e^{-0.05 \times (n-1)}$;……则总现值为

$$P = P_1 + P_2 + P_3 + \cdots + P_n + \cdots$$
$$= 50 + 50 \cdot e^{-0.05} + 50 \cdot e^{-0.05 \times 2} + \cdots + 50 \cdot e^{-0.05 \times (n-1)} + \cdots.$$

此为等比级数,且公比 $|q|=|q|=|e^{-0.05}|<1$,所以原级数收敛,且其和为

$$P = \frac{50}{1 - e^{-0.05}} \approx 1\,025.21(万元),$$

即该基金会应该在首日存入银行 1 025.21 万元,才能保证奖学金正常发放.

上述结果可由 MATLAB 计算如下:

```
>> P = 50/(1 - exp(1)^( - 0.05));
>> vpa(P,8)
ans =
    1 025.208 3
```

本 章 总 结

一、基本内容

常数项级数的定义,级数收敛与发散的定义,收敛级数的性质,正项级数收敛的充分必要条件,级数敛散性的判定,绝对收敛与条件收敛的定义与性质,幂级数的敛散性判定,收敛半径及收敛域,幂级数的运算性质,泰勒(Taylor)级数、麦克劳林级数的定义,函数展开成幂级数等.

二、基本方法

1. 正项级数常用的审敛法

(1) 定义判别法；

(2) 级数收敛的必要条件；

(3) 比较审敛法；

(4) 比值审敛法.

注：① 如果正项级数的通项 u_n 是分式，而且分子、分母都是 n 的多项式（常数是零次多项式）或无理式时，只要分母的最高次数比分子的最高次数高一次以上（不包含一次），该正项级数收敛，否则发散.

② 当正项级数 $\sum\limits_{n=1}^{\infty} u_n$ 的通项 u_n 中出现 a^n 或 $n!$ 等形式时，常用比值判别法.

2. 三个常用的常数项级数的敛散性（表 5-1）

表 5-1

名称	表达式	敛散性
几何级数（等比级数）	$\sum\limits_{n=0}^{\infty} aq^n$	当 $\lvert q \rvert < 1$，级数收敛于 $\dfrac{a}{1-q}$； 当 $\lvert q \rvert \geqslant 1$，级数发散
调和级数	$\sum\limits_{n=1}^{\infty} \dfrac{1}{n}$	发散
p－级数	$\sum\limits_{n=1}^{\infty} \dfrac{1}{n^p}$	当 $p > 1$，级数收敛；$p \leqslant 1$ 级数发散

3. 任意项级数的审敛法

(1) 交错级数的莱布尼茨审敛法；

(2) 绝对收敛的性质.

4. 函数展开成幂级数的直接展开法与间接展开法.

总复习题五

一、选择题.

1. 若 $\lim\limits_{n \to \infty} U_n = 0$，则常数项级数 $\sum\limits_{n=1}^{\infty} U_n$（   ）

A. 发散　　　　B. 条件收敛　　　　C. 绝对收敛　　　　D. 不一定收敛

2. 设 $\sum\limits_{n=1}^{\infty} U_n$ 收敛，则下列级数一定收敛的是（   ）

A. $\sum_{n=1}^{\infty} |U_n|$ B. $\sum_{n=1}^{\infty} (2\,008 U_n)$ C. $\sum_{n=1}^{\infty} (U_n + 0.001)$ D. $\sum_{n=1}^{\infty} \frac{1}{U_n}$

3. 设 $\sum_{n=1}^{\infty} u_n$ 收敛,则下列级数一定发散的是(　　)

A. $\sum_{n=1}^{\infty} 2u_n$ B. $\sum_{n=1}^{\infty} (u_n + 2)$ C. $2 + \sum_{n=1}^{\infty} u_n$ D. $\sum_{n=5}^{\infty} u_n$

4. 下列级数中一定收敛的是(　　)

A. $\sum_{n=10}^{\infty} \frac{1}{n^2 - 4}$ B. $\sum_{n=10}^{\infty} \frac{2^n - 4^n}{4^n}$

C. $\sum_{n=10}^{\infty} \left(\frac{n}{1+n}\right)^n$ D. $\frac{1}{\sqrt{2}} + \frac{1}{\sqrt{3}} + \cdots \frac{1}{\sqrt{n}} + \cdots$

5. 下列级数条件收敛的是(　　)

A. $\sum_{n=1}^{\infty} (-1)^n \frac{n}{n+1}$ B. $\sum_{n=1}^{\infty} \frac{(-1)^n}{n^2}$

C. $\sum_{n=1}^{\infty} \frac{(-1)^n}{\sqrt{n}}$ D. $\sum_{n=1}^{\infty} (-1)^n \left(\frac{3}{2}\right)^n$

6. 下列说法正确的是(　　)

A. 若级数 $\sum_{n=1}^{\infty} u_n^2 (u_n > 0)$ 收敛,则级数 $\sum_{n=1}^{\infty} u_n$ 收敛

B. 若级数 $\sum_{n=1}^{\infty} u_n (u_n > 0)$ 收敛,则级数 $\sum_{n=1}^{\infty} u_n^2$ 收敛

C. 若级数 $\sum_{n=1}^{\infty} u_n$ 发散,则 $\lim_{n \to \infty} u_n \neq 0$

D. 若 $\lim_{n \to \infty} u_n = 0$,则级数 $\sum_{n=1}^{\infty} u_n$ 收敛

7. 设 $\sum_{n=1}^{\infty} u_n$ 为正项级数,如下说法正确的是(　　)

A. 如果 $\lim_{n \to \infty} u_n = 0$,则 $\sum_{n=1}^{\infty} u_n$ 必定收敛

B. 如果 $\lim_{n \to \infty} \frac{u_{n+1}}{u_n} = l (0 \leqslant l < +\infty)$,则 $\sum_{n=1}^{\infty} u_n$ 必定收敛

C. 如果 $\sum_{n=1}^{\infty} u_n$ 收敛,则 $\sum_{n=1}^{\infty} u_n^2$ 必定也收敛

D. 如果交错级数 $\sum_{n=1}^{\infty} (-1)^n u_n$ 收敛,则 $\sum_{n=1}^{\infty} u_n$ 必定也收敛

8. $\sum_{n=0}^{\infty} a_n (x-1)^n$ 的收敛区间是 $[-1, 3]$,则 $\sum_{n=0}^{\infty} a_n x^{2n}$ 的收敛区间为(　　)

A. $[-1, 3]$ B. $[-2, 2]$

C. $(-\sqrt{2}, \sqrt{2})$ D. $[-\sqrt{2}, \sqrt{2}]$

二、填空题.

1. 级数 $\sum_{n=1}^{\infty} \frac{1}{n(n+1)}$ 的前 9 项的和 $S_9 = $ _____.

2. 级数 $\sum_{n=1}^{\infty} \frac{1}{3^n}$ 的和 $S = $ _____.

3. 幂级数 $\sum_{n=0}^{\infty} \left(\frac{x}{3}\right)^n$ 的收敛半径 R 为 _____.

4. 幂级数 $\sum_{n=1}^{\infty} \frac{(-1)^n}{3^n \sqrt{n}} x^{2n-1}$ 的收敛半径 $R = $ _____.

5. 幂级数 $\sum_{n=1}^{\infty} \frac{(-1)^n}{\sqrt{n} \cdot 2^n} x^n$ 的收敛域为 _____.

6. 幂级数 $\sum_{n=0}^{\infty} \frac{(x-2)^n}{(n+1) \cdot 3^n}$ 的收敛域为 _____.

三、解答题.

1. 判定下列级数的敛散性:

(1) $\sum_{n=1}^{\infty} \frac{1}{n}$; (2) $\sum_{n=1}^{\infty} \frac{1}{n(n+1)}$;

(3) $\sum_{n=1}^{\infty} \left(\frac{n+1}{n}\right)^n$; (4) $\sum_{n=1}^{\infty} \frac{5}{6^n}$;

(5) $\sum_{n=1}^{\infty} \frac{(-1)^{n-1} \cdot n}{2n+1}$; (6) $\sum_{n=1}^{\infty} \left(\frac{1}{2^n} + \frac{3}{n(n+1)}\right)$;

(7) $\sum_{n=1}^{\infty} \frac{1}{n\sqrt{n+1}}$; (8) $\sum_{n=1}^{\infty} \frac{1}{(n+1)(n+2)}$;

(9) $\sum_{n=1}^{\infty} \frac{n+2}{n(n+1)}$; (10) $\sum_{n=1}^{\infty} \frac{n+1}{2n^4-1}$;

(11) $\sum_{n=1}^{\infty} \frac{3^n}{n \cdot 2^n}$; (12) $\sum_{n=1}^{\infty} \frac{n^n}{n!}$;

(13) $\sum_{n=1}^{\infty} \frac{n}{3^n}$; (14) $\sum_{n=1}^{\infty} \frac{1}{\sqrt{n(n+1)}}$.

2. 判定下列级数是条件收敛还是绝对收敛:

(1) $\sum_{n=1}^{\infty} (-1)^n \frac{1}{n}$; (2) $\sum_{n=1}^{\infty} (-1)^{n-1} \frac{n}{2^n}$;

(3) $\sum_{n=1}^{\infty} (-1)^n \left(\frac{2}{3}\right)^n$; (4) $\sum_{n=2}^{\infty} (-1)^n \frac{n+2}{n(n+1)}$;

(5) $\sum_{n=1}^{\infty} \frac{(-1)^n}{\sqrt{n^3+1}}$; (6) $\sum_{n=1}^{\infty} (-1)^{n-1} \frac{1}{n^2}$.

3. 求下列幂级数的收敛区间:

(1) $\sum_{n=1}^{\infty} \frac{2^n \cdot x^n}{n}$;

(2) $\sum_{n=1}^{\infty} \frac{x^n}{n^2 \cdot 3^n}$;

(3) $\sum_{n=1}^{\infty} \frac{2n}{n^3} x^n$;

(4) $\sum_{n=1}^{\infty} \frac{(x+1)^n}{n}$;

(5) $\sum_{n=1}^{\infty} (-1)^n \frac{x^n}{n!}$;

(6) $\sum_{n=1}^{\infty} \frac{x^n}{\sqrt{n+1}}$.

4. 按要求展开下列幂级数：

(1) 将函数 $f(x) = \ln(1+x)$ 展开为 $x-1$ 的幂级数，并写出它的收敛区间.

(2) 将函数 $f(x) = \frac{1}{x+2}$ 展开为 $x-2$ 的幂级数，并写出它的收敛区间.

(3) 将函数 $f(x) = x\ln(1+x)$ 展开为 x 的幂级数，并写出它的收敛区间.

(4) 将函数 $f(x) = \frac{1}{x^2+4x+3}$ 展开为 $x-1$ 的幂级数.

(5) 将函数 $f(x) = \sin^2 x$ 展开为 x 的幂级数，并写出它的收敛区间.

(6) 将函数 $f(x) = \frac{1}{x^2-x-2}$ 展开为 $x-1$ 的幂级数.

阅读资料　傅里叶的故事

傅里叶(Fourier, 1768—1830)，法国人, 1768 年出生于法国中部约纳河畔的奥塞尔. 其父是位裁缝，家境十分贫寒. 傅里叶 9 岁时父母双亡，成为孤儿，并由当地教堂抚养成人. 他 12 岁上学, 13 岁开始学习数学, 16 岁就发现了笛卡儿符号法则的一个新证法，显示了他超群的数学才能. 傅里叶在青年时代想当军官，但因他不是贵族后代而遭拒绝，从而转谋教士职位. 他 1794 年进入巴黎高等师范学校读书，成为该校首届学生; 1795 年因政治纠纷被捕，获释后转入巴黎理工大学任教; 1798 年拿破仑远征埃及时，他参加了军队，致力于文化工作，还担任了埃及研究院秘书; 1801 年回国后被委任为依泽尔省地方长官, 1812 年获得科学院颁发的关于热传导问题的奖金, 1817 年任科学院院士，并于 1822 年成为科学院的终身秘书; 1827 年又任法兰西学院院士. 1830 年傅里叶逝世于巴黎，终年 62 岁.

傅里叶在数学方面的主要贡献是在研究热的传播时创立了一套数学理论. 他于 1807 年向巴黎科学院呈交《热的传播》论文，推导出著名的热传导方程，并在求解该方程时发现解函数可以由三角函数构成的级数形式表示，从而提出任一函数都可以展成三角函数的无穷级数. 傅里叶级数(即三角级数)、傅里叶分析等理论均由此创始.

数学和音乐有关系吗? 如果一提到数学，我们头脑里立刻会闪现这样的词汇: 枯燥、乏味、单调、冷漠，但是当说起音乐，身心都不由得会放松起来，音乐给人们的印象一般是丰富的情感、有趣、想象、热情，等等. 总之，音乐和数学好像是绝缘的，风马牛不相及的. 数学是研究现实世界空间形式中的数量关系的一门科学，而音乐是研究音响形式以及对其控制的艺术. 它们都是使用所有科学艺术中最抽象的符号. 数学和音乐处于人类精神活动的两端，其他所有的创造性精神活动都在这两个对立点之间的范围内展开. 一直以来，人们都想探究数学与音乐的关系到底如何，因此，研究音乐和数学的关系在西方也就成为一个非常古老而热门的课题. 从古代的毕达哥拉斯等人到现代的计算机科学家,都曾或多或少留意声和数的关系并受到它的影响.傅里叶、开普勒、伽利略等人都曾钻研过数学与音乐之间的奥秘.

傅里叶对数学和音乐都很精通.他经过多年的研究,用一套数学理论,证明了包括管乐和器乐的所有乐声都可以用数学表达式进行描述.每一声音都包括音调、音量和音色,人们可以将这三种品质以图解的形式加以描述和区分,其中音量由曲线的振幅决定,音调由曲线的频率决定,音色由周期函数的形状决定.傅里叶解释了为什么有一些音符合奏时发出的声音悦耳动听而有些音符配在一起却不成曲调.他把隐藏在音乐里的数学关系揭示了出来,也是第一个用数学来计算音乐的人.由此,他提出了一个定理:"任何周期性声音(乐音)都可表示为形如简单的正弦函数之和."也就是著名的"傅里叶分析"还被称为音乐的"谐波分析".

如今,傅里叶分析在现代数字信号处理等应用中发挥了重要作用,它把难以处理的时域信号转换成易于分析的频域信号,是数字信号处理领域一种很重要的算法.

*第六章　向量代数与空间解析几何

名人名言　自然科学的发展,取决于其方法、内容与数学结合的程度,数学成为打开知识大门的金钥匙,成为科学的皇后.

——康德

本章导读　本章首先介绍了向量的概念、向量的运算,然后建立空间直角坐标系,研究向量的坐标表示,最后以向量为工具讨论空间的平面与直线.

第一节　向量及其线性运算

一、向量的概念

在客观世界中,经常会遇到一些只与大小有关的量,如长度、面积、体积、金额、气温等,只需要用一个数就可以完全确定,这样的量称为**数量**(或**标量**).另外还有一些量,只说明它的大小,还不能描述清楚,如力、位移、速度、加速度等,它们不仅有大小,而且还有方向.

定义 1　既有大小,又有方向的量称为**向量**(或**矢量**).

在数学里,常用一个有向线段表示向量.有向线段的长度表示向量的大小,有向线段的方向(用箭头表示)表示向量的方向.以 A 为起点 B 为终点的有向线段所表示的向量记作 $\overrightarrow{AB}$,有时也用黑体字母 $\boldsymbol{a}$ 或在字母上加箭头 $\vec{a}$ 表示(如图 6-1).

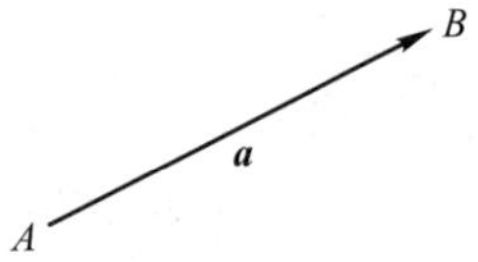

图 6-1

定义 2　向量 $\boldsymbol{a}$ 的大小称为向量 $\boldsymbol{a}$ 的**模**,记为 $|\boldsymbol{a}|$.模等于 1 的向量称为**单位向量**.模等于 0 的向量称为**零向量**,记为 **0**.零向量的方向可以当作是任意的.

例如,向量 $\vec{a}$,$\overrightarrow{AB}$ 的模分别记为 $|\vec{a}|$,$|\overrightarrow{AB}|$.

在许多实际问题中所遇到的向量常常与起点无关,这种向量我们称为**自由向量**.在本章中,如不特殊说明,所说的向量均指自由向量.

因为我们只讨论自由向量,所以如果两个向量 $\boldsymbol{a}$ 和 $\boldsymbol{b}$ 的模相等,且方向相同,我们就称向量 $\boldsymbol{a}$ 和 $\boldsymbol{b}$ 是相等的,记作 $\boldsymbol{a}=\boldsymbol{b}$.如果两个非零向量 $\boldsymbol{a}$ 和 $\boldsymbol{b}$ 方向相同或相反,就称这两个向量平行,记作 $\boldsymbol{a}/\!/\boldsymbol{b}$.

二、向量的线性运算

1. 向量的加减法

向量的加法运算规定如下.

定义 3 设有两个向量 a 与 b,以任意点 O 为起点,作 $\overrightarrow{OA}=a$,以 a 的终点 A 为起点作 $\overrightarrow{AB}=b$,连接 OB,则向量 $\overrightarrow{OB}=c$(图 6-2)就是向量 a 与 b 的和,即
$$c=a+b,$$
这种作出两向量之和的方法叫做向量加法的**三角形法则**.

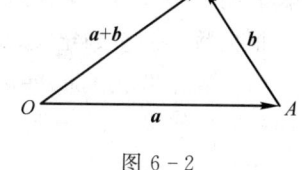

图 6-2

根据向量加法的定义,可知向量的加法满足下列运算规律:

(1) 交换律 $a+b=b+a$;

(2) 结合律 $(a+b)+c=a+(b+c)$.

由于向量的加法满足交换律和结合律,故 n 个向量 $a_1,a_2,\cdots,a_n$ 相加可记作:
$$a_1+a_2+\cdots+a_n,$$
并由向量加法的三角形法则,得到 n 个向量相加的法则如下:以第一个向量 a_1 的终点为起点作向量 a_2,再以向量 a_2 的终点为起点作向量 a_3,这样以此类推,一直做到以向量 a_{n-1} 的终点为起点作向量 a_n,最后再以第一个向量 a_1 的起点为起点,最后一个向量 a_n 的终点为终点作一向量,这个向量即为所求的和向量,如图 6-3 所示,有
$$s=a_1+a_2+\cdots+a_5.$$

定义 4 设 a 为一向量,称与 a 的模相同而方向相反的向量为 a 的**负向量**,记为 $-a$. 规定向量 b 与 $-a$ 的和为向量 b 与 a 的差,如图 6-4(a)所示,记为 $b-a$,即
$$b-a=b+(-a).$$

向量 b 与 a 的差 $b-a$ 也可按图 6-4(b)的方法作出. 从图 6-4(b)可以看出,若把向量 a 与 b 移到同一起点 O,则从 a 的终点 A 指向 b 的终点 B 的向量 $\overrightarrow{AB}$ 便是向量 b 与 a 的差 $b-a$.

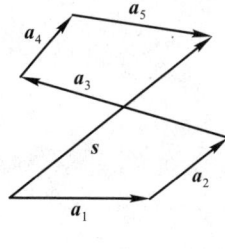

图 6-3

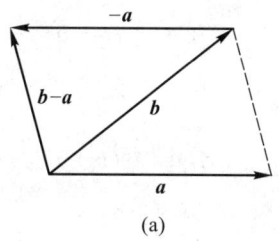

图 6-4

2. 向量与数的乘法

定义 5 设 a 为一向量,λ 为一实数,将向量 a 与实数 λ 的**乘积**记作 λa,规定 λa 是一个向量. 假设 $b=\lambda a$,b 的模为 $|b|=|\lambda a|=|\lambda||a|$,$b$ 的方向为:当 $\lambda>0$ 时,b 与 a 相同,当 $\lambda<0$ 时,b 与 a 相反.

当 $\lambda=0$ 时,$|b|=0$,即 λa 为零向量,这时它的方向可以是任意的.

特别地,当 $\lambda=-1$ 时,λa 为 a 的负向量,即
$$(-1)a=-a.$$

设向量 a 为一非零向量,与向量 a 同方向的单位向量表示为 e_a(或 a^0),则由向量与数的乘积的定义可知,$|a|e_a$ 与 a 的方向相同,模也相等,故有
$$a=|a|e_a,$$

从而
$$e_a = \frac{a}{|a|}.$$

上式表明任一非零向量除以它的模的结果是一个与原向量方向相同的单位向量.

根据数乘向量的定义,可知向量与数的乘积满足下列运算规律:

(1) 结合律　$\lambda(\mu a) = \mu(\lambda a) = (\lambda\mu)a$；

(2) 分配律　$\lambda(a+b) = \lambda a + \lambda b$；$(\lambda+\mu)a = \lambda a + \mu a$.

定义 6　向量的加、减及数乘向量统称为向量的**线性运算**.

由向量与数的乘积的定义,可得两个向量平行的充要条件.

定理　设向量 $a \neq 0$,那么向量 b 平行于向量 a 的充分必要条件是:存在唯一的实数 λ,使得 $b = \lambda a$.

本定理的证明请读者自己完成.

【例 1】　在平行四边形 $ABCD$ 中,如图 6-5 所示,设 $\overrightarrow{AB} = a$, $\overrightarrow{AD} = b$,试用 a 和 b 表示向量 $\overrightarrow{MA}, \overrightarrow{MB}, \overrightarrow{MC}, \overrightarrow{MD}$,这里 M 是平行四边形对角线的交点.

解　由于平行四边形的对角线互相平分,所以
$$a + b = \overrightarrow{AC} = 2\overrightarrow{AM},$$
即 $-(a+b) = 2\overrightarrow{MA}$,于是
$$\overrightarrow{MA} = -\frac{1}{2}(a+b).$$
因为 $\overrightarrow{MC} = -\overrightarrow{MA}$,所以
$$\overrightarrow{MC} = \frac{1}{2}(a+b).$$
又因 $-a + b = \overrightarrow{BD} = 2\overrightarrow{MD}$,所以
$$\overrightarrow{MD} = \frac{1}{2}(b-a).$$
由于 $\overrightarrow{MB} = -\overrightarrow{MD}$,所以
$$\overrightarrow{MB} = \frac{1}{2}(a-b).$$

【例 2】　设一个长方体三边上的向量分别为 a, b, c,其中 A, B, C, D, E, F 为各边的中点(如图 6-6 所示).求证:$\overrightarrow{AB}, \overrightarrow{CD}, \overrightarrow{EF}$ 组成一个三角形,即 $\overrightarrow{AB} + \overrightarrow{CD} + \overrightarrow{EF} = 0$.

证明　因为 $\overrightarrow{AB} = \frac{a}{2} + \frac{b}{2}$,$\overrightarrow{CD} = -\frac{c}{2} - \frac{a}{2}$,$\overrightarrow{EF} = -\frac{b}{2} + \frac{c}{2}$,所以
$$\overrightarrow{AB} + \overrightarrow{CD} + \overrightarrow{EF} = \frac{a}{2} + \frac{b}{2} - \frac{c}{2} - \frac{a}{2} - \frac{b}{2} + \frac{c}{2} = 0.$$

三、空间直角坐标系

在空间中任意取一个定点 O,以定点 O 为原点作三条两两互相垂直的有向直线作为三个**坐**

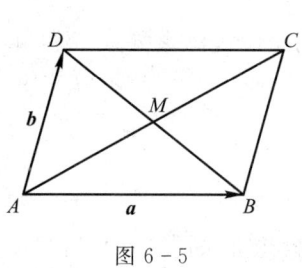
图 6-5

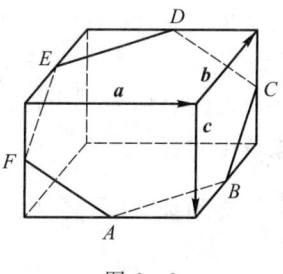
图 6-6

标轴,依次记为 x 轴(横轴)、y 轴(纵轴)、z 轴(竖轴),且它们具有相同的单位长度.这三个坐标轴的正方向按照右手法则来规定,即以右手握住 z 轴,当右手的四个手指从 x 轴正向以 $\frac{\pi}{2}$ 角度转向 y 轴正向时,大拇指的指向就是 z 轴的正向(如图 6-7 所示),这样的三个坐标轴构成一个空间直角坐标系,称为 $Oxyz$ **坐标系**,点 O 称为**坐标原点**(或原点).

通常把 x 轴和 y 轴置于水平面上,而 z 轴置于铅垂线位置.三个坐标轴中的任意两条确定一个平面,称为**坐标面**.例如,由 x 轴和 y 轴所确定的坐标面叫做 xOy 面;由 y 轴、z 轴及由 z 轴、x 轴所确定的坐标面,分别叫做 yOz 面和 zOx 面.三个坐标面把空间分成八个部分,每一部分叫做**卦限**,边界含有 x 轴、y 轴及 z 轴正半轴的那个卦限叫做**第一卦限**,其他第二、第三、第四卦限在 xOy 面的上方,按逆时针方向确定.在 xOy 面下方与第一至第四卦限相对应的是第五至第八卦限.这八个卦限分别用字母 Ⅰ、Ⅱ、Ⅲ、Ⅳ、Ⅴ、Ⅵ、Ⅶ、Ⅷ 表示(如图 6-8 所示).

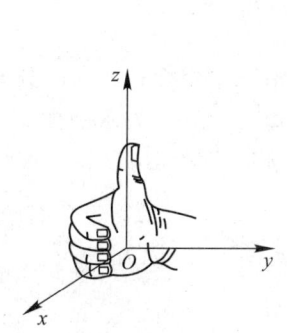
图 6-7

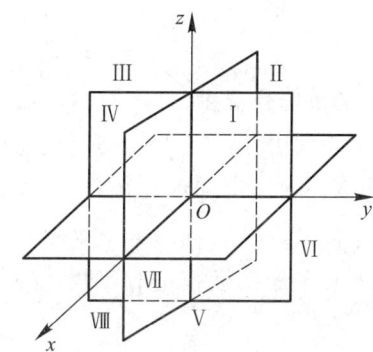
图 6-8

空间直角坐标系建立之后,那么空间中任一点都可以用三个有序的实数来表示.

设 M 为空间任意一点,过点 M 作三个平面分别垂直于 x 轴、y 轴和 z 轴,它们与 x 轴、y 轴和 z 轴的交点依次为 P,Q,R(如图 6-9 所示).设这三个点在 x 轴、y 轴、z 轴上的坐标分别为 x,y,z,于是由点 M 就唯一确定了三个有序数 x,y,z;反过来,由三个有序数 x,y,z 可以唯一确定空间中一个点.具体做法是,在 x 轴、y 轴、z 轴上分别取坐标为 x,y,z 的三个点 P,Q,R,然后通过点 P,Q,R 分别作垂直于 x 轴、y 轴、z 轴的三个平面,这三个平面必然交于空间一点 M.由此可见,空间中一点 M 与三个有序数 x,y,z 之间存在着一一对应关系,我们把有序数 x,y,z 称为点 M 的坐标,并依次称 x,y,z 为点 M

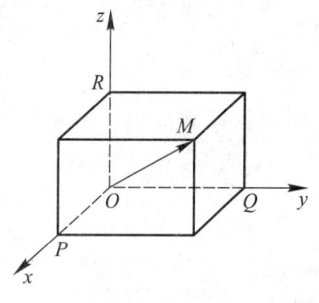
图 6-9

的横坐标、纵坐标、竖坐标,点 M 通常记为 $M(x,y,z)$.

坐标面和坐标轴上的点的坐标各具有一定的特征. 例如:在坐标面 yOz 上的点的坐标为 $(0,y,z)$;在 z 轴上点的坐标为 $(0,0,z)$;原点的坐标是 $(0,0,0)$,等等. 请读者掌握这些特征,以便以后快速解决具体问题.

四、向量的坐标及向量的运算

运用几何方法来研究向量的运算是远远不够的,我们想办法用坐标来研究向量,为此想用有序数组来表示向量,从而把向量的运算转化为有序数组的代数运算,这样就为我们研究向量的运算带来了很大的方便.

设 a 为空间直角坐标系 $Oxyz$ 中任一向量,将 a 的起点平移到与坐标原点 O 重合,这时设其终点为 $M(x,y,z)$. 过点 M 分别作垂直于 x 轴、y 轴、z 轴的三个平面,与三个坐标轴的交点分别记为 P,Q,R,如图 6-9 所示. 由向量加法的三角形法则,有

$$a = \overrightarrow{OM} = \overrightarrow{OP} + \overrightarrow{PM}$$
$$= \overrightarrow{OP} + \overrightarrow{OQ} + \overrightarrow{OR}.$$

在空间直角坐标系 $Oxyz$ 中,分别取 x 轴、y 轴、z 轴的正向上的单位向量 i,j,k,这三个向量称为**坐标系基本单位向量**. 根据向量与数的乘积运算可得

$$\overrightarrow{OP} = xi, \overrightarrow{OQ} = yj, \overrightarrow{OR} = zk,$$

故

$$a = \overrightarrow{OM} = xi + yj + zk.$$

上式称为向量 a 的**坐标分解式**,向量 xi,yj,zk 称为向量 a 沿三个坐标轴方向的**分向量**.

显然,与上述空间中任一点 M 与三个有序数之间存在着一一对应关系一样,空间中一个向量 a 与三个有序数 x,y,z 之间也存在着一一对应的关系. 给定一向量 a,就唯一确定了点 M 及 $\overrightarrow{OP},\overrightarrow{OQ},\overrightarrow{OR}$ 这三个分向量,进而唯一地确定三个有序数 x,y,z. 反之,给定三个有序数 x,y,z,也唯一确定了点 M 及向量 a. 我们把有序数 x,y,z 称为向量 a 的**坐标**,记为

$$a = \{x,y,z\}.$$

上式称为向量 a 的**坐标表示式**.

利用向量的坐标,容易得到向量的加法、减法及向量与数的乘法的运算法则.

设

$$a = \{a_x,a_y,a_z\}, b = \{b_x,b_y,b_z\},$$

即

$$a = a_x i + a_y j + a_z k, b = b_x i + b_y j + b_z k.$$

利用向量的加法以及向量与数的乘法的运算律,有

$$a + b = (a_x + b_x)i + (a_y + b_y)j + (a_z + b_z)k,$$
$$a - b = (a_x - b_x)i + (a_y - b_y)j + (a_z - b_z)k,$$
$$\lambda a = (\lambda a_x)i + (\lambda a_y)j + (\lambda a_z)k \quad (\lambda \text{ 为实数}),$$

或

$$a + b = \{a_x + b_x, a_y + b_y, a_z + b_z\},$$

$$\boldsymbol{a}-\boldsymbol{b}=\{a_x-b_x,a_y-b_y,a_z-b_z\},$$
$$\lambda\boldsymbol{a}=\{\lambda a_x,\lambda a_y,\lambda a_z\} \quad (\lambda \text{ 为实数}).$$

由此可见,对向量进行加、减及数乘,只需对向量的各个坐标分别进行相应的数量运算即可.

若向量 $\overrightarrow{M_1M_2}$ 的起点为 $M_1(x_1,y_1,z_1)$,终点为 $M_2(x_2,y_2,z_2)$,如图 6-10 所示,则有

$$\overrightarrow{M_1M_2}=\overrightarrow{OM_2}-\overrightarrow{OM_1}$$
$$=(x_2\boldsymbol{i}+y_2\boldsymbol{j}+z_2\boldsymbol{k})-(x_1\boldsymbol{i}+y_1\boldsymbol{j}+z_1\boldsymbol{k})$$
$$=(x_2-x_1)\boldsymbol{i}+(y_2-y_1)\boldsymbol{j}+(z_2-z_1)\boldsymbol{k},$$

即

$$\overrightarrow{M_1M_2}=\{x_2-x_1,y_2-y_1,z_2-z_1\}. \tag{6-1}$$

上式表明,向量 $\overrightarrow{M_1M_2}$ 的坐标为 $x_2-x_1, y_2-y_1, z_2-z_1$,即向量的坐标等于终点的坐标减去起点的坐标.

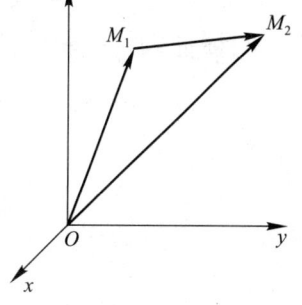

图 6-10

【例 3】 已知两点 $P(-3,2,1)$ 和 $Q(-2,0,1)$,求向量 $\overrightarrow{OP}+\overrightarrow{OQ}$ 和 $2\overrightarrow{OP}-3\overrightarrow{OQ}$.

解 $\overrightarrow{OP}+\overrightarrow{OQ}=\{-3,2,1\}+\{-2,0,1\}=\{-5,2,2\}$,

$2\overrightarrow{OP}-3\overrightarrow{OQ}=2\{-3,2,1\}-3\{-2,0,1\}=\{-6,4,2\}-\{-6,0,3\}=\{0,4,-1\}$.

由两向量平行的充分必要条件知,若向量 $\boldsymbol{a}\neq\boldsymbol{0}$ 且 $\boldsymbol{a}$ 与 $\boldsymbol{b}$ 平行,则 $\boldsymbol{b}=\lambda\boldsymbol{a}$,用坐标表示为

$$\{b_x,b_y,b_z\}=\lambda\{a_x,a_y,a_z\},$$

这就相当于向量 $\boldsymbol{a}$ 与 $\boldsymbol{b}$ 对应的坐标成比例:

$$\frac{b_x}{a_x}=\frac{b_y}{a_y}=\frac{b_z}{a_z}, \tag{6-2}$$

上式当 a_x,a_y,a_z 中有一个为零,例如 $a_x=0, a_y, a_z\neq 0$ 时,应理解为

$$\begin{cases} b_x=0, \\ \dfrac{b_y}{a_y}=\dfrac{b_z}{a_z}. \end{cases}$$

【例 4】 设 $A(3,2,-1), B(-2,0,3)$ 为已知两点,在 AB 直线上求点 M,使 $\overrightarrow{AM}=2\overrightarrow{MB}$.

解 设所求点为 $M(x,y,z)$,由于

$$\overrightarrow{AM}=\{x-3,y-2,z+1\}, \overrightarrow{MB}=\{-2-x,-y,3-z\},$$

故由条件 $\overrightarrow{AM}=2\overrightarrow{MB}$ 可得

$$\{x-3,y-2,z+1\}=2\{-2-x,-y,3-z\},$$

即

$$x-3=2(-2-x), y-2=-2y, z+1=2(3-z),$$

从而解得

$$x=-\frac{1}{3}, y=\frac{2}{3}, z=\frac{5}{3}.$$

因此所求的点为 $M\left(-\dfrac{1}{3},\dfrac{2}{3},\dfrac{5}{3}\right)$.

对于任意两点 $A(x_1,y_1,z_1)$, $B(x_2,y_2,z_2)$, 在 AB 直线上的一点 M, 有 $\overrightarrow{AM}=\lambda\overrightarrow{MB}$, 则称点 M 为有向线段 $\overrightarrow{AB}$ 的**定比分点**. 此时点 M 的坐标为 $\left(\dfrac{x_1+\lambda x_2}{1+\lambda},\dfrac{y_1+\lambda y_2}{1+\lambda},\dfrac{z_1+\lambda z_2}{1+\lambda}\right)$, 特别地, 当 $\lambda=1$ 时, 点 M 为有向线段 $\overrightarrow{AB}$ 的中点, 其坐标为 $\left(\dfrac{x_1+x_2}{2},\dfrac{y_1+y_2}{2},\dfrac{z_1+z_2}{2}\right)$.

五、向量的模、方向余弦、投影

1. 向量的模与空间两点间的距离

设向量 $\boldsymbol{r}=\{x,y,z\}$, 作 $\overrightarrow{OM}=\boldsymbol{r}$, 如图 6-9 所示, 有
$$\overrightarrow{OM}=\overrightarrow{OP}+\overrightarrow{OQ}+\overrightarrow{OR},$$
并且
$$\overrightarrow{OP}=x\boldsymbol{i},\overrightarrow{OQ}=y\boldsymbol{j},\overrightarrow{OR}=z\boldsymbol{k}.$$
由于
$$|\overrightarrow{OP}|=|x|,|\overrightarrow{OQ}|=|y|,|\overrightarrow{OR}|=|z|,$$
由勾股定理可得
$$|\overrightarrow{OM}|=\sqrt{|\overrightarrow{OP}|^2+|\overrightarrow{OQ}|^2+|\overrightarrow{OR}|^2},$$
从而得向量 $\boldsymbol{r}$ 的模的坐标表达式为
$$|\boldsymbol{r}|=\sqrt{x^2+y^2+z^2}.$$

设 $M_1(x_1,y_1,z_1)$, $M_2(x_2,y_2,z_2)$ 为空间两点, 则点 M_1 与点 M_2 之间的距离 $|M_1M_2|$ 就是向量 $\overrightarrow{M_1M_2}$ 的模. 根据(6-1)式, 有
$$\overrightarrow{M_1M_2}=\{x_2-x_1,y_2-y_1,z_2-z_1\},$$
故 M_1, M_2 两点间的距离
$$|\overrightarrow{M_1M_2}|=\sqrt{(x_2-x_1)^2+(y_2-y_1)^2+(z_2-z_1)^2}. \tag{6-3}$$

【例5】 在 y 轴上求一点 P, 使它到 $M(\sqrt{2},0,3)$ 的距离为到点 $N(1,0,-1)$ 的距离的两倍.

解 因为点 P 在 y 轴上, 所以设该点为 $P(0,y,0)$, 根据(6-3)式
$$|PM|=\sqrt{(-\sqrt{2})^2+y^2+(-3)^2}=\sqrt{y^2+11},$$
$$|PN|=\sqrt{(-1)^2+y^2+1^2}=\sqrt{y^2+2},$$
由题意, 有
$$|PM|=2|PN|,$$
即
$$\sqrt{y^2+11}=2\sqrt{y^2+2},$$
解得 $y=\pm 1$, 故所求点为 $(0,1,0)$ 或 $(0,-1,0)$.

【例6】 已知两点 $A(3,-1,1)$ 和 $B(4,0,-2)$, 求与 $\overrightarrow{AB}$ 同方向的单位向量 $\boldsymbol{e}$.

解 因为 $\overrightarrow{AB}=\{1,1,-3\}$, 所以

$$|\overrightarrow{AB}| = \sqrt{1^2+1^2+(-3)^2} = \sqrt{11},$$

于是

$$e = \frac{\overrightarrow{AB}}{|\overrightarrow{AB}|} = \frac{1}{\sqrt{11}}\{1,1,-3\} = \left\{\frac{\sqrt{11}}{11}, \frac{\sqrt{11}}{11}, -\frac{3\sqrt{11}}{11}\right\}.$$

2. 方向角与方向余弦

定义 7 设有两个非零向量 a,b，任取空间一点 O，作 $\overrightarrow{OA}=a, \overrightarrow{OB}=b$，在两向量 a,b 所决定的平面内，规定不超过 π 的角 $\angle AOB$（设 $\varphi = \angle AOB, 0 \leqslant \varphi \leqslant \pi$）（如图 6-11 所示），叫做**向量 a 与 b 的夹角**，记为 $(\widehat{a,b})$ 或 $(\widehat{b,a})$，即 $(\widehat{a,b}) = \varphi$. 如果向量 a 与 b 中有一个是零向量，规定它们的夹角可在 0 与 π 之间任意取值.

图 6-11   图 6-12

定义 8 对于一非零向量 a 与三条坐标轴正向之间的夹角 α, β, γ 称为向量 a 的**方向角**，$\cos\alpha, \cos\beta, \cos\gamma$ 叫做向量 a 的**方向余弦**.

设 $a = \overrightarrow{OM} = \{x,y,z\}$（如图 6-12 所示），由于 $MP \perp OP$，故

$$\cos\alpha = \frac{x}{|a|} = \frac{x}{\sqrt{x^2+y^2+z^2}}.$$

类似可得

$$\cos\beta = \frac{y}{|a|} = \frac{y}{\sqrt{x^2+y^2+z^2}},$$

$$\cos\gamma = \frac{z}{|a|} = \frac{z}{\sqrt{x^2+y^2+z^2}}.$$

显然，向量 a 的方向余弦满足关系式

$$\cos^2\alpha + \cos^2\beta + \cos^2\gamma = 1,$$

且

$$e_a = \frac{\vec{a}}{|\vec{a}|} = \{\cos\alpha, \cos\beta, \cos\gamma\}.$$

上式表明：与 a 同方向的单位向量就是以向量 a 的方向余弦为坐标的向量.

【例 7】 已知两点 $M_1(\sqrt{2}, 2, 2)$ 与 $M_2(0, 1, 3)$，求向量 $\overrightarrow{M_1M_2}$ 的模、方向余弦和方向角.

解 向量

$$\overrightarrow{M_1M_2} = \{0-\sqrt{2}, 1-2, 3-2\} = \{-\sqrt{2}, -1, 1\},$$

$$|\overrightarrow{M_1M_2}| = \sqrt{(-\sqrt{2})^2 + (-1)^2 + 1^2} = 2,$$

所以

$$\cos\alpha = -\frac{\sqrt{2}}{2}, \cos\beta = -\frac{1}{2}, \cos\gamma = \frac{1}{2};$$

$$\alpha = \frac{3\pi}{4}, \beta = \frac{2\pi}{3}, \gamma = \frac{\pi}{3}.$$

3. 向量在轴上的投影

定义 9 设 u 为一数轴，M 为一已知点，过点 M 作垂直于 u 轴的平面 α，那么平面 α 与轴 u 的交点 M' 叫做**点 M 在轴 u 上的投影**(图 6-13).

定义 10 设向量 $\overrightarrow{AB}$ 的起点 A 和终点 B 在轴 u 上的投影分别为点 A' 和 B'，e 是与 u 轴同方向的单位向量. 由于 $\overrightarrow{A'B'}$ 与 e 平行，故存在唯一常数 λ，使

$$\overrightarrow{A'B'} = \lambda e,$$

我们把数 λ 称为**向量 $\overrightarrow{AB}$ 在轴 u 上的投影**，记作 $\text{Prj}_u \overrightarrow{AB}$ 或 $(\overrightarrow{AB})_u$，即 $\text{Prj}_u \overrightarrow{AB} = \lambda$，$u$ 轴称为**投影轴**.

按照上述定义，如果直角坐标系 $Oxyz$ 中向量 $\boldsymbol{a} = \{a_x, a_y, a_z\}$，则

$$a_x = \text{Prj}_x \boldsymbol{a}, a_y = \text{Prj}_y \boldsymbol{a}, a_z = \text{Prj}_z \boldsymbol{a},$$

或

$$a_x = (\boldsymbol{a})_x, a_y = (\boldsymbol{a})_y, a_z = (\boldsymbol{a})_z.$$

【例 8】 设 OA, OP 分别为正方体的一条棱和一条对角线，且 $|OA| = a$，求 $\overrightarrow{OA}$ 在以 $\overrightarrow{OP}$ 为轴上的投影 $\text{Prj}_{\overrightarrow{OP}} \overrightarrow{OA}$ (图 6-14).

解 设 $\angle AOP = \theta$，因为 $\cos\theta = \frac{|OA|}{|OP|} = \frac{1}{\sqrt{3}}$，所以

$$\text{Prj}_{\overrightarrow{OP}} \overrightarrow{OA} = |\overrightarrow{OA}| \cos\theta = \frac{a}{\sqrt{3}}.$$

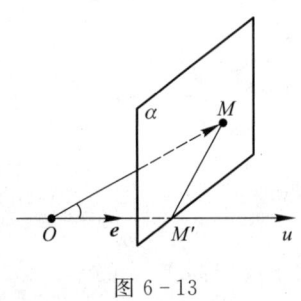

图 6-13

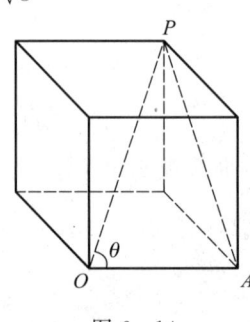

图 6-14

习题 6-1

1. 设向量 $\boldsymbol{m} = \boldsymbol{a} - 2\boldsymbol{b} + 3\boldsymbol{c}, \boldsymbol{n} = 2\boldsymbol{a} - 5\boldsymbol{b} - 2\boldsymbol{c}$，用 $\boldsymbol{a}, \boldsymbol{b}, \boldsymbol{c}$ 表示 $3\boldsymbol{m} - 2\boldsymbol{n}$.

2. 把 $\triangle ABC$ 的边 BC 三等分，分点依次是 D_1, D_2，再把各分点与点 A 连接. 如果 $\overrightarrow{BC} = \boldsymbol{a}, \overrightarrow{AC} = \boldsymbol{b}$，试用 $\boldsymbol{a}, \boldsymbol{b}$ 表示向量 $\overrightarrow{D_1 A}, \overrightarrow{D_2 A}$.

3. 用向量方法证明：三角形两边中点的连线平行于第三边，且长度为第三边的一半.

4. 指出下列各点在空间直角坐标系中的哪个卦限?

$A(-1,-2,6); B(3,-4,2); C(8,-4,-7); D(-5,-6,-7)$.

5. 指出下列各点在空间直角坐标系中的位置：

$A(3,-5,0); B(0,-1,5); C(0,0,-8); D(0,9,0)$.

6. 已知两点 $M_1=(3,-2,1), M_2=(-1,3,2)$，试用坐标表达式表示向量 $2\overrightarrow{M_1M_2}$ 及 $-4\overrightarrow{M_1M_2}$.

7. 求点 $(-4,5,-9)$ 到各坐标轴的距离.

8. 求证以 $A(2,1,-1), B(5,-1,0), C(3,0,1)$ 三点为顶点的三角形是一个等腰三角形.

9. 求平行于向量 $\boldsymbol{a}=\{4,-5,\sqrt{23}\}$ 的单位向量.

10. 设向量 $\boldsymbol{a}=\{-1,-\sqrt{2},1\}$，计算向量 $\boldsymbol{a}$ 的模、方向余弦及方向角.

11. 设向量 $\boldsymbol{r}$ 与轴 u 的夹角为 $30°$，且其模是 6，求 $\boldsymbol{r}$ 在轴 u 上的投影.

12. 设向量 $\overrightarrow{P_1P_2}$ 与 x 轴和 y 轴的夹角分别为 $\dfrac{\pi}{3}, \dfrac{\pi}{4}$，且 $|\overrightarrow{P_1P_2}|=2$，如果点 P_1 的坐标为 $(1,0,3)$，求点 P_2 的坐标.

第二节　向量的数量积与向量积

一、两向量的数量积

由物理学知，一物体在常力 $\boldsymbol{F}$ 作用下沿直线运动，若位移为 $\boldsymbol{s}$，则力 $\boldsymbol{F}$ 所作的功为

$$W=|\boldsymbol{F}||\boldsymbol{s}|\cos\theta,$$

其中 θ 是力 $\boldsymbol{F}$ 与位移 $\boldsymbol{s}$ 的夹角. 向量的这种运算在力学、工程等许多实际问题中会经常遇到，我们抽去它们的具体背景，得出向量的数量积的概念.

定义 1　向量 $\boldsymbol{a}$ 和 $\boldsymbol{b}$ 的模与它们的夹角 $\theta(0\leqslant\theta\leqslant\pi)$ 的余弦的乘积，称为向量 $\boldsymbol{a}$ 与 $\boldsymbol{b}$ 的**数量积**，又称为"**点积**"，记作 $\boldsymbol{a}\cdot\boldsymbol{b}$（如图 6-15 所示），即

$$\boldsymbol{a}\cdot\boldsymbol{b}=|\boldsymbol{a}||\boldsymbol{b}|\cos\theta.$$

根据这个定义，上述力 $\boldsymbol{F}$ 所作的功 W 就是力 $\boldsymbol{F}$ 与位移 $\boldsymbol{s}$ 的数量积，即

$$W=\boldsymbol{F}\cdot\boldsymbol{s}.$$

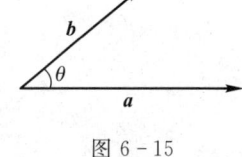

图 6-15

当 $\boldsymbol{a}\neq 0$ 时，$|\boldsymbol{b}|\cos\theta=|\boldsymbol{b}|\cos(\widehat{\boldsymbol{a},\boldsymbol{b}})$ 是向量 $\boldsymbol{b}$ 在向量 $\boldsymbol{a}$ 的方向上的投影，用 $\mathrm{Prj}_{\boldsymbol{a}}\boldsymbol{b}$ 来表示这个投影，便有

$$\boldsymbol{a}\cdot\boldsymbol{b}=|\boldsymbol{a}|\mathrm{Prj}_{\boldsymbol{a}}\boldsymbol{b},$$

同理，当 $\boldsymbol{b}\neq 0$ 时，

$$\boldsymbol{a}\cdot\boldsymbol{b}=|\boldsymbol{b}|\mathrm{Prj}_{\boldsymbol{b}}\boldsymbol{a}.$$

即两个向量的数量积等于其中一个向量的模和另一个向量在此向量方向上的投影的乘积.

由向量的数量积的定义可推得：

(1) $\boldsymbol{a}\cdot\boldsymbol{a}=|\boldsymbol{a}|^2$；

(2) 向量 $\boldsymbol{a}\perp\boldsymbol{b}$ 的充分必要条件是 $\boldsymbol{a}\cdot\boldsymbol{b}=0$.

容易验证：

$$\boldsymbol{i}\cdot\boldsymbol{i}=\boldsymbol{j}\cdot\boldsymbol{j}=\boldsymbol{k}\cdot\boldsymbol{k}=1, \boldsymbol{i}\cdot\boldsymbol{j}=\boldsymbol{j}\cdot\boldsymbol{i}=\boldsymbol{j}\cdot\boldsymbol{k}=\boldsymbol{k}\cdot\boldsymbol{j}=\boldsymbol{k}\cdot\boldsymbol{i}=\boldsymbol{i}\cdot\boldsymbol{k}=0.$$

由向量的数量积的定义,易知向量的数量积满足下列运算规律:

(1) 交换律　　$\boldsymbol{a} \cdot \boldsymbol{b} = \boldsymbol{b} \cdot \boldsymbol{a}$;

(2) 结合律　　$(\lambda \boldsymbol{a}) \cdot \boldsymbol{b} = \lambda(\boldsymbol{a} \cdot \boldsymbol{b})$;

(3) 分配律　　$\boldsymbol{a} \cdot (\boldsymbol{b} + \boldsymbol{c}) = \boldsymbol{a} \cdot \boldsymbol{b} + \boldsymbol{a} \cdot \boldsymbol{c}$.

上面向量的数量积的三个运算规律可由数量积定义以及向量在轴上投影的性质导出. 请读者自己完成证明.

【例1】 试证明不等式 $|\boldsymbol{a} + \boldsymbol{b}| \leqslant |\boldsymbol{a}| + |\boldsymbol{b}|$,其中 $\boldsymbol{a}, \boldsymbol{b}$ 为任意向量.

证明　因为
$$|\boldsymbol{a} + \boldsymbol{b}|^2 = (\boldsymbol{a} + \boldsymbol{b}) \cdot (\boldsymbol{a} + \boldsymbol{b}) = \boldsymbol{a} \cdot \boldsymbol{a} + 2\boldsymbol{a} \cdot \boldsymbol{b} + \boldsymbol{b} \cdot \boldsymbol{b},$$
又
$$\boldsymbol{a} \cdot \boldsymbol{b} = |\boldsymbol{a}| \cdot |\boldsymbol{b}| \cdot \cos\theta \leqslant |\boldsymbol{a}| \cdot |\boldsymbol{b}|$$
于是
$$|\boldsymbol{a} + \boldsymbol{b}|^2 \leqslant |\boldsymbol{a}|^2 + 2|\boldsymbol{a}| \cdot |\boldsymbol{b}| + |\boldsymbol{b}|^2 = (|\boldsymbol{a}| + |\boldsymbol{b}|)^2$$
故
$$|\boldsymbol{a} + \boldsymbol{b}| \leqslant |\boldsymbol{a}| + |\boldsymbol{b}|.$$

按照向量的数量积的定义来求它们的数量积是很麻烦的,因为不好寻找它们的夹角,故我们想运用坐标来表示向量的数量积.

设向量
$$\boldsymbol{a} = a_x \boldsymbol{i} + a_y \boldsymbol{j} + a_z \boldsymbol{k}, \boldsymbol{b} = b_x \boldsymbol{i} + b_y \boldsymbol{j} + b_z \boldsymbol{k},$$
则
$$\begin{aligned}\boldsymbol{a} \cdot \boldsymbol{b} &= (a_x \boldsymbol{i} + a_y \boldsymbol{j} + a_z \boldsymbol{k}) \cdot (b_x \boldsymbol{i} + b_y \boldsymbol{j} + b_z \boldsymbol{k}) \\ &= a_x \boldsymbol{i} \cdot (b_x \boldsymbol{i} + b_y \boldsymbol{j} + b_z \boldsymbol{k}) + a_y \boldsymbol{j} \cdot (b_x \boldsymbol{i} + b_y \boldsymbol{j} + b_z \boldsymbol{k}) \\ &\quad + a_z \boldsymbol{k} \cdot (b_x \boldsymbol{i} + b_y \boldsymbol{j} + b_z \boldsymbol{k}) \\ &= a_x b_x \boldsymbol{i} \cdot \boldsymbol{i} + a_x b_y \boldsymbol{i} \cdot \boldsymbol{j} + a_x b_z \boldsymbol{i} \cdot \boldsymbol{k} + a_y b_x \boldsymbol{j} \cdot \boldsymbol{i} + a_y b_y \boldsymbol{j} \cdot \boldsymbol{j} + a_y b_z \boldsymbol{j} \cdot \boldsymbol{k} \\ &\quad + a_z b_x \boldsymbol{k} \cdot \boldsymbol{i} + a_z b_y \boldsymbol{k} \cdot \boldsymbol{j} + a_z b_z \boldsymbol{k} \cdot \boldsymbol{k}.\end{aligned}$$
又因为
$$\boldsymbol{i} \cdot \boldsymbol{i} = \boldsymbol{j} \cdot \boldsymbol{j} = \boldsymbol{k} \cdot \boldsymbol{k} = 1, \boldsymbol{i} \cdot \boldsymbol{j} = \boldsymbol{j} \cdot \boldsymbol{i} = \boldsymbol{j} \cdot \boldsymbol{k} = \boldsymbol{k} \cdot \boldsymbol{j} = \boldsymbol{k} \cdot \boldsymbol{i} = \boldsymbol{i} \cdot \boldsymbol{k} = 0,$$
所以两向量的数量积的坐标表达式为
$$\boldsymbol{a} \cdot \boldsymbol{b} = a_x b_x + a_y b_y + a_z b_z.$$
即两向量的数量积等于它们的对应坐标乘积之和.

由于 $\boldsymbol{a} \cdot \boldsymbol{b} = |\boldsymbol{a}||\boldsymbol{b}|\cos\theta$,故两个非零向量 $\boldsymbol{a}$ 和 $\boldsymbol{b}$ 夹角余弦的表达式为

$$\cos\theta = \frac{\boldsymbol{a} \cdot \boldsymbol{b}}{|\boldsymbol{a}| \cdot |\boldsymbol{b}|} = \frac{a_x b_x + a_y b_y + a_z b_z}{\sqrt{a_x^2 + a_y^2 + a_z^2} \sqrt{b_x^2 + b_y^2 + b_z^2}}. \tag{6-4}$$

从而可得两向量的夹角:
$$\theta = \arccos \frac{\boldsymbol{a} \cdot \boldsymbol{b}}{|\boldsymbol{a}| \cdot |\boldsymbol{b}|}.$$

【例2】 已知三点 $M(1,1,1), A(2,2,1)$ 和 $B(2,1,2)$,求 $\angle AMB$.

解　作向量 $\overrightarrow{MA}$ 及 $\overrightarrow{MB}$,$\angle AMB$ 就是向量 $\overrightarrow{MA}$ 与 $\overrightarrow{MB}$ 的夹角,因为,

$$\overrightarrow{MA} = \{1,1,0\}, \overrightarrow{MB} = \{1,0,1\},$$

从而

$$\overrightarrow{MA} \cdot \overrightarrow{MB} = 1 \times 1 + 1 \times 0 + 0 \times 1 = 1,$$
$$|\overrightarrow{MA}| = \sqrt{1^2 + 1^2 + 0^2} = \sqrt{2},$$
$$|\overrightarrow{MB}| = \sqrt{1^2 + 0^2 + 1^2} = \sqrt{2},$$

代入(6-4)式,得

$$\cos \angle AMB = \frac{\overrightarrow{MA} \cdot \overrightarrow{MB}}{|\overrightarrow{MA}||\overrightarrow{MB}|} = \frac{1}{\sqrt{2} \cdot \sqrt{2}} = \frac{1}{2}.$$

所以

$$\angle AMB = \arccos \frac{1}{2} = \frac{\pi}{3}.$$

二、两向量的向量积

在物理学中还有关于物体转动的问题,与力对物体作功的问题不同,它不但要考虑物体所受的力的情况,还要分析这类力所产生的力矩. 下面从一个具体问题入手,说明力矩的表示方法,并得出两向量积的一种新的运算方法.

现有一个杠杆 L,其支点为 O. 一个常力 $\boldsymbol{F}$ 作用于杠杆的 P 点处, $\boldsymbol{F}$ 与 $\overrightarrow{OP}$ 的夹角为 θ(如图 6-16 所示),则由物理学知识可知,力 $\boldsymbol{F}$ 对支点 O 的力矩是一个向量 $\boldsymbol{M}$,它的模为 $|\boldsymbol{M}| = |OQ||\boldsymbol{F}| = |\overrightarrow{OP}||\boldsymbol{F}|\sin\theta$,而 $\boldsymbol{M}$ 的方向是垂直于 $\overrightarrow{OP}$ 与 $\boldsymbol{F}$ 所决定的平面的, $\boldsymbol{M}$ 的指向遵循右手法则,即当右手的四个手指从 $\overrightarrow{OP}$ 以不超过 π 的角转向 $\boldsymbol{F}$ 握拳时,大拇指的指向就是 $\boldsymbol{M}$ 的指向.

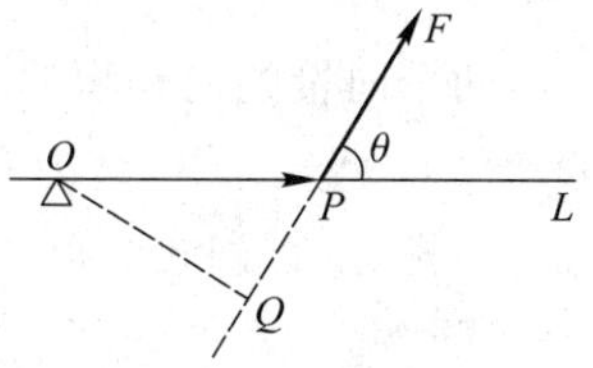

图 6-16

这种由两个已知向量按上述规则来确定另一个向量的情况,在其他实际问题中经常会遇到,从而抽象出两个向量的向量积的概念.

定义 2 两个向量 $\boldsymbol{a}$ 与 $\boldsymbol{b}$ 的**向量积**是一个向量,它的模为 $|\boldsymbol{a}||\boldsymbol{b}|\sin\theta$(其中 θ 是 $\boldsymbol{a}, \boldsymbol{b}$ 的夹角);它的方向垂直于向量 $\boldsymbol{a}$ 和 $\boldsymbol{b}$ 所决定的平面(既垂直于向量 $\boldsymbol{a}$ 又垂直于向量 $\boldsymbol{b}$),且遵循右手法则,向量 $\boldsymbol{a}$ 与 $\boldsymbol{b}$ 的向量积,又称为"**叉积**",记作 $\boldsymbol{a} \times \boldsymbol{b}$.

由向量积的定义,上面的力矩 $\boldsymbol{M}$ 等于 $\overrightarrow{OP}$ 与 $\boldsymbol{F}$ 的向量积,即

$$\boldsymbol{M} = \overrightarrow{OP} \times \boldsymbol{F}.$$

由向量积的定义可以推得:

(1) $\boldsymbol{a} \times \boldsymbol{a} = \boldsymbol{0}$;

(2) 向量 $\boldsymbol{a} /\!/ \boldsymbol{b}$ 的充分必要条件为

$$\boldsymbol{a} \times \boldsymbol{b} = \boldsymbol{0}.$$

容易验证:

$$\boldsymbol{i} \times \boldsymbol{i} = \boldsymbol{j} \times \boldsymbol{j} = \boldsymbol{k} \times \boldsymbol{k} = \boldsymbol{0},$$

$$i \times j = k, j \times k = i, k \times i = j, j \times i = -k, k \times j = -i, i \times k = -j.$$

由向量的向量积的定义,易知向量的向量积满足下列运算律:

(1) 反交换律　$a \times b = -b \times a$;

(2) 结合律　$(\lambda a) \times b = \lambda(a \times b) = a \times (\lambda b)$ (λ 是数);

(3) 分配律　$a \times (b+c) = a \times b + a \times c$.

上面向量的向量积的三个运算规律可由向量积定义导出,请读者自己完成证明.

同样地,按照向量的向量积的定义来求它们的向量积还是很麻烦的,故我们还想运用坐标来表示向量的向量积.

设向量
$$a = a_x i + a_y j + a_z k, b = b_x i + b_y j + b_z k,$$

则
$$\begin{aligned}
a \times b &= (a_x i + a_y j + a_z k) \times (b_x i + b_y j + b_z k) \\
&= a_x i \times (b_x i + b_y j + b_z k) + a_y j \times (b_x i + b_y j + b_z k) \\
&\quad + a_z k \times (b_x i + b_y j + b_z k) \\
&= a_x b_x (i \times i) + a_x b_y (i \times j) + a_x b_z (i \times k) \\
&\quad + a_y b_x (j \times i) + a_y b_y (j \times j) + a_y b_z (j \times k) \\
&\quad + a_z b_x (k \times i) + a_z b_y (k \times j) + a_z b_z (k \times k),
\end{aligned}$$

又因为
$$i \times i = j \times j = k \times k = 0,$$
$$i \times j = k, j \times k = i, k \times i = j, j \times i = -k, k \times j = -i, i \times k = -j,$$

所以,两个向量的向量积的坐标表达式为
$$a \times b = (a_y b_z - a_z b_y) i + (a_z b_x - a_x b_z) j + (a_x b_y - a_y b_x) k.$$

而这正是三阶行列式的形式,故将 a 与 b 的向量积写成如下行列式的形式

$$a \times b = \begin{vmatrix} i & j & k \\ a_x & a_y & a_z \\ b_x & b_y & b_z \end{vmatrix}.$$

【例3】 设 $a = \{1, 2, -3\}, b = \{-2, 1, 3\}$,计算 $a \times b$.

解　$a \times b = \begin{vmatrix} i & j & k \\ 1 & 2 & -3 \\ -2 & 1 & 3 \end{vmatrix} = 9i + 3j + 5k.$

【例4】 已知三角形 ABC 的顶点分别为 $A(3,0,1), B(2,-3,1), C(4,5,2)$,求三角形的面积.

解　根据向量积的定义,可知三角形的面积
$$S_{\triangle ABC} = \frac{1}{2} |\overrightarrow{AB}| |\overrightarrow{AC}| \sin \angle A = \frac{1}{2} |\overrightarrow{AB} \times \overrightarrow{AC}|.$$

由于 $\overrightarrow{AB} = \{-1, -3, 0\}, \overrightarrow{AC} = \{1, 5, 1\}$,因此
$$\overrightarrow{AB} \times \overrightarrow{AC} = \begin{vmatrix} i & j & k \\ -1 & -3 & 0 \\ 1 & 5 & 1 \end{vmatrix} = -3i + j - 2k,$$

于是

$$S_{\triangle ABC} = \frac{1}{2}|-3\boldsymbol{i}+\boldsymbol{j}-2\boldsymbol{k}| = \frac{1}{2}\sqrt{(-3)^2+1^2+(-2)^2} = \frac{1}{2}\sqrt{14}.$$

三、行列式的有关知识

可能有的读者没有学习过线性代数,现将行列式的有关知识给读者介绍一下,有兴趣的读者可以查看相关参考书,系统地学习线性代数.

行列式是由 n^2 个元素(或数)构成的,排成 n 行 n 列的形式,它代表的是一个算式.当 $n=2$ 时称为二阶行列式,当 $n=3$ 时称为三阶行列式,……,以此类推.由前面介绍的两向量的向量积知,我们只用到三阶行列式,因此我们就只介绍二阶行列式和三阶行列式的计算.

二阶行列式是由 4 个元素构成的,记作 $\begin{vmatrix} a_{11} & a_{12} \\ a_{21} & a_{22} \end{vmatrix}$,它代表的算式是 $a_{11}a_{22}-a_{12}a_{21}$,也就是对角线位置的元素相乘再相减,即

$$\begin{vmatrix} a_{11} & a_{12} \\ a_{21} & a_{22} \end{vmatrix} = a_{11}a_{22}-a_{12}a_{21}.$$

例如,

$$\begin{vmatrix} 3 & 2 \\ 1 & 4 \end{vmatrix} = 3\times 4-1\times 2 = 10.$$

注意,行列式的符号是两竖线,并不代表是绝对值的意思,它还可以取到负数或零,例如

$$\begin{vmatrix} 2 & 3 \\ 5 & 4 \end{vmatrix} = 2\times 4-5\times 3 = -7, \quad \begin{vmatrix} 6 & 2 \\ 12 & 4 \end{vmatrix} = 6\times 4-12\times 2 = 0.$$

三阶行列式是由 9 个元素构成的,记作 $\begin{vmatrix} a_{11} & a_{12} & a_{13} \\ a_{21} & a_{22} & a_{23} \\ a_{31} & a_{32} & a_{33} \end{vmatrix}$,它代表的也是算式,为了便于记忆,把它化成二阶行列式的形式,即

$$\begin{vmatrix} a_{11} & a_{12} & a_{13} \\ a_{21} & a_{22} & a_{23} \\ a_{31} & a_{32} & a_{33} \end{vmatrix} = a_{11}\begin{vmatrix} a_{22} & a_{23} \\ a_{32} & a_{33} \end{vmatrix} - a_{12}\begin{vmatrix} a_{21} & a_{23} \\ a_{31} & a_{33} \end{vmatrix} + a_{13}\begin{vmatrix} a_{21} & a_{22} \\ a_{31} & a_{32} \end{vmatrix}.$$

例如

$$\begin{vmatrix} 3 & 2 & 1 \\ 1 & 0 & -1 \\ 2 & -3 & 2 \end{vmatrix} = 3\begin{vmatrix} 0 & -1 \\ -3 & 2 \end{vmatrix} - 2\begin{vmatrix} 1 & -1 \\ 2 & 2 \end{vmatrix} + \begin{vmatrix} 1 & 0 \\ 2 & -3 \end{vmatrix} = -20.$$

习题 6-2

1. 设 $\boldsymbol{a}=2\boldsymbol{i}-\boldsymbol{j}+2\boldsymbol{k}, \boldsymbol{b}=3\boldsymbol{i}-3\boldsymbol{j}-2\boldsymbol{k}$,求

    (1) $\boldsymbol{a}\cdot\boldsymbol{b}$ 和 $\boldsymbol{a}\times\boldsymbol{b}$;

    (2) $2\boldsymbol{a}\cdot(-3\boldsymbol{b})$ 和 $3\boldsymbol{a}\times(-2\boldsymbol{b})$;

    (3) $\boldsymbol{a},\boldsymbol{b}$ 的夹角.

2. 设单位向量 $\boldsymbol{a},\boldsymbol{b},\boldsymbol{c}$ 满足 $\boldsymbol{a}+\boldsymbol{b}+\boldsymbol{c}=0$,求 $\boldsymbol{a}\cdot\boldsymbol{b}+\boldsymbol{b}\cdot\boldsymbol{c}+\boldsymbol{c}\cdot\boldsymbol{a}$.

3. 把质量为 100 kg 重的物体从 $M_1(3,1,8)$ 沿直线移动到 $M_2(1,4,2)$,求重力所作的功(长度单位为 m,重

力方向为 z 轴负方向).

4. 设向量 $a=2i+j-2k$, $b=3i-2j+k$, 求
(1) a 在 b 上的投影；
(2) b 在 a 上的投影.

5. 设向量 $a=\{3,5,-2\}$, $b=\{2,1,4\}$, 若 $\lambda a+\mu b$ 与 z 轴垂直, 求 λ 和 μ 的关系.

6. 求同时垂直于向量 $a=\{2,2,1\}$ 与 $b=\{4,5,3\}$ 的单位向量.

7. 求以 $A(1,2,3)$, $B(3,4,5)$, $C(2,4,7)$ 为顶点的 $\triangle ABC$ 的面积.

8. 用向量法证明三角形的余弦定理.

9. 利用向量证明不等式

$$|a_1b_1+a_2b_2+a_3b_3| \leqslant \sqrt{a_1^2+a_2^2+a_3^2} \cdot \sqrt{b_1^2+b_2^2+b_3^2},$$

其中 a_1,a_2,a_3,b_1,b_2,b_3 为任意实数, 并说明在何种条件下等号成立.

第三节 空间曲面、曲线及其方程

一、曲面方程的概念

像平面解析几何中把平面曲线与一元方程 $y=f(x)$ 对应起来一样, 在空间解析几何中也把空间曲面与二元方程 $z=f(x,y)$ (或记作 $F(x,y,z)=0$) 对应起来.

定义 1 设在空间直角坐标系中曲面 S 与方程 $z=f(x,y)$ 满足下述关系:
(1) 曲面 S 上任一点的坐标都满足方程 $z=f(x,y)$;
(2) 不在曲面 S 上的点的坐标都不满足方程 $z=f(x,y)$,

那么, 方程 $z=f(x,y)$ 就称为**曲面 S 的方程**, 而曲面 S 称为方程 $z=f(x,y)$ 的图形 (图 6-17).

【**例 1**】 求球心在点 $M_0(x_0,y_0,z_0)$、半径为 R 的球面方程 (如图 6-18 所示).

解 在球面上任意取一点 $M(x,y,z)$, 则有 $|M_0M|=R$. 由两点间的距离公式, 得

$$\sqrt{(x-x_0)^2+(y-y_0)^2+(z-z_0)^2}=R,$$

即

$$(x-x_0)^2+(y-y_0)^2+(z-z_0)^2=R^2. \tag{6-5}$$

这就是球面上任一点的坐标所满足的方程, 而不在球面上的点都不满足方程 (6-5). 因此, 方程 (6-5) 就是球心在 $M_0(x_0,y_0,z_0)$、半径为 R 的球面方程.

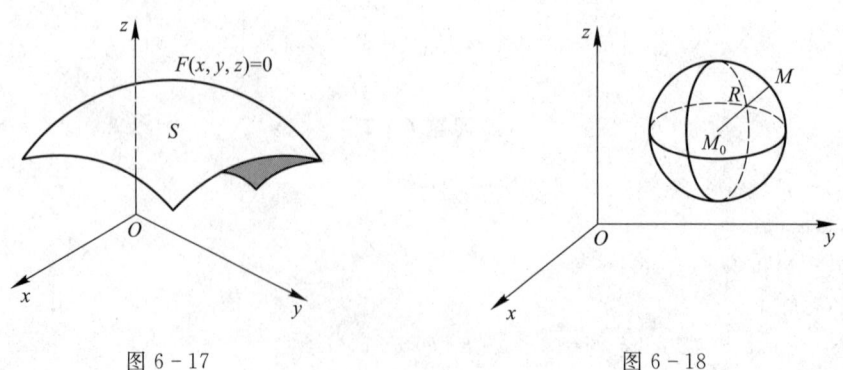

图 6-17　　　　　　　　图 6-18

如果球心在坐标原点,即 $x_0=y_0=z_0=0$,那么球面方程为
$$x^2+y^2+z^2=R^2.$$

二、空间曲线的方程

1. 空间曲线的一般式方程

定义 2 设两个相交曲面的方程为
$$F(x,y,z)=0 \text{ 和 } G(x,y,z)=0,$$
它们的交线就得到空间一曲线. 设相交于曲线 C(图 6-19),则曲线 C 方程为
$$\begin{cases} F(x,y,z)=0, \\ G(x,y,z)=0, \end{cases} \tag{6-6}$$
方程组(6-6)叫做**空间曲线 C 的一般式方程**.

2. 空间曲线的参数方程

空间曲线 C 的方程除了一般式方程之外,也可以用参数方程来表示.

定义 3 一般地,设 x,y,z 是区间 I 上参数 t 的函数,即
$$\begin{cases} x=x(t), \\ y=y(t), \quad t\in I. \\ z=z(t), \end{cases} \tag{6-7}$$
当给定 $t=t_0\in I$ 时,就得到一个点 $(x(t_0),y(t_0),z(t_0))$;随着 t 在区间 I 上的变动便可得到全部点组成的整条空间曲线 C. 方程组(6-7)叫做**空间曲线的参数方程**.

我们只研究空间直角坐标系中曲面和曲线的最简单的情形:平面和直线.

下面我们就利用向量来讨论平面和直线的方程.

三、平面及其方程

1. 平面的点法式方程

定义 4 如果一非零向量垂直于一平面,那么此向量就称为该平面的**法向量**.

由于垂直于一平面的直线有无数条,因此一个平面的法向量也有无数个,而平面上的任一向量均与该平面的法向量垂直.

由于与已知直线垂直,且过空间一定点可以确定唯一的一个平面,所以当平面 Π 上的一点 $M_0(x_0,y_0,z_0)$ 和它的一个法向量 $\boldsymbol{n}=(A,B,C)$ 为已知时,平面 Π 的位置就完全确定了. 下面我们来建立平面 Π 的方程.

设 $M(x,y,z)$ 是平面 Π 上的任一点(图 6-20),因为 $\boldsymbol{n}\perp\Pi$,所以 $\boldsymbol{n}\perp\overrightarrow{M_0M}$,即
$$\boldsymbol{n}\cdot\overrightarrow{M_0M}=0,$$
由于
$$\boldsymbol{n}=\{A,B,C\},\overrightarrow{M_0M}=\{x-x_0,y-y_0,z-z_0\},$$
所以
$$A(x-x_0)+B(y-y_0)+C(z-z_0)=0. \tag{6-8}$$
这就是平面 Π 上任一点 M 的坐标 x,y,z 所满足的方程.

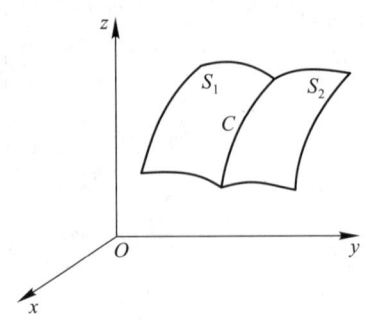
图 6-19

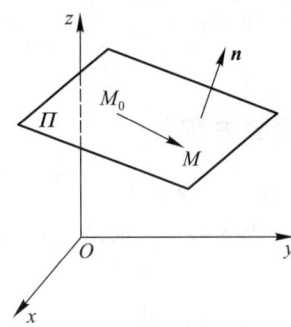
图 6-20

定义 5 方程(6-8)是由平面上的一点 M_0 和平面的一个法向量 n 来确定的,所以称方程(6-8)为**平面的点法式方程**.

【例 2】 已知平面上的三点 $M_1(2,-1,0),M_2(-3,2,1)$ 及 $M_3(2,3,-2)$,求此平面的方程.

解 先求出平面的一个法向量.由向量积的定义,$\overrightarrow{M_1M_2}\times\overrightarrow{M_1M_3}$ 与向量 $\overrightarrow{M_1M_2},\overrightarrow{M_1M_3}$ 都垂直,即 $\overrightarrow{M_1M_2}\times\overrightarrow{M_1M_3}$ 与平面垂直,故取 $n=\overrightarrow{M_1M_2}\times\overrightarrow{M_1M_3}$,而

$$\overrightarrow{M_1M_2}=\{-5,3,1\},\overrightarrow{M_1M_3}=\{0,4,-2\},$$

所以

$$n=\begin{vmatrix} i & j & k \\ -5 & 3 & 1 \\ 0 & 4 & -2 \end{vmatrix}=-10i-10j-20k,$$

即

$$n=\{-10,-10,-20\}.$$

根据平面的点法式方程(6-8),所求平面的方程为

$$-10(x-2)-10(y+1)-20z=0,$$

即

$$x+y+2z-1=0.$$

2. 平面的一般式方程

平面的点法式方程(6-8)可以化为如下三元一次方程

$$Ax+By+Cz+D=0, \quad (6-9)$$

其中 $D=-(Ax_0+By_0+Cz_0)$,而任一平面都可由它上面的一点和它的法向量来确定,所以任一平面都可以用一个三元一次方程来表示.

定义 6 方程(6-9)表示的是一个以 $n=\{A,B,C\}$ 为法向量的平面.我们把方程(6-9)称为**平面的一般式方程**,其中 x,y,z 的系数就是该平面的一个法向量,即 $n=\{A,B,C\}$.

对于平面的一般方程 $Ax+By+Cz+D=0$:

若 $D=0$,则方程变成 $Ax+By+Cz=0$,它表示的是一个通过坐标原点的平面;

若 $C=0$,则方程变成 $Ax+By+D=0$,它表示的是一个与 z 轴平行的平面,它的法向量为 $n=\{A,B,0\}$,且 $n=\{A,B,0\}$ 垂直于 z 轴;

若 $B=C=0$,则方程变成 $Ax+D=0$,它表示的是一个平行于 yOz 面的平面,该平面的法向

量 $\boldsymbol{n}=\{A,0,0\}$ 同时垂直 y 轴和 z 轴.

请读者自己考虑其他情况所表示的平面位置.

【例 3】 已知一个平面通过 y 轴和点 $(4,2,-1)$,求该平面方程.

解 因为所求平面通过 y 轴,必然平行于 y 轴,故 $B=0$;又因为平面通过原点,所以 $D=0$. 于是可设所求的平面方程为

$$Ax+Cz=0,$$

由于平面通过点 $(4,2,-1)$,故

$$4A-C=0,$$

即

$$C=4A,$$

把上式代入所设方程,得

$$Ax+4Az=0,$$

因 $A\neq 0$,故所求平面的方程为

$$x+4z=0.$$

3. 平面的截距式方程

设一个平面与 x,y,z 轴的三个交点依次是 $P(a,0,0),Q(0,b,0),R(0,0,c)$,如图 6-21 所示,其中 $a\neq 0,b\neq 0,c\neq 0$. 我们来建立该平面的方程.

设该平面的一般方程为

$$Ax+By+Cz+D=0,$$

因为平面经过 P,Q,R 三点,故它们的坐标都满足上述方程,即

$$\begin{cases} aA+D=0, \\ bB+D=0, \\ cC+D=0, \end{cases}$$

解方程组,得

$$A=-\frac{D}{a}, B=-\frac{D}{b}, C=-\frac{D}{c}.$$

将它们代入所设方程并除以 $D(D\neq 0)$,便得

$$\frac{x}{a}+\frac{y}{b}+\frac{z}{c}=1. \tag{6-10}$$

定义 7 方程(6-10)所表示的平面叫做**平面的截距式方程**,而 a,b,c 依次叫做平面在 x,y,z 轴上的**截距**.

4. 两平面的夹角

定义 8 两平面法向量间的夹角(通常指锐角)称为**两平面的夹角**.

设两平面 Π_1,Π_2 的方程分别为

$$A_1x+B_1y+C_1z+D_1=0,$$
$$A_2x+B_2y+C_2z+D_2=0,$$

它们的法向量依次为 $\boldsymbol{n}_1=\{A_1,B_1,C_1\}$ 和 $\boldsymbol{n}_2=\{A_2,B_2,C_2\}$,那么两个平面的夹角 θ 为 $(\widehat{\boldsymbol{n}_1,\boldsymbol{n}_2})$ 或 $\pi-(\widehat{\boldsymbol{n}_1,\boldsymbol{n}_2})$ 两者中的锐角,如图 6-22 所示,因此 $\cos\theta=|\cos(\widehat{\boldsymbol{n}_1,\boldsymbol{n}_2})|$. 由两向量夹角余弦的坐标表示式(6-4)可知,平面 Π_1,Π_2 的夹角 θ 满足

$$\cos\theta = \frac{|A_1A_2+B_1B_2+C_1C_2|}{\sqrt{A_1^2+B_1^2+C_1^2}\cdot\sqrt{A_2^2+B_2^2+C_2^2}}. \tag{6-11}$$

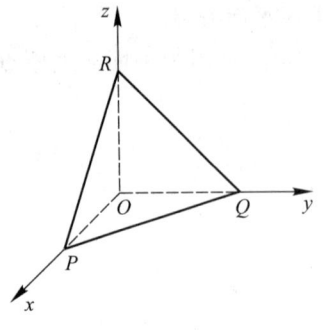

图 6-21

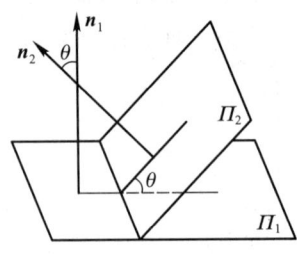

图 6-22

由于两个平面互相垂直或平行相当于它们的法向量互相垂直或平行，故由两个向量互相垂直或平行的条件立即可得如下结论。

平面 Π_1，Π_2 互相垂直的充分必要条件是
$$A_1A_2+B_1B_2+C_1C_2=0; \tag{6-12}$$

平面 Π_1、Π_2 互相平行或重合的充分必要条件是
$$\frac{A_1}{A_2}=\frac{B_1}{B_2}=\frac{C_1}{C_2}. \tag{6-13}$$

【例 4】 求两平面 $2x-y-z+3=0$ 和 $x+y-2z+8=0$ 的夹角.

解 由公式(6-11)有
$$\cos\theta = \frac{|2\times 1+1\times(-1)+(-1)\times(-2)|}{\sqrt{2^2+(-1)^2+(-1)^2}\cdot\sqrt{1^2+1^2+(-2)^2}} = \frac{1}{2},$$

因此所求的夹角为
$$\theta = \arccos\frac{1}{2} = \frac{\pi}{3}.$$

【例 5】 求经过两点 $M_1(0,3,-5)$，$M_2(4,-6,2)$ 且垂直于平面 $4x-y-z+5=0$ 的平面方程.

解 由于所求平面的法线向量 $\boldsymbol{n}$ 与 $\overrightarrow{M_1M_2}=\{4,-9,7\}$ 垂直，并且所求平面又和平面 $4x-y-z+5=0$ 垂直，故 $\boldsymbol{n}$ 与该平面的法线向量 $\{4,-1,-1\}$ 垂直，于是 $\boldsymbol{n}$ 可取 $\overrightarrow{M_1M_2}$ 与 $\{4,-1,-1\}$ 的向量积，即

$$\boldsymbol{n} = \{4,-9,7\}\times\{4,-1,-1\} = \begin{vmatrix} \boldsymbol{i} & \boldsymbol{j} & \boldsymbol{k} \\ 4 & -9 & 7 \\ 4 & -1 & -1 \end{vmatrix}$$
$$= \{16,32,32\} = 16\{1,2,2\}.$$

由平面的点法式方程可知，所求平面的方程为
$$x+2(y-3)+2(z+5)=0,$$
即
$$x+2y+2z+4=0.$$

四、空间直线及其方程

1. 空间直线的一般式方程

当两平面不平行时,它们必相交于一直线. 因此,空间任一直线 L 都可看作两平面的交线,如图 6-23 所示. 设平面 Π_1、Π_2 的方程分别为 $A_1x+B_1y+C_1z+D_1=0$、$A_2x+B_2y+C_2z+D_2=0$,则直线 L 上任一点的坐标应满足方程组

$$\begin{cases} A_1x+B_1y+C_1z+D_1=0, \\ A_2x+B_2y+C_2z+D_2=0. \end{cases} \quad (6-14)$$

定义 9　方程组(6-14)所表示的直线叫做**空间直线的一般式方程**.

2. 空间直线的点向式方程和参数方程

定义 10　如果一个非零向量与一条已知直线平行,这个向量就叫做这条直线的**方向向量**.

由于与已知向量平行,且过空间一定点的直线是唯一的. 所以当定点为 $M_0(x_0,y_0,z_0)$, $s=(m,n,p)$ 为直线的一个方向向量时,则直线 L 的位置就完全确定了. 下面我们来建立这条直线的方程.

设点 $M(x,y,z)$ 是直线 L 上的任一点,则向量 $\overrightarrow{M_0M}=\{x-x_0,y-y_0,z-z_0\}$ 与直线 L 的方向向量 $s=\{m,n,p\}$ 平行,如图 6-24 所示,于是有

$$\frac{x-x_0}{m}=\frac{y-y_0}{n}=\frac{z-z_0}{p} \quad (6-15)$$

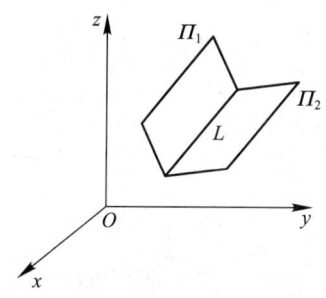
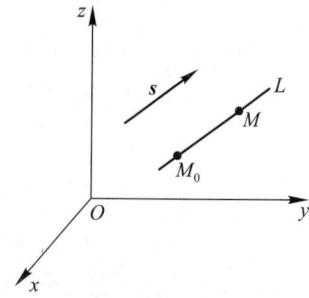

图 6-23　　　　　　　　　　　图 6-24

定义 11　我们把方程(6-15)所表示的直线叫做**直线的点向式方程**.

定义 12　直线的任一方向向量 s 的坐标 m,n,p 叫做这条直线的一组**方向数**,而向量 s 的方向余弦叫做该直线的**方向余弦**.

在直线的点向式方程(6-15)中,令 $\frac{x-x_0}{m}=\frac{y-y_0}{n}=\frac{z-z_0}{p}=t$,则得

$$\begin{cases} x=x_0+mt, \\ y=y_0+nt, \\ z=z_0+pt. \end{cases} \quad (6-16)$$

定义 13　方程组(6-16)所表示的直线叫做**直线的参数方程**.

【例 6】　求过两点 $M_1(3,1,-2)$ 和 $M_2(2,-3,1)$ 的直线方程.

解　因为向量 $\overrightarrow{M_1M_2}=\{-1,-4,3\}$ 平行于所求直线,所以可取直线的方向向量为 $\overrightarrow{M_1M_2}$,故

由点向式方程得,所求直线为

$$\frac{x-3}{-1}=\frac{y-1}{-4}=\frac{z+2}{3}.$$

【例7】 将直线 $\begin{cases} x+2y-3z-4=0, \\ 3x-2y-z-8=0 \end{cases}$ 化为点向式方程和参数方程.

解 先求出直线上的一点 (x_0, y_0, z_0). 不妨取 $z_0=0$,代入直线方程得

$$\begin{cases} x+2y-4=0, \\ 3x-2y-8=0, \end{cases}$$

解得 $x_0=3, y_0=\frac{1}{2}$,即 $\left(3, \frac{1}{2}, 0\right)$ 是所给直线上的一点.

下面再求直线的方向向量. 由于两平面的交线与这两平面的法向量 $\boldsymbol{n}_1=\{1,2,-3\}$, $\boldsymbol{n}_2=\{3,-2,-1\}$ 都垂直,所以可取直线的方向向量为

$$\boldsymbol{s}=\boldsymbol{n}_1\times\boldsymbol{n}_2=\begin{vmatrix} \boldsymbol{i} & \boldsymbol{j} & \boldsymbol{k} \\ 1 & 2 & -3 \\ 3 & -2 & -1 \end{vmatrix}=-8(\boldsymbol{i}+\boldsymbol{j}+\boldsymbol{k}).$$

因此,所给直线的点向式方程为

$$\frac{x-3}{1}=\frac{y-\frac{1}{2}}{1}=\frac{z}{1}.$$

令 $\frac{x-3}{1}=\frac{y-\frac{1}{2}}{1}=\frac{z}{1}=t$,得所给直线的参数方程为

$$\begin{cases} x=3+t, \\ y=\frac{1}{2}+t, \\ z=t. \end{cases}$$

3. 两直线的夹角

定义14 设有直线

$$L_1: \frac{x-x_1}{m_1}=\frac{y-y_1}{n_1}=\frac{z-z_1}{p_1},$$

和直线

$$L_2: \frac{x-x_2}{m_2}=\frac{y-y_2}{n_2}=\frac{z-z_2}{p_2},$$

则直线 L_1 和 L_2 的方向向量分别为 $\boldsymbol{s}_1=\{m_1,n_1,p_1\}$ 和 $\boldsymbol{s}_2=\{m_2,n_2,p_2\}$,我们称 $\boldsymbol{s}_1=\{m_1,n_1,p_1\}$ 和 $\boldsymbol{s}_2=\{m_2,n_2,p_2\}$ 的夹角(一般为锐角)为**两直线的夹角**.

直线 L_1 和 L_2 的夹角 φ 应为 $(\widehat{\boldsymbol{s}_1,\boldsymbol{s}_2})$ 和 $\pi-(\widehat{\boldsymbol{s}_1,\boldsymbol{s}_2})$ 两者中的锐角,因此 $\cos\varphi=|\cos(\widehat{\boldsymbol{s}_1,\boldsymbol{s}_2})|$,即直线 L_1 和 L_2 的夹角 φ 的方向余弦是

$$\cos\varphi=\frac{|m_1m_2+n_1n_2+p_1p_2|}{\sqrt{m_1^2+n_1^2+p_1^2}\cdot\sqrt{m_2^2+n_2^2+p_2^2}}. \tag{6-17}$$

由于两直线互相垂直或平行相当于它们的方向向量互相垂直或平行,因此由两个向量互相

垂直或平行的条件可得如下结论.

直线 L_1, L_2 互相垂直的充分必要条件是:
$$m_1m_2+n_1n_2+p_1p_2=0;$$
直线 L_1, L_2 互相平行或重合的充分必要条件是:
$$\frac{m_1}{m_2}=\frac{n_1}{n_2}=\frac{p_1}{p_2}.$$

【例8】 求直线 $L_1:\dfrac{x-3}{1}=\dfrac{y+5}{-4}=\dfrac{z-4}{1}$ 和 $L_2:\dfrac{x-3}{2}=\dfrac{y}{-2}=\dfrac{z+8}{-1}$ 的夹角.

解 直线 L_1 的方向向量为 $\boldsymbol{s}_1=\{1,-4,1\}$;直线 L_2 的方向向量为 $\boldsymbol{s}_2=\{2,-2,-1\}$,设直线 L_1 和 L_2 的夹角为 φ,那么由式(6-17)有
$$\cos\varphi=\frac{|1\times 2+(-4)\times(-2)+1\times(-1)|}{\sqrt{1^2+(-4)^2+1^2}\cdot\sqrt{2^2+(-2)^2+(-1)^2}}=\frac{1}{\sqrt{2}},$$
所以
$$\varphi=\arccos\frac{\sqrt{2}}{2}=\frac{\pi}{4}.$$

4. 直线与平面的夹角

定义15 线与平面不垂直时,直线与它在平面上的投影直线所成的夹角 $\varphi\left(0\leqslant\varphi<\dfrac{\pi}{2}\right)$ 称为**直线与平面的夹角**(如图6-25).当直线与平面垂直时,规定直线与平面的夹角为 $\dfrac{\pi}{2}$.

设直线
$$L:\frac{x-x_0}{m}=\frac{y-y_0}{n}=\frac{z-z_0}{p},$$
平面
$$\varPi:Ax+By+Cz+D=0,$$
则直线的方向向量为 $\boldsymbol{s}=\{m,n,p\}$,平面的法向量为 $\boldsymbol{n}=\{A,B,C\}$,

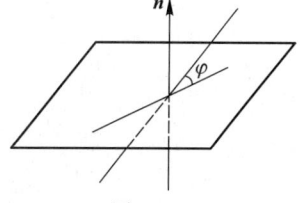

图 6-25

直线与平面的夹角为 φ,那么 $\varphi=\left|\dfrac{\pi}{2}-(\widehat{\boldsymbol{s},\boldsymbol{n}})\right|$,因此 $\sin\varphi=|\cos(\widehat{\boldsymbol{s},\boldsymbol{n}})|$.按两向量夹角余弦的坐标表达式,有
$$\sin\varphi=\frac{|Am+Bn+Cp|}{\sqrt{A^2+B^2+C^2}\cdot\sqrt{m^2+n^2+p^2}}. \tag{6-18}$$

由于直线与平面垂直相当于直线的方向向量与平面的法向量平行,而直线与平面平行或直线在平面内相当于直线的方向向量与平面的法向量垂直,所以由两个向量互相垂直或平行的条件可得如下结论.

直线 L 与平面 $\varPi$ 垂直的充分必要条件是:
$$\frac{A}{m}=\frac{B}{n}=\frac{C}{p}; \tag{6-19}$$
直线 L 与平面 $\varPi$ 平行或直线 L 在平面 $\varPi$ 内的充分必要条件是
$$Am+Bn+Cp=0. \tag{6-20}$$

【例9】 求过点 $M(2,-3,3)$ 且与平面 $3x+2y-2z+16=0$ 垂直的直线的方程.

解 因为所求直线垂直于已知平面,所以可取平面的法向量 $\boldsymbol{n}=\{3,2,-2\}$ 作为所求直线的方向向量 $\boldsymbol{s}$,于是所求直线的方程为

$$\frac{x-2}{3}=\frac{y+3}{2}=\frac{z-3}{-2}.$$

【例 10】 求过点 $M(2,-3,1)$ 且与直线 $L: \frac{x-2}{1}=\frac{y+1}{2}=\frac{z-2}{-2}$ 相交,又平行于平面 $\varPi: 2x-y+2z+7=0$ 的直线的方程.

解 设所求直线为 L_1,则 L_1 在过 M 和 L 的平面 $\varPi_1$ 内,同时也在过 M 且平行于 $\varPi$ 的平面 $\varPi_2$ 内.

在 L 上取一点 $P(2,-1,2)$,则平面 $\varPi_1$ 的法向量 $\boldsymbol{n}_1$ 既垂直于 L 的方向向量 $\boldsymbol{s}=\{1,2,-2\}$,又垂直于 $\overrightarrow{MP}=\{0,2,1\}$,故平面 $\varPi_1$ 的法向量可取为 $\boldsymbol{n}_1=\boldsymbol{s}\times\overrightarrow{MP}$,即

$$\boldsymbol{n}_1=\begin{vmatrix} \boldsymbol{i} & \boldsymbol{j} & \boldsymbol{k} \\ 1 & 2 & -2 \\ 0 & 2 & 1 \end{vmatrix}=6\boldsymbol{i}-\boldsymbol{j}+2\boldsymbol{k},$$

于是平面 $\varPi_1$ 为:

$$6(x-2)-(y+3)+2(z-1)=0;$$

又显然平面 $\varPi_2$ 为:

$$2(x-2)-(y+3)+2(z-1)=0,$$

从而所求直线 L_1 的方程是

$$\begin{cases} 6(x-2)-(y+3)+2(z-1)=0, \\ 2(x-2)-(y+3)+2(z-1)=0, \end{cases}$$

即

$$\begin{cases} 6x-y+2z-17=0, \\ 2x-y+2z-9=0. \end{cases}$$

习题 6-3

1. 求过 $(3,-2,1),(5,3,2),(1,1,1)$ 三个点的平面方程.
2. 求经过两点 $M_1(3,-2,9),M_2(-6,0,-4)$ 且垂直于平面 $2x-y+4z-7=0$ 的平面方程.
3. 设过点 $(1,0,-1)$ 且与平面 $4x-y+2z-8=0$ 平行的平面方程.
4. 求平行于 x 轴且经过两点 $M_1(4,0,-2)$ 和 $M_2(5,-1,0)$ 的平面方程.
5. 指出下列各平面的位置:
   (1) $5x+6y-z=0$; (2) $y=0$; (3) $2x+3=0$;
   (4) $5x-2y-12=0$; (5) $3x+2y=0$.
6. 求平行于 y 轴且经过两点 $(1,-2,3)$ 和 $(-6,-2,7)$ 的平面.
7. 一平面平行于向量 $\boldsymbol{a}=\{1,2,1\}$ 和 $\boldsymbol{b}=\{0,1,1\}$ 且经过点 $(-1,1,2)$,求该平面方程.
8. 求两平面 $x-y+2z-3=0$ 和 $2x+y+z-4=0$ 的夹角.
9. 求三个平面 $3x-z-6=0, x+y-1=0, x-3y-2z-6=0$ 的交点.
10. 求过两点 $M_1(-3,1,2)$ 和 $M_2(-2,3,1)$ 的直线方程.
11. 将直线 $\begin{cases} x-2y+3z-4=0 \\ 3x+2y-5z-4=0 \end{cases}$ 化为点向式方程和参数方程.

12. 求直线 $\frac{x-3}{2}=\frac{y+1}{-5}=\frac{z}{3}$ 与平面 $2x-y-2z+1=0$ 的交点.

13. 求过点 $(-1,-3,2)$ 且平行于直线 $\frac{x-2}{-2}=\frac{y+3}{3}=\frac{z+2}{-1}$ 的直线方程.

14. 求过点 $M_0(1,2,3)$ 且与两平面 $x+y-2z-1=0$ 和 $x+2y-z+1=0$ 都平行的直线方程.

15. 求直线 $L_1:\frac{x-1}{1}=\frac{y}{-4}=\frac{z+3}{1}$ 和 $L_2:\frac{x}{2}=\frac{y+2}{-2}=\frac{z}{-1}$ 的夹角.

16. 证明直线 $\begin{cases}3x+6y-3z-8=0,\\2x-y-z=0\end{cases}$ 与直线 $\begin{cases}x+2y-z-7=0,\\-2x+y+z-7=0\end{cases}$ 平行.

17. 求平面 $\Pi:2x-y+z=8$ 与直线 $l:\frac{x-2}{1}=\frac{y-3}{1}=\frac{z-4}{2}$ 的夹角.

18. 求过点 $(1,2,3)$ 且与直线 $\frac{x-2}{3}=\frac{y}{2}=\frac{z+1}{1}$ 垂直的平面方程.

19. 确定下列每一组直线与平面的关系:

(1) $\frac{x+3}{4}=\frac{y-2}{2}=\frac{z-1}{-3}$ 和 $8x+4y-6z+11=0$;

(2) $\frac{x-1}{2}=\frac{y+1}{3}=\frac{z-2}{6}$ 和 $3x-4y+z+2=0$;

(3) $\frac{x+2}{3}=\frac{y-1}{2}=\frac{z+3}{1}$ 和 $x+3y-9z-28=0$.

20. 求过点 $(1,2,1)$ 且与两直线 $\begin{cases}x-y+z-1=0,\\x+2y-z+1=0\end{cases}$ 和 $\begin{cases}x-y+z=0,\\2x-y+z=0\end{cases}$ 平行的平面方程.

本 章 总 结

一、基本内容

1. 基本概念

空间直角坐标系、向量、向量的模、单位向量、空间平面与直线等的定义.

2. 基本公式

向量的运算(数量积、向量积)公式、空间两点间的距离公式、空间平面方程(一般式、点法式、截距式)、空间直线方程(一般式、点向式、参数式)等.

二、基本方法

熟悉空间平面方程与直线方程以及空间中平面与平面、直线与直线、平面与直线位置关系的充要条件是确定空间中平面与直线的关键所在.

总复习题六

一、选择题.

1. 设向量 a,b,c 满足 $a+b+c=\mathbf{0}$,则 $a\times b+b\times c+c\times a=(\qquad)$

A. $\mathbf{0}$ B. $a\times b\times c$ C. $3(a\times b)$ D. $b\times c$

2. $|a\times b|=(\qquad)$

A. $|a|\times|b|$ B. $|a|\times|b|\sin(\widehat{a,b})$

C. $|a|\times|b|\cos(\widehat{a,b})$ D. 为一同时垂直于 a 和 b 的向量

3. 下列为单位向量的是( )

A. $i-j+k$ B. $\left\{\dfrac{1}{3},\dfrac{1}{3},\dfrac{1}{3}\right\}$

C. $\{1,1,1\}$ D. $\dfrac{a}{|a|}$

4. 设 a 和 b 是两个非零向量,以下结论正确的是( )

A. $a\times b=|a||b|\sin(\widehat{a,b})$ B. $a\times b=|a||b|\cos(\widehat{a,b})$

C. $a\times b=-b\times a$ D. $a\times b=b\times a$

5. 设 $a=-i+j+2k, b=3i+4k$,则 a_b 等于( )

A. $\dfrac{5}{\sqrt{6}}$ B. 1 C. $-\dfrac{5}{\sqrt{6}}$ D. -1

6. 设直线 $L:\begin{cases}x+3y+2z+1=0,\\2x-y-10z+3=0\end{cases}$ 及平面 $\Pi:4x-2y+z-2=0$,则直线 L( )

A. 平行于 Π B. 在 Π 上

C. 垂直于 Π D. 与 Π 斜交

7. 设有直线 $L_1:\dfrac{x-1}{1}=\dfrac{y-5}{-2}=\dfrac{z+8}{1}$ 与 $L_2:\begin{cases}x=6+t,\\y=t,\\z=3-2t,\end{cases}$ 则 L_1 与 L_2 的夹角为( )

A. $\dfrac{\pi}{2}$ B. $\dfrac{\pi}{3}$ C. $\dfrac{\pi}{4}$ D. $\dfrac{\pi}{6}$

8. 设向量 a 与三个坐标面 xOy, yOz, zOx 的夹角分别为 $\theta_1, \theta_2, \theta_3$ $\left(0\leqslant\theta_1,\theta_2,\theta_3\leqslant\dfrac{\pi}{2}\right)$,则 $\cos^2\theta_1+\cos^2\theta_2+\cos^2\theta_3=($)

A. 2 B. 1 C. 0 D. 3

9. 下列说法正确的是( )

A. $\{-1,0,0\}$ 不是单位向量;

B. $\mathbf{0}$ 同时垂直于任何向量也平行于任何向量,这是矛盾的;

C. $\mathbf{0}$ 是一特殊的单位向量;

D. 以上说法都不正确.

二、填空题.

1. 设向量 $a=\{2,1,2\}, b=\{4,-1,10\}, c=\lambda a+b$,且 $a\perp c$,则常数 $\lambda=$ _____.

2. 已知向量 $a=\{-1,3,0\}, b=\{3,1,0\}, |c|=r$,则满足条件 $a=b\times c$ 时 r 的最小值为 _____.

3. 设角 α, β, γ 是一向量的方向角,则 $\cos^2\alpha+\cos^2\beta+\cos^2\gamma=$ _____.

4. 以 $\alpha=\dfrac{\pi}{4}, \beta=\dfrac{\pi}{4}, \gamma=\dfrac{\pi}{2}$ 为方向角的单位向量为 _____.

5. 已知 $a=\{-1,2,4\}, b=\{m,4,8\}$,则当 $m=$ _____ 时 $a\perp b$,当 $m=$ _____ 时 $a//b$.

三、求解下列各题.

1. 设向量 $a+3b \perp 7a-5b, a-4b \perp 7a-2b$, 求两向量 a 和 b 的夹角.

2. 设 $|a|=4, |b|=3, (\widehat{a,b})=\dfrac{\pi}{6}$, 求以 $a+2b$ 及 $a-3b$ 为边的平行四边形的面积.

3. 已知动点 $M(x,y,z)$ 到 xOy 平面的距离与点 M 到点 $(1,-1,2)$ 的距离相等,求动点 M 的轨迹方程.

4. 求过点 $A(3,1,-2)$ 且通过直线 $\dfrac{x-4}{5}=\dfrac{y+3}{2}=\dfrac{z}{1}$ 的平面方程.

5. 平面 $2x-2y+z-9=0$ 与球面 $x^2+y^2+z^2=25$ 的交线是圆,写出该圆的方程,并求出该圆的半径.

6. 求同时垂直于向量 $a=\{2,2,1\}$ 与 $b=\{4,5,3\}$ 的单位向量.

7. 设平面 Π 过点 $(1,0,-1)$ 且与平面 $4x-y+2z-8=0$ 平行,求平面 Π 的方程.

8. 在直线 $\dfrac{x}{1}=\dfrac{y+7}{2}=\dfrac{z-3}{-1}$ 上求一点,使它到点 $(3,2,6)$ 的距离最短.

9. 求通过点 $M(1,2,3)$ 且与直线 $l: x=2+3t\quad y=2t\quad z=-1+t$ 垂直的平面方程.

10. 设一平面垂直于平面 $z=0$, 并通过从点 $(1,-1,1)$ 到直线 $\begin{cases} y-z+1=0, \\ x=0 \end{cases}$ 的垂线,求此平面的方程.

11. 求过点 $M_0(1,2,3)$ 且与两个平面 Π_1, Π_2 都平行的直线方程,其中
$$\Pi_1: x+y-2z-1=0, \Pi_2: x+2y-z+1=0.$$

12. 求过点 $M(2,-1,3)$ 且与直线 $L: \dfrac{x-1}{2}=\dfrac{y}{-1}=\dfrac{z+2}{1}$ 相交,又平行于平面 $\Pi: 3x-2y+z+5=0$ 的直线的方程.

阅读资料　欧几里得与欧氏几何

欧几里得(Euclid)是古希腊著名数学家,是希腊亚历山大大学的数学教授,是欧氏几何学的开创者.欧几里得生于雅典,当他只有十几岁时,就迫不及待地想进入"柏拉图学园"学习,"柏拉图学园"是柏拉图 40 岁时创办的一所以讲授数学为主要内容的学校.在学园里,师生之间的教学完全通过对话的形式进行,因此要求学生具有高度的抽象思维能力.数学,尤其是几何学,所涉及对象就是普遍而抽象的东西.它们同生活中的实物有关,但是又不来自于这些具体的事物,因此,在当时学习几何被认为是寻求真理的最有效的途径.

最早的几何学兴起于公元前 7 世纪的古埃及,后经古希腊等人传到古希腊的都城,又借毕达哥拉斯学派系统奠基.在欧几里得以前,人们已经积累了许多几何学的知识,然而这些知识当中,存在一个很大的不足,就是缺乏系统性.最早的几何学包含的大多数是片断、零碎的知识,公理与公理之间、证明与证明之间并没有什么很强的联系性,更不要说对公式和定理进行严格的逻辑论证和说明.因此,随着社会经济的繁荣和发展,特别是随着农林畜牧业的发展以及土地开发和利用的增多,把这些几何学知识加以条理化和系统化,成为一整套可以前后贯通的知识体系,已经刻不容缓,这是科学进步的大势所趋.欧几里得通过早期对柏拉图数学思想,尤其是几何学理论

系统周详的研究,已敏锐地察觉到了几何学理论的发展趋势.欧几里得下定决心,要在有生之年完成这一工作,他一边收集以往的数学专著和手稿,向有关学者请教,一边试着著书立说,阐明自己对几何学的理解,哪怕是尚肤浅的理解.经过欧几里得忘我的工作,终于在公元前300年结出丰硕的果实,这就是几经易稿而最终定形的《几何原本》一书.这是一部传世之作,几何学正是有了它,不仅第一次实现了系统化、条理化,而且又孕育出一个全新的研究领域——欧几里得几何学,简称欧氏几何.

　《几何原本》中有关穷竭法的讨论,成为近代微积分思想的来源.仅仅从这些卷帙的内容安排上,我们就不难发现,这部书已经基本囊括了几何学从公元前7世纪的古埃及,一直到公元前4世纪(欧几里得生活时期)前后总共400多年的数学发展历史.他总结和发挥了前人的思维成果,巧妙地论证了毕达哥拉斯定理,也称"勾股定理",即在一直角三角形中,斜边上的正方形的面积等于两条直角边上的两个正方形的面积之和.他的这一证明,从此确定了勾股定理的正确性并延续了2 000多年.《几何原本》是一部在科学史上千古流芳的巨著.它不仅保存了许多古希腊早期的几何学理论,而且通过欧几里得开创性的系统整理和完整阐述,使这些远古的数学思想发扬光大.

*第七章　多元函数微分学

名人名言

只有微分学才能使自然科学有可能用数学来不仅仅表明状态,并且也表明过程:运动.

——恩格斯

本章导读

前面几章我们研究了一元函数微积分,但在许多实际问题中,往往涉及多个因素之间的关系,反映到数学上就表现为一个变量依赖于多个变量的情形,从而产生了多元函数的概念.因此,我们有必要研究多元函数的微积分问题.本章将讨论多元函数的微分方法及其应用.我们主要讨论二元函数,但所得到的概念、性质和结论都可以推广到二元以上的多元函数中.

第一节　多元函数的基本概念

一、平面区域的概念

所谓平面区域是指坐标平面上满足某些条件的点的集合,简称**区域**.一般区域用 D 表示.围成区域的曲线称为该区域的**边界**,边界上的点称为**边界点**.例如满足下列不等式(组)的点集都是平面区域,它们相应的图形为图 7-1、图 7-2、图 7-3、图 7-4:

(1) $x^2+y^2 \leqslant 16$;

(2) $x+y>0$;

(3) $\begin{cases} |x| \leqslant 2, \\ 3 \leqslant y \leqslant 4; \end{cases}$

(4) $x^2+y^2 > 16$.

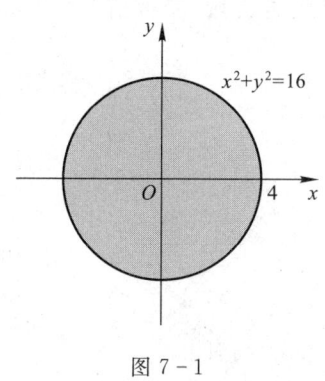

图 7-1

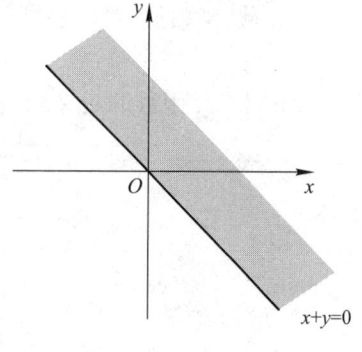

图 7-2

包括边界线的区域称为**闭区域**,如图 7-1 和图 7-3,不包括边界线的区域称为**开区域**,如图 7-2 和图 7-4.

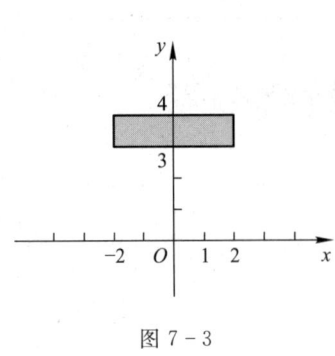

图 7-3

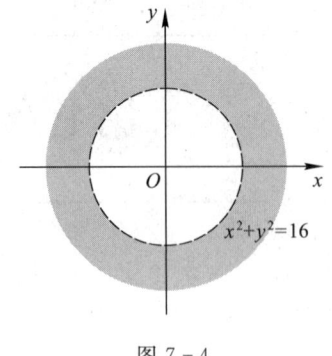

图 7-4

二、多元函数的概念

引例 设圆锥的体积为 V,底面半径为 r,高为 h,则有

$$V=\frac{1}{3}\pi r^2 h.$$

本例中有 3 个变量,体积 V 会随着底面半径 r 和高 h 的变化而变化,每当 r 和 h 取定一组数值时,就会得到一个唯一确定的体积值 V.

定义 设有 x,y,z 三个变量,如果对于变量 x,y 在区域 D 内所取的每一组值 (x,y),按照某对应法则 f,变量 z 总有一个确定的实数与之相对应,则称 z 是 x,y 的**二元函数**,记作 $z=f(x,y)$. 其中 x,y 称为**自变量**,z 称为**因变量**,自变量 x,y 所允许的取值区域 D 称为函数 $z=f(x,y)$ 的**定义域**,当取遍 D 中所有点所得到的函数值的集合 $\{z|z=f(x,y),(x,y)\in D\}$ 称为该函数的**值域**.

类似地可以定义二元以上的函数,如三元函数,四元函数,……,n 元函数. 二元以上的函数统称为**多元函数**.

二元函数在点 $P(x_0,y_0)$ 处的函数值记作:

$$z\Big|_{\substack{x=x_0\\y=y_0}} \text{ 或 } f(x_0,y_0) \text{ 或 } f(P_0).$$

多元函数定义域、函数值、对应法则 f 的求法与一元函数定义域、函数值、对应法则 f 的求法原则上相同.

【例 1】 求下列二元函数的定义域:

(1) $z=\dfrac{8}{\sqrt{x^2+y^2-9}}-\sqrt{64-x^2-y^2}$;

(2) $z=\ln(x^2-y+5)$;

(3) $z=\arcsin\dfrac{x}{3}+\arccos y$.

解 (1) 要使函数 $z=\dfrac{8}{\sqrt{x^2+y^2-9}}-\sqrt{64-x^2-y^2}$ 有意义,则有

$$\begin{cases} x^2+y^2-9>0,\\ 64-x^2-y^2\geqslant 0, \end{cases} \quad \text{即 } 9<x^2+y^2\leqslant 64.$$

所以,原函数的定义域是
$$D=\{(x,y)\mid 9<x^2+y^2\leqslant 64\}.$$

(2) 要使函数 $z=\ln(x^2-y+5)$ 有意义,则有
$$x^2-y+5>0, \quad 即\ y<x^2+5,$$

所以,原函数的定义域是
$$D=\{(x,y)\mid y<x^2+5\}.$$

(3) 要使函数 $z=\arcsin\dfrac{x}{3}+\arccos y$ 有意义,则有
$$\begin{cases}\left|\dfrac{x}{3}\right|\leqslant 1,\\ |y|\leqslant 1,\end{cases}\quad 即\ \begin{cases}-3\leqslant x\leqslant 3,\\ -1\leqslant y\leqslant 1,\end{cases}$$

所以,原函数的定义域是
$$D=\{(x,y)\mid -3\leqslant x\leqslant 3,-1\leqslant y\leqslant 1\}.$$

【例2】 设 $f(x,y)=x^2+2y^2-\dfrac{x-y}{xy}$,求 $f(-1,2),f\left(3,\dfrac{y}{x}\right).$

解
$$f(-1,2)=(-1)^2+2\times 2^2-\dfrac{-1-2}{-1\times 2}=\dfrac{15}{2};$$

$$f\left(3,\dfrac{y}{x}\right)=3^2+2\left(\dfrac{y}{x}\right)^2-\dfrac{3-\dfrac{y}{x}}{3\times\dfrac{y}{x}}=9+\dfrac{2y^2}{x^2}-\dfrac{3x-y}{3y}.$$

习题 7-1

1. 设函数 $f(x,y)=x^2-2xy+3y^2$,试求:
(1) $f(0,1);$ (2) $f(tx,ty);$ (3) $f[(x+y),(x-y)].$
2. 求下列函数的定义区域并用图形表示.
(1) $z=\ln\dfrac{1}{x+y};$ (2) $z=\sqrt{9-x^2-y^2};$ (3) $z=\dfrac{\arcsin y}{\sqrt{x}}.$

第二节 多元函数的偏导数

引例 在物理学中,一定量的理想气体的体积 V 与压强 P 和温度 T 之间遵循波尔定理,即三者之间满足函数关系
$$V=R\dfrac{T}{P}(R\ 是常数).$$

当温度与压强两个因素同时变化时,体积的变化较复杂,通常先考虑两种特殊情况.

(1) 等压过程:当压强 P 一定(即 P 为常数)时,体积 V 关于温度 T 的变化率,即 V 关于 T 的一阶导数
$$V'=\dfrac{R}{P}.$$

(2) 等温过程：当温度 T 一定(即 T 为常数)时，体积 V 关于压强 P 的变化率，即 V 关于 P 的一阶导数

$$V' = -R\frac{T}{P^2}.$$

在二元函数变化过程中，暂时认定其中一个变量为常量，函数关于另一个变量的变化率本质上就是一元函数的导数，即二元函数的一阶偏导数.

一、二元函数的一阶偏导数

1. 偏导数的定义

定义 1 设二元函数 $z = f(x, y)$ 在点 (x_0, y_0) 的一个邻域内有定义，且 $(x_0 + \Delta x, y_0)$ 也在该邻域内，则函数值的增量为 $f(x_0 + \Delta x, y_0) - f(x_0, y_0)$，称为函数 z 对 x 的偏增量，记为 $\Delta_x z$，即

$$\Delta_x z = f(x_0 + \Delta x, y_0) - f(x_0, y_0).$$

如果 $\lim\limits_{\Delta x \to 0} \dfrac{\Delta_x z}{\Delta x}$ 存在，则称该极限值为函数 $z = f(x, y)$ 在点 (x_0, y_0) 处对 x 的**偏导数**，记作

$$\left.\frac{\partial z}{\partial x}\right|_{\substack{x=x_0\\y=y_0}}, \left.\frac{\partial f}{\partial x}\right|_{\substack{x=x_0\\y=y_0}}, \left.z'_x\right|_{\substack{x=x_0\\y=y_0}} \text{或} f'_x(x_0, y_0),$$

即

$$\left.\frac{\partial z}{\partial x}\right|_{\substack{x=x_0\\y=y_0}} = \lim_{\Delta x \to 0} \frac{\Delta_x z}{\Delta x}.$$

同样可以定义，函数 $z = f(x, y)$ 在点 (x_0, y_0) 处对 y 的偏导数为

$$\lim_{\Delta y \to 0}\frac{\Delta_y z}{\Delta y} = \lim_{\Delta y \to 0}\frac{f(x_0, y_0 + \Delta y) - f(x_0, y_0)}{\Delta y},$$

记作

$$\left.\frac{\partial f}{\partial y}\right|_{\substack{x=x_0\\y=y_0}}, \left.z'_y\right|_{\substack{x=x_0\\y=y_0}}, \left.\frac{\partial z}{\partial y}\right|_{\substack{x=x_0\\y=y_0}} \text{或} f'_y(x_0, y_0).$$

若函数 $z = f(x, y)$ 在区域 D 内的任意一点对 x 偏导数都存在，那么这个偏导数是 x, y 的函数，此函数称为函数 $z = f(x, y)$ 对自变量 x 的偏导函数，记作

$$\frac{\partial z}{\partial x}, \frac{\partial f}{\partial x}, z'_x \text{或} f'_x(x, y).$$

类似地可以定义 $z = f(x, y)$ 对自变量 y 的偏导函数，记作

$$\frac{\partial z}{\partial y}, \frac{\partial f}{\partial y}, z'_y \text{或} f'_y(x, y).$$

在不引起混淆的情况下偏导函数也称偏导数.

注：偏导数的概念可以推广到二元以上函数，例如，三元函数 $u = f(x, y, z)$ 在点 (x, y, z) 处对 x 的偏导数可以定义为

$$f'_x(x, y, z) = \lim_{\Delta x \to 0} \frac{f(x + \Delta x, y, z) - f(x, y, z)}{\Delta x}.$$

由偏导数的定义，我们不难看出，对某变量求偏导时，就将其余变量看作是常数，然后直接利用一元函数求导公式、运算法则及复合函数求导法则来计算.

【例1】 求函数 $z=x^3y+6x+y^2-7$ 在点 $(1,2)$ 处的两个偏导数.

解 因为
$$\frac{\partial z}{\partial x}=(x^3y+6x+y^2-7)'_x$$
$$=(x^3y)'_x+(6x)'_x+(y^2)'_x-7'_x$$
$$=3x^2y+6,$$
$$\frac{\partial z}{\partial y}=(x^3y+6x+y^2-7)'_y$$
$$=(x^3y)'_y+(6x)'_y+(y^2)'_y-7'_y$$
$$=x^3+2y,$$

所以
$$\left.\frac{\partial z}{\partial x}\right|_{(1,2)}=(3x^2y+6)|_{(1,2)}=12,$$
$$\left.\frac{\partial z}{\partial y}\right|_{(1,2)}=(x^3+2y)|_{(1,2)}=5.$$

【例2】 已知 $z=e^{xy}+\sin(x^2y)$, 求 $\dfrac{\partial z}{\partial x},\dfrac{\partial z}{\partial y}$.

解
$$\frac{\partial z}{\partial x}=[e^{xy}+\sin(x^2y)]'_x=(e^{xy})'_x+[\sin(x^2y)]'_x$$
$$=e^{xy}(xy)'_x+\cos(x^2y)\cdot(x^2y)'_x$$
$$=ye^{xy}+2xy\cos(x^2y),$$
$$\frac{\partial z}{\partial y}=[e^{xy}+\sin(x^2y)]'_y=(e^{xy})'_y+[\sin(x^2y)]'_y$$
$$=e^{xy}(xy)'_y+\cos(x^2y)\cdot(x^2y)'_y$$
$$=xe^{xy}+x^2\cos(x^2y).$$

【例3】 求三元函数 $z=\sin(x+y^2+2xu)$ 对 x 的偏导数 z'_x.

解 $z'_x=\cos(x+y^2+2xu)\cdot(1+2u)=(2u+1)\cos(x+y^2+2xu).$

2. 二元复合函数一阶偏导数的运算法则

如果二元函数 $u=u(x,y),v=v(x,y)$ 在点 (x,y) 处的一阶偏导数 $\dfrac{\partial u}{\partial x},\dfrac{\partial u}{\partial y}$ 及 $\dfrac{\partial v}{\partial x},\dfrac{\partial v}{\partial y}$ 都存在,二元函数 $z=f(u,v)$ 在点 (x,y) 的对应点 (u,v) 处一阶偏导数 $\dfrac{\partial z}{\partial u},\dfrac{\partial z}{\partial v}$ 存在且连续,则二元复合函数 $z=f(u(x,y),v(x,y))$ 在点 (x,y) 处的一阶偏导数 $\dfrac{\partial z}{\partial x},\dfrac{\partial z}{\partial y}$ 存在,且一阶偏导数为

$$\frac{\partial z}{\partial x}=\frac{\partial z}{\partial u}\cdot\frac{\partial u}{\partial x}+\frac{\partial z}{\partial v}\cdot\frac{\partial v}{\partial x},$$
$$\frac{\partial z}{\partial y}=\frac{\partial z}{\partial u}\cdot\frac{\partial u}{\partial y}+\frac{\partial z}{\partial v}\cdot\frac{\partial v}{\partial y}.$$

【例4】 设二元函数 $z=f(u,v)$ 的一阶偏导数都连续,求二元复合函数 $z=f(2x+3y,xy)$ 的一阶偏导数.

解 令 $u=2x+3y,v=xy$,根据二元复合函数一阶偏导数的运算法则,有

$$\frac{\partial z}{\partial x}=\frac{\partial z}{\partial u}\cdot\frac{\partial u}{\partial x}+\frac{\partial z}{\partial v}\cdot\frac{\partial v}{\partial x}=2\frac{\partial z}{\partial u}+y\frac{\partial z}{\partial v},$$

$$\frac{\partial z}{\partial y}=\frac{\partial z}{\partial u}\cdot\frac{\partial u}{\partial y}+\frac{\partial z}{\partial v}\cdot\frac{\partial v}{\partial y}=3\frac{\partial z}{\partial u}+x\frac{\partial z}{\partial v}.$$

【例 5】 设二元函数 $z=f(u,v)$ 的一阶偏导数都连续,求二元复合函数 $z=f(\sin x,\mathrm{e}^{xy})$ 的一阶偏导数.

解 令 $u=\sin x, v=\mathrm{e}^{xy}$,根据二元复合函数一阶偏导数的运算法则,有

$$\frac{\partial z}{\partial x}=\frac{\partial z}{\partial u}\cdot\frac{\partial u}{\partial x}+\frac{\partial z}{\partial v}\cdot\frac{\partial v}{\partial x}=\cos x\frac{\partial z}{\partial u}+y\mathrm{e}^{xy}\frac{\partial z}{\partial v},$$

$$\frac{\partial z}{\partial y}=\frac{\partial z}{\partial u}\cdot\frac{\partial u}{\partial y}+\frac{\partial z}{\partial v}\cdot\frac{\partial v}{\partial y}=\frac{\partial z}{\partial u}\cdot 0+x\mathrm{e}^{xy}\frac{\partial z}{\partial v}=x\mathrm{e}^{xy}\frac{\partial z}{\partial v}.$$

3. 二元隐函数的一阶偏导数

已知方程 $F(x,y,z)=0$ 确定变量 z 为 x,y 的二元函数 $z=z(x,y)$,且其偏导数 $\frac{\partial z}{\partial x},\frac{\partial z}{\partial y}$ 存在,则可以利用二元复合函数求导法则求出二元隐函数的偏导数. 具体做法:若求 $\frac{\partial z}{\partial x}$,方程 $F(x,y,z)=0$ 两边同时对 x 求导,其中变量 y 看成常数,变量 z 看成关于 x 的函数,然后从中解出 $\frac{\partial z}{\partial x}$;若求 $\frac{\partial z}{\partial y}$,方程 $F(x,y,z)=0$ 两边同对 y 求导,其中变量 x 看成常数,变量 z 看成关于 y 的函数,然后从中解出 $\frac{\partial z}{\partial y}$.

【例 6】 已知方程 $\mathrm{e}^z=xyz$ 确定了变量 z 为 x,y 的二元函数 $z=z(x,y)$,求一阶偏导数 z'_x 与 z'_y.

解 方程 $\mathrm{e}^z=xyz$ 两端同对 x 求导,有

$$\mathrm{e}^z\cdot z'_x=y(z+x\cdot z'_x),$$

即

$$(\mathrm{e}^z-xy)\cdot z'_x=yz,$$

故

$$z'_x=\frac{yz}{\mathrm{e}^z-xy}=\frac{yz}{xyz-xy}=\frac{z}{x(z-1)}.$$

同理,方程 $\mathrm{e}^z=xyz$ 两端同对 y 求导,有

$$\mathrm{e}^z\cdot z'_y=x(z+y\cdot z'_y),$$

即

$$(\mathrm{e}^z-xy)\cdot z'_y=xz,$$

故

$$z'_y=\frac{xz}{\mathrm{e}^z-xy}=\frac{xz}{xyz-xy}=\frac{z}{y(z-1)}.$$

【例 7】 设 $z=f(x,y)$ 由方程 $z^3-3yz+3x=8$ 所确定,求 $\left.\frac{\partial z}{\partial y}\right|_{\substack{x=0\\y=0}}$.

解 $3z^2\frac{\partial z}{\partial y}-3z-3y\frac{\partial z}{\partial y}+0=0,$

则
$$\frac{\partial z}{\partial y}=\frac{3z}{3z^2-3y}=\frac{z}{z^2-y}.$$

将 $x=0,y=0$ 代入原方程,得 $z^3=8$,即当 $x=0,y=0$ 时 $z=2$,故 $\left.\dfrac{\partial z}{\partial y}\right|_{\substack{x=0\\y=0}}=\dfrac{2}{4-0}=\dfrac{1}{2}$.

二、高阶偏导数

定义 2 二元函数 $z=f(x,y)$ 的两个偏导数 $\dfrac{\partial z}{\partial x},\dfrac{\partial z}{\partial y}$ 仍是关于 x,y 的二元函数,故二元函数 $z=f(x,y)$ 一阶偏导数的一阶偏导数称为它的**二阶偏导数**,按照对自变量 x,y 求导次序的不同有下列 4 个二阶偏导数:

(1) $(f'_x(x,y))'_x$,记作 $f''_{xx}(x,y)$ 或 z''_{xx} 或 $\dfrac{\partial^2 z}{\partial x^2}$ 或 $\dfrac{\partial^2}{\partial x^2}f(x,y)$;

(2) $(f'_x(x,y))'_y$,记作 $f''_{xy}(x,y)$ 或 z''_{xy} 或 $\dfrac{\partial^2 z}{\partial x \partial y}$ 或 $\dfrac{\partial^2}{\partial x \partial y}f(x,y)$;

(3) $(f'_y(x,y))'_x$,记作 $f''_{yx}(x,y)$ 或 z''_{yx} 或 $\dfrac{\partial^2 z}{\partial y \partial x}$ 或 $\dfrac{\partial^2}{\partial y \partial x}f(x,y)$;

(4) $(f'_y(x,y))'_y$,记作 $f''_{yy}(x,y)$ 或 z''_{yy} 或 $\dfrac{\partial^2 z}{\partial y^2}$ 或 $\dfrac{\partial^2}{\partial y^2}f(x,y)$;

其中(2)、(3)称为二阶混合偏导数,(2) 表示先对 x 求导后再对 y 求导,(3) 表示先对 y 求导后再对 x 求导.

多元函数的二阶及二阶以上的偏导数,称为多元函数的高阶偏导数.

【例 8】 设 $z=y^2 e^x+x^3 y^4+\sin(xy)$,求其所有二阶偏导数.

解 因为
$$\frac{\partial z}{\partial x}=y^2 e^x+3x^2 y^4+y\cos(xy),$$
$$\frac{\partial z}{\partial y}=2y e^x+4x^3 y^3+x\cos(xy),$$

所以
$$\frac{\partial^2 z}{\partial x^2}=[y^2 e^x+3x^2 y^4+y\cos(xy)]'_x$$
$$=y^2 e^x+6xy^4-y^2\sin(xy),$$
$$\frac{\partial^2 z}{\partial x \partial y}=[y^2 e^x+3x^2 y^4+y\cos(xy)]'_y$$
$$=2y e^x+12x^2 y^3+\cos(xy)-xy\sin(xy),$$
$$\frac{\partial^2 z}{\partial y \partial x}=[2y e^x+4x^3 y^3+x\cos(xy)]'_x$$
$$=2y e^x+12x^2 y^3+\cos(xy)-xy\sin(xy),$$
$$\frac{\partial^2 z}{\partial y^2}=[2y e^x+4x^3 y^3+x\cos(xy)]'_y$$
$$=2 e^x+12x^3 y^2-x^2\sin(xy).$$

由上例我们发现其中的两个二阶混合偏导数相等,这不是偶然的,可以由下面定理说明.

定理 若 $z=f(x,y)$ 的两个二阶混合偏导数 $\dfrac{\partial^2 z}{\partial x \partial y}$ 和 $\dfrac{\partial^2 z}{\partial y \partial x}$ 在 D 内连续,则在 D 内必有

$$\dfrac{\partial^2 z}{\partial x \partial y}=\dfrac{\partial^2 z}{\partial y \partial x}.$$

上述定理说明二阶混合偏导数在连续的条件下与求偏导次序无关,且该定理对于多元函数的更高阶的混合偏导数也成立.

【例 9】 设 $z=f(2x-y, y\sin x)$,其中 f 有二阶连续偏导数,求 $\dfrac{\partial^2 z}{\partial x \partial y}$.

解 这是一个二元复合函数,令

$$u=2x-y, v=y\sin x,$$

根据二元复合函数的求导法则,有

$$\dfrac{\partial z}{\partial x}=2f'_u+y\cos x f'_v,$$

$$\dfrac{\partial^2 z}{\partial x \partial y}=2[f''_{uu}\cdot(-1)+f''_{uv}\cdot\sin x]+\cos x\{f'_v+y[f''_{vu}\cdot(-1)+f''_{vv}\cdot\sin x]\}$$

$$=-2f''_{uu}+(2\sin x-y\cos x)f''_{uv}+\cos x f'_v+y\sin x\cos x f''_{vv}.$$

习题 7-2

1. 求下列函数的偏导数.
   (1) $z=2x^2+3y^2+6xy$;
   (2) $z=\arctan(xy)$;
   (3) $z=x^5 e^y$;
   (4) $z=\ln\sin(xy)$.

2. 求下列函数的二阶偏导数.
   (1) $z=x\ln(xy)$;
   (2) $z=x^y \ (x>0)$.

3. 已知 $z=y^x \ (y>0)$,求证 $\dfrac{1}{\ln y}\dfrac{\partial z}{\partial x}+\dfrac{y}{x}\dfrac{\partial z}{\partial y}=2z$.

4. 设 $z=f(2x+3y, xy)$,其中 f 具有二阶连续偏导数,求 $\dfrac{\partial^2 z}{\partial x \partial y}$.

5. 设 $z=xf(x^2, xy)$,其中 $f(u,v)$ 的二阶偏导数存在,求 $\dfrac{\partial z}{\partial y}, \dfrac{\partial^2 z}{\partial y \partial x}$.

第三节 二元函数的全微分

在第二节中,我们研究了多元函数中一个自变量取得增量时,因变量所获得的偏增量,但在实际问题中,有时会遇到多元函数中各个自变量都发生改变时因变量的改变量问题,即多元函数的全增量问题.

例如,用 S 表示边长分别为 x 与 y 的矩形的面积,显然,$S=xy$. 如果边长 x 与 y 分别取得改变量 Δx 与 Δy 时,面积 S 相应地有一个改变量

$$\Delta S=(x+\Delta x)(y+\Delta y)-xy=y\Delta x+x\Delta y+\Delta x\Delta y.$$

第一部分 $y\Delta x+x\Delta y$ 是 $\Delta x, \Delta y$ 的线性函数,如图 7-5 所示,它表示图中单条斜线的两个长条矩形面积的和;

第二部分 $\Delta x \Delta y$ 表示图 7-5 中网格线所表示的小矩形的面积,当 $\Delta x \to 0, \Delta y \to 0$ 时,它所表示的面积较 $y\Delta x + x\Delta y$ 所表示的面积小得多,是比 $\rho = \sqrt{(\Delta x)^2 + (\Delta y)^2}$ 高阶的无穷小. 因此,此时,可以用 $y\Delta x + x\Delta y$ 近似表示 ΔS,我们就称其为面积 S 的全微分.

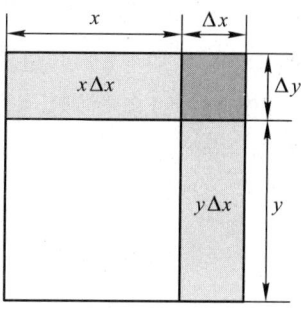

图 7-5

定义 若函数 $z = f(x,y)$ 在点 $P_0(x_0, y_0)$ 的某个邻域内有定义,点 $P(x_0 + \Delta x, y_0 + \Delta y)$ 是该邻域内的任意一点,函数的全增量为

$$\Delta z = f(x_0 + \Delta x, y_0 + \Delta y) - f(x_0, y_0),$$

若 Δz 可以表示为

$$\Delta z = A\Delta x + B\Delta y + o(\rho),$$

其中,A, B 是与 $\Delta x, \Delta y$ 无关,而只与 x_0, y_0 有关的常数,$\rho = \sqrt{(\Delta x)^2 + (\Delta y)^2}$,则称 $A\Delta x + B\Delta y$ 为函数 $z = f(x,y)$ 在点 $P_0(x_0, y_0)$ 处的**全微分**,记作 $\mathrm{d}z$,即

$$\mathrm{d}z|_{(x_0, y_0)} = A\Delta x + B\Delta y.$$

同时称函数 $z = f(x,y)$ 在点 $P_0(x_0, y_0)$ 处可微.

若函数 $z = f(x,y)$ 在区域 D 内每一点都可微,则称函数 $z = f(x,y)$ 在区域 D 内可微分,且

$$\mathrm{d}z = A\Delta x + B\Delta y.$$

下面我们给出 A, B 与函数 $z = f(x,y)$ 在点 (x_0, y_0) 处偏导数的关系.

定理 1(可微的必要条件) 若函数 $z = f(x,y)$ 在点 $P_0(x_0, y_0)$ 处可微,则函数 $z = f(x,y)$ 在 $P_0(x_0, y_0)$ 处的偏导数 z'_x, z'_y 都存在,且全微分中的 A 和 B 为

$$A = z'_x|_{(x_0, y_0)}, B = z'_y|_{(x_0, y_0)},$$

即

$$\mathrm{d}z = \frac{\partial z}{\partial x}\bigg|_{(x_0, y_0)} \Delta x + \frac{\partial z}{\partial y}\bigg|_{(x_0, y_0)} \Delta y.$$

与一元函数一样,自变量的增量等于自变量的微分 $\Delta x = \mathrm{d}x, \Delta y = \mathrm{d}y$ 则函数 $z = f(x,y)$ 在点 $P_0(x_0, y_0)$ 处的全微分为

$$\mathrm{d}z = \frac{\partial z}{\partial x}\bigg|_{(x_0, y_0)} \mathrm{d}x + \frac{\partial z}{\partial y}\bigg|_{(x_0, y_0)} \mathrm{d}y.$$

定理 2(可微的充分条件) 若函数 $z = f(x,y)$ 的偏导数 $\frac{\partial z}{\partial x}, \frac{\partial z}{\partial y}$ 存在且连续,则函数 $z = f(x,y)$ 可微分,且

$$\mathrm{d}z = \frac{\partial z}{\partial x}\mathrm{d}x + \frac{\partial z}{\partial y}\mathrm{d}y.$$

类似地我们可以将二元函数全微分的必要条件和充分条件推广到三元及三元以上的多元函数中去. 例如三元函数 $u = f(x,y,z)$ 在点 (x,y,z) 处的全微分为

$$\mathrm{d}u = f'_x \mathrm{d}x + f'_y \mathrm{d}y + f'_z \mathrm{d}z.$$

【例 1】 求函数 $z = 4xy^3 + 5x^2y^6$ 的全微分.

解 因为

$$\frac{\partial z}{\partial x} = 4y^3 + 10xy^6, \frac{\partial z}{\partial y} = 12xy^2 + 30x^2y^5,$$

所以
$$dz=(4y^3+10xy^6)dx+(12xy^2+30x^2y^5)dy.$$

【例2】 设函数 $z=e^{xy}$，求在点 $(2,1)$ 处的全微分；

解 因为
$$\frac{\partial z}{\partial x}=ye^{xy}, \frac{\partial z}{\partial y}=xe^{xy},$$

所以
$$dz=ye^{xy}dx+xe^{xy}dy.$$

又因为
$$\frac{\partial z}{\partial x}\Big|_{(2,1)}=e^2, \frac{\partial z}{\partial y}\Big|_{(2,1)}=2e^2,$$

所以
$$dz\Big|_{(2,1)}=e^2 dx+2e^2 dy.$$

习题 7-3

1. 求下列函数的全微分.
   (1) $z=x^2 y$；　　(2) $z=e^{xy}$；　　(3) $z=xy\ln y$；　　(4) $z=\cos(x^2+xy)$.
2. 设 $u=xyz+3x^3-3y^3+z^3+8$，求 $du, du\big|_{(-1,1,2)}$.

第四节　多元函数的极值

在一元函数微分学中，我们研究过一元函数的极值、极值存在的必要条件和充分条件，也学习过求一元函数的最值问题.本节将研究多元函数中的相应问题.

一、二元函数的极值

定义 设函数 $z=f(x,y)$ 在点 $P_0(x_0,y_0)$ 的某邻域内有定义，对于该邻域内异于点 $P_0(x_0,y_0)$ 的点 $P(x,y)$，如果总有 $f(x,y)<f(x_0,y_0)$，则称函数 $z=f(x,y)$ 在点 $P_0(x_0,y_0)$ 处取得**极大值** $f(x_0,y_0)$，点 $P_0(x_0,y_0)$ 为函数 $z=f(x,y)$ 的**极大值点**；如果总有 $f(x,y)>f(x_0,y_0)$，则称函数 $z=f(x,y)$ 在点 $P_0(x_0,y_0)$ 处取得**极小值** $f(x_0,y_0)$，点 $P_0(x_0,y_0)$ 为函数 $z=f(x,y)$ 的**极小值点**.

极大值与极小值统称为**极值**，极大值点与极小值点统称为**极值点**.

同一元函数相类似，我们把满足 $\begin{cases} f'_x(x_0,y_0)=0, \\ f'_y(x_0,y_0)=0 \end{cases}$ 的点 (x_0,y_0) 称为二元函数 $z=f(x,y)$ 的**驻点**，它可能就是函数 $z=f(x,y)$ 的极值点，由一元函数中"可导函数的极值点必为驻点"的结论可得下列结论.

定理1（极值的必要条件） 设函数 $z=f(x,y)$ 在点 (x_0,y_0) 处存在偏导数，且点 (x_0,y_0) 为函数 $z=f(x,y)$ 的极值点，则点 (x_0,y_0) 为函数 $z=f(x,y)$ 的驻点.

由极值存在的必要条件我们知道，驻点不一定是极值点，因此，接下来我们讨论二元函数在驻点处取得极值的充分条件.

定理 2(极值的充分条件) 设函数 $z=f(x,y)$ 在点 (x_0,y_0) 的某邻域内具有二阶连续的偏导数,又

$$f'_x(x_0,y_0)=0, f'_y(x_0,y_0)=0.$$

令

$$f''_{xx}(x_0,y_0)=A, f''_{xy}(x_0,y_0)=B, f''_{xy}(x_0,y_0)=C, \Delta=B^2-AC.$$

(1) 如果 $\Delta<0$,则点 (x_0,y_0) 为函数 $z=f(x,y)$ 的极值点;且当 $A<0$ 时,点 (x_0,y_0) 为函数 $z=f(x,y)$ 的极大值点,当 $A>0$ 时,点 (x_0,y_0) 为函数 $z=f(x,y)$ 的极小值点;

(2) 如果 $\Delta>0$,则点 (x_0,y_0) 不是函数 $z=f(x,y)$ 的极值点;

(3) 如果 $\Delta=0$,则点 (x_0,y_0) 是不是函数 $z=f(x,y)$ 的极值点不能确定,改用其他方法判别.

由多元函数极值的充分条件得知:求具有连续的二阶偏导数的函数 $z=f(x,y)$ 的极值步骤为:

(1) 求出偏导数 $f'_x, f'_y, f''_{xx}, f''_{xy}, f''_{yy}$;

(2) 解方程组 $\begin{cases} f'_x(x,y)=0, \\ f'_y(x,y)=0 \end{cases}$,求出驻点;

(3) 求出各个驻点对应的 A, B, C 及 Δ 的值;

(4) 根据 $\Delta=B^2-AC$ 的符号判定该驻点是否为极值点.

最后求出函数 $f(x,y)$ 在该极值点处的函数值为该函数的极值.

【例 1】 求函数 $f(x,y)=x^3+y^3-3xy$ 的极值.

解
$$f'_x(x,y)=3x^2-3y, f'_y(x,y)=3y^2-3x,$$
$$f''_{xx}(x,y)=6x, f''_{xy}(x,y)=-3, f''_{yy}(x,y)=6y.$$

令

$$\begin{cases} f'_x(x,y)=3x^2-3y=0, \\ f'_y(x,y)=3y^2-3x=0, \end{cases}$$

得驻点 $(0,0)$ 和 $(1,1)$.

对于驻点 $(0,0)$:

$$A=6x\big|_{(0,0)}=0, B=-3, C=6y\big|_{(0,0)}=0, \Delta=B^2-AC=9,$$

因为 $\Delta=9>0$,所以点 $(0,0)$ 不是极值点.

对于驻点 $(1,1)$:

$$A=6x\big|_{(1,1)}=6, B=-3, C=6y\big|_{(1,1)}=6, \Delta=B^2-AC=-27,$$

因为 $\Delta=-27<0$,所以点 $(1,1)$ 是极值点,又因为 $A=6>0$,故点 $(1,1)$ 为函数的极小值点,极小值为 $f(1,1)=-1$.

注:在讨论一元函数的极值时,我们知道函数的极值可能在驻点取得,也可能在导数不存在的点处取得.同样,二元函数的极值也可能在个别偏导数不存在的点处取得.因此在求多元函数的极值时,除了考虑函数的驻点以外,还要考虑那些偏导数不存在的点.一般情况下,我们只需要考虑函数在驻点处是否取得极值即可.

在实际问题中,我们更关心的往往是函数的最值问题,前面我们介绍过在有界闭区域上连续

的多元函数存在最值,下面我们来研究最值的求法.

二、多元函数的最值

设函数 $z=f(x,y)$ 在有界闭区域 D 上连续,点 $M_0(x_0,y_0)$ 为 D 内的一点,点 $M(x,y)$ 为 D 上不同于 $M_0(x_0,y_0)$ 点的任意一点,若总有 $f(x_0,y_0)>f(x,y)$,则称 $f(x_0,y_0)$ 为函数 $z=f(x,y)$ 在 D 上的**最大值**,点 $M_0(x_0,y_0)$ 为函数 $z=f(x,y)$ 在 D 上的**最大值点**;若总有 $f(x_0,y_0)<f(x,y)$,则称 $f(x_0,y_0)$ 为函数 $z=f(x,y)$ 在 D 上的**最小值**,点 $M_0(x_0,y_0)$ 为函数 $z=f(x,y)$ 在 D 上的**最小值点**.

最大值点和最小值点统称为最值点,最大值和最小值统称为最值.

与一元函数的最值求法相类似,我们可以利用函数的极值来求函数的最大值和最小值.例如求有界闭区域 D 上的最值,具体做法是:求出 D 内的全部驻点、偏导数不存在的点的函数值,以及函数在 D 的边界线上的值,然后再比较这些值的大小,最大的那个值就是最大值,最小的那个值就是最小值.

即便如此,求多元函数的最值往往还是相当复杂的,但是若根据问题的实际意义,知道函数在区域 D 上存在最大值(或最小值),而且函数在 D 内可微.又只有唯一的一个驻点,则该驻点处的函数值就是函数的最大值(或最小值).

【例 2】 某工厂要用铁板做成一个体积为 2 m^3 的有盖长方体水箱,问当长、宽、高各取多少时才能使用料最省?

解 设水箱的长为 x 米,宽为 y 米,则高为 $\dfrac{2}{xy}$ 米.该水箱所用材料的面积为

$$S=2\left(xy+x\dfrac{2}{xy}+y\dfrac{2}{xy}\right),$$

即

$$S=2\left(xy+\dfrac{2}{y}+\dfrac{2}{x}\right), \quad \text{其中 } x>0, y>0.$$

令

$$\begin{cases} S'_x=2\left(y-\dfrac{2}{x^2}\right)=0, \\ S'_y=2\left(x-\dfrac{2}{y^2}\right)=0, \end{cases}$$

得唯一驻点 $(\sqrt[3]{2},\sqrt[3]{2})$.

由题意得知水箱所用材料的面积的最小值一定存在,故 $x=\sqrt[3]{2}, y=\sqrt[3]{2}$ 就是所求的 $S=2\left(xy+\dfrac{2}{y}+\dfrac{2}{x}\right)$ 的最小值点,此时高为 $\dfrac{2}{(\sqrt[3]{2})^2}=\sqrt[3]{2}$,即当水箱的长、宽、高都为 $\sqrt[3]{2}$ m 时所用材料最省.

三、条件极值——拉格朗日乘数法

实际上上例可以看成是求体积为定值 2,而表面积为最小的长方体问题,即设长方体的长、宽、高分别为 x, y, z,表面积函数 $S(x,y,z)=2(xy+yz+xz)$ 在约束条件 $xyz=2$ 下的最值.这

种对自变量有附加条件的极值,我们称为条件极值问题. 在有些情况下,可将条件极值问题转化为无条件极值问题. 例如上例中,可以从条件 $xyz=2$ 解出 $z=\dfrac{2}{xy}$ 并代入目标函数中,这样就将条件极值转化为无条件极值问题. 但在很多情况下,条件极值并不容易转化为无条件极值,为此我们介绍一种直接求解条件极值的方法——拉格朗日乘数法.

设二元函数 $z=f(x,y)$ 和 $\varphi(x,y)$ 在区域 D 内的**偏导数连续**,则求二元函数 $z=f(x,y)$ 在 $\varphi(x,y)=0$ 的约束下的极值,其解题步骤如下.

(1) 构造辅助函数 $F(x,y)=f(x,y)+\lambda\varphi(x,y)$,也称为拉格朗日函数,$\lambda$ 为拉格朗日乘数;

(2) 求解方程组:

$$\begin{cases} F'_x = f'_x(x,y) + \lambda\varphi'_x(x,y) = 0, \\ F'_y = f'_y(x,y) + \lambda\varphi'_y(x,y) = 0, \\ F'_\lambda = \varphi(x,y) = 0, \end{cases}$$

得 x,y,λ 的值,其中 x,y 就可能是所求条件极值的极值点,再根据实际问题判别是最大(小)值.

【例 3】 求表面积为 a^2 而体积最大的长方体的体积.

解 设长方体的长、宽、高分别为 x,y,z. 则该问题就转化为求体积函数 $V(x,y,z)=xyz$ 在 $2xy+2xz+2yz=a^2$ 条件下的最大值问题,构造拉格朗日函数:

$$F(x,y,z,\lambda) = xyz + \lambda(2xy+2xz+2yz-a^2),$$

令

$$\begin{cases} F'_x = yz + 2y\lambda + 2z\lambda = 0, \\ F'_y = xz + 2x\lambda + 2z\lambda = 0, \\ F'_z = xy + 2x\lambda + 2y\lambda = 0, \\ F'_\lambda = 2xy + 2yz + 2xz - a^2 = 0, \end{cases}$$

解得

$$x = y = z = \dfrac{a}{\sqrt{6}}.$$

这是唯一的驻点,因为这是实际应用题,其最大值是存在的,故当长、宽、高都为 $\dfrac{a}{\sqrt{6}}$ 时其体积最大,最大体积为 $\dfrac{a^3}{6\sqrt{6}}$.

习题 7-4

1. 求下列函数的极值.

(1) $f(x,y) = 2x^3 + xy^2 + 5x^2 + y^2$;

(2) $f(x,y) = e^{2x}(x+y^2+2y)$.

2. 求函数 $z=xy$ 在条件 $x+y=1$ 下的极值.

本 章 总 结

一、基本内容

1. 基本概念

多元函数、二元函数的定义域与几何图形、多元函数的极值、偏导数、二阶偏导数、混合偏导数、全微分等.

2. 定理

混合偏导数与次序无关,可微的充分条件,极值的必要条件等.

二、基本方法

二元函数微分法,利用定义求偏导数,利用多元复合函数求导法则求偏导数,多元隐函数的求导方法等.

总复习题七

一、选择题.

1. 点 $(1,-1,1)$ 在曲面( )上.

A. $x^2+y^2-2z=0$ B. $x^2+y^2=z$
C. $x^2+y^2=0$ D. $z=\ln(x^2+y^2)$

2. 函数 $z=\ln xy$ 的定义域是( )

A. $x>0, y>0$ B. $x>0, y>0$ 或 $x<0, y<0$
C. $x<0, y<0$ D. $xy \geqslant 0$

3. 已知二元函数 $f(x,y)=\dfrac{1}{2}(x+y)(x-y)$,则二元复合函数 $f(x-y,x+y)=($)

A. $-2xy$ B. $2xy$
C. $-\dfrac{1}{2}xy$ D. $\dfrac{1}{2}xy$

4. 下列二元函数中,( )的一阶偏导数 $z'_x=z'_y$.

A. $z=\sqrt{x}\sqrt{y}$ B. $z=e^x e^y$
C. $z=\ln x \ln y$ D. $z=\sin x \sin y$

5. 二元函数 $f(x,y)=x^3+y^3-3(x+y)$ 的极大值点为( )

A. 点 $(-1,-1)$ B. 点 $(-1,1)$
C. 点 $(1,-1)$ D. 点 $(1,1)$

6. 若二元函数 $z=\sin xy$,则 $z''_{xx}=($)

A. $-x^2 \sin xy$ B. $x^2 \sin xy$
C. $-y^2 \sin xy$ D. $y^2 \sin xy$

二、填空题.

1. 函数 $z=\dfrac{1}{\ln(x+y)}$ 的定义域是_____.

2. 已知二元函数 $z=3^{xy}$,则一阶偏导数 $\dfrac{\partial z}{\partial x}=$_____.

3. 设二元函数 $z=yx^2+e^{xy}$,则 $\dfrac{\partial z}{\partial y}\bigg|_{(1,2)}=$_____.

4. 已知二元函数 $f(x,y)=\dfrac{y^2+x+3}{x}$，则二阶偏导数值 $f''_{xy}(2,-1)=$ _____.

5. 已知二元函数 $z=\dfrac{1}{2}\ln(1+x^2+y^2)$，则其在点 $(1,1)$ 处的全微分 $dz|_{(1,1)}=$ _____

6. 二元函数 $z=x^2+xy-2y^2$ 的驻点为 _____.

三、计算题.

1. 求函数 $z=\sqrt{y^2-4x^2}+\ln(x+y)$ 的定义域，并画出定义域的图形.

2. 求下列函数的偏导数.

(1) $z=x\ln\sqrt{x^2+y^2}$；　　(2) $z=(1+xy)^y$；　　(3) $z=e^x(\cos y+x\sin y)$.

3. 求由方程 $2xz-2xyz+\ln(xyz)=0$ 所确定的函数 $z=f(x,y)$ 的全微分 dz.

4. 求函数 $z=2xy-3x^2-2y^2$ 的极值.

阅读资料　世界数学大师——华罗庚

华罗庚(1910—1985)，江苏省常州市金坛市人，国际数学大师，中国科学院院士，是中国解析数论、矩阵几何学、典型群、自守函数论等多方面研究的创始人和开拓者.他为中国数学的发展作出了无与伦比的贡献，被誉为"中国现代数学之父"，被列为"芝加哥科学技术博物馆中当今世界88位数学伟人之一".美国著名数学史家贝特曼称："华罗庚是中国的爱因斯坦，足够成为全世界所有著名科学院的院士".

华罗庚先生早年的研究领域是解析数论，他在解析数论方面的成就尤其广为人知，国际间颇具盛名的"中国解析数论学派"即华罗庚开创的学派，该学派对于质数分布问题与哥德巴赫猜想做出了许多重大贡献.他在多复变函数论、矩阵几何学方面的卓越贡献，更是影响到了世界数学的发展.华罗庚先生在多复变函数论、典型群方面的研究领先西方数学界10多年，这些研究成果被著名的华裔数学家丘成桐高度称赞.华罗庚先生是难以比拟的天才.

华罗庚1910年11月12日出生于江苏省常州市金坛市，父亲拥有一间小商店.他幼时爱动脑筋，因思考问题过于专心常被同伴们戏称为"罗呆子".初中毕业后，华罗庚曾入上海中华职业学校就读，因家贫拿不出学费而中途退学.此后，他顽强自学，用5年时间学完了高中和大学低年级的全部数学课程.20岁时，华罗庚以一篇论文轰动数学界，被清华大学请去工作.说起来，这也是当时清华大学数学系主任熊庆来这位伯乐的功劳.1930年熊庆来在清华大学当数学系主任时，从学术杂志上发现了华罗庚的名字，了解到华罗庚的自学经历和数学方面的才华后，毅然打破常规，让只有初中文化程度的华罗庚进入清华大学，一开始在图书馆担任馆员，1931年开始在数学系担任助理.他自学了英、法、德文，在国外杂志上发表了3篇论文后，被破格任用为助教，1934年9月被提升为讲师.

数学家诺伯特·维纳(Norbert Wiener)在1935年访问中国，他注意到了华罗庚的潜质，向当时英国著名数学家哈代极力推荐.1936年华罗庚前往英国剑桥大学，度过了关键性的两年.这时他已经在华林问题(Waring's problem)上有了很多结果，而且在英国的哈代-李特伍德学派的影响下受益.他至少有15篇文章是在剑桥大学的时候发表的.其中一篇关于高斯的论文给他在世界上赢得了声誉.1937年他回到清华大学担任正教授，后来迁至昆明的国立西南联合大学直至1945年.在昆明的一个吊脚楼上,他写出了《堆垒素数论》.

1946年9月,华罗庚在普林斯顿高等研究院访问,并于1948年被美国伊利诺依大学聘为正教授至1950年.

新中国成立后不久,华罗庚毅然决定放弃在美国的优厚待遇,奔向祖国的怀抱.归途中,他写了一封致留美学生的公开信,其中说:"为了抉择真理,我们应当回去;为了国家民族,我们应当回去;为了为人民服务,我们应当回去;就是为了个人出路,也应当早日回去,建立我们工作的基础,投身我国数学科学研究事业.为我们伟大祖国的建设和发展而奋斗."回国后,华罗庚进行应用数学的研究,足迹遍布全国,用数学解决了大量生产中的实际问题,被称为"人民的数学家".1956年,他着手筹建中国科学院计算数学研究所.1958年,他担任中国科技大学副校长兼数学系主任.

回国后短短的几年中,他在数学领域里的研究硕果累累:他的论文《典型域上的多元复变函数论》于1956年获国家自然科学一等奖,并先后出版了中、俄、英文版专著;1957年出版《数论导引》.1963年他和学生万哲先合写的《典型群》一书出版.

因为有了华罗庚,我们的国家才没有在国际理论科学界中被人遗忘;因为有这个名字,在一片荒芜的中国理论科学界中,才存在着一些可足欣慰的希望.

第八章 多元函数积分学

名人名言

在一切理论成就中,未必再有什么像 17 世纪下半叶微积分的发明那样被看作人类精神的最高胜利了.

——恩格斯

本章导读

为了求不均匀分布在一个区间上的量,如曲边梯形的面积、变速直线运动的路程,我们引入了定积分.但是在实际应用中,这远远不够.例如,对于一般空间立体的体积以及非均匀物体的质量,仅用定积分就很难解决.这就需要将定积分加以推广,将其中的一元被积函数、积分区间,分别推广到二元或三元函数及相应的积分范围,这样的积分就是重积分.本章主要讨论二重积分的概念及计算,它与定积分有很多类似之处,学习时要善于运用类比或化归的思想方法.

第一节 二重积分的概念与性质

一、二重积分的概念

1. 两个实例

引例 1(曲顶柱体的体积) 设一个柱体,底是 xOy 平面上的有界闭区域 D,侧面是以 D 的边界线为准线,母线平行于 z 轴的柱面,顶是由二元非负连续函数 $z = f(x,y)$ 所表示的曲面,如图 8-1 所示,我们称该柱体为区域 D 上的**曲顶柱体**. 试求该曲顶柱体的体积 V.

解 对于平顶柱体,即当 $f(x,y) \equiv h$(h 为常数,$h > 0$)时,

$$体积 V = 底面积 \times 高 = \sigma \times h,$$

其中 σ 是有界闭区域 D 的面积.

但是曲顶柱体的顶是曲面,它的高 $f(x,y)$ 在 D 上是变量,因此体积就不能用上面的公式直接计算,但我们可仿照求曲边梯形面积的思路,把 D 分割成许多小区域.由于 $f(x,y)$ 在 D 上连续,因此它在每个小区域上的变化很小,

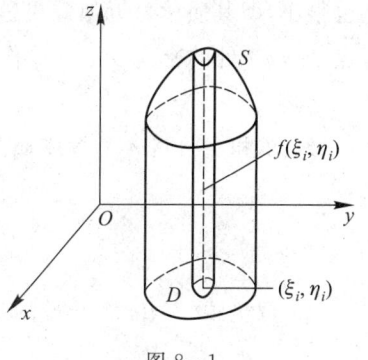

图 8-1

每个小区域上的小曲顶柱体的体积就可以用相应的平顶柱体的体积近似替代,且区域 D 分割得越细,近似的程度就越高,即可采用"分割、近似替代、求和、取极限"四个步骤来求曲顶柱体的体积.

(1) **分割** 将区域 D 任意分成 n 个小区域,称为子域:$\Delta\sigma_1, \Delta\sigma_2, \cdots, \Delta\sigma_n$,并以 $\Delta\sigma_i(i=1,2,\cdots,n)$ 表示第 i 个子域的面积. 对每个子域作以它的边界线为准线、母线平行于 z 轴的柱面. 这些柱面就把原来的曲顶柱体分成 n 个小曲顶柱体.

(2) **近似替代** 在每个小曲顶柱体的底 $\Delta\sigma_i$ 上任取一点 $(\xi_i,\eta_i)(i=1,2,\cdots,n)$. 用以 $f(\xi_i,\eta_i)$ 为高,$\Delta\sigma_i$ 为底的平顶柱体的体积 $f(\xi_i,\eta_i)\Delta\sigma_i$ 近似替代第 i 个小曲顶柱体的体积,即
$$\Delta V_i \approx f(\xi_i,\eta_i)\Delta\sigma_i.$$

(3) **求和** 将这 n 个小平顶柱体的体积相加,得到原曲顶柱体体积的近似值,即
$$V = \sum_{i=1}^{n}\Delta V_i \approx \sum_{i=1}^{n}f(\xi_i,\eta_i)\Delta\sigma_i.$$

(4) **取极限** 将区域 D 无限细分,则这个近似值就趋于原曲顶柱体的体积,即
$$V = \lim_{\lambda\to 0}\sum_{i=1}^{n}f(\xi_i,\eta_i)\Delta\sigma_i,$$

其中 λ 是这 n 个子域的最大直径(有界闭区域的直径是指区域中任意两点间距离的最大值).

引例 2(平面薄片的质量) 设有一质量分布不均匀的平面薄片 D,如图 8-2,任意一点 (x,y) 处的面密度是二元非负连续函数 $\mu(x,y)$,求该平面薄片的质量.

解 我们知道,对于质量分布均匀的薄片,即当 $\mu(x,y)\equiv\mu_0$(μ_0 为常数,$\mu_0>0$)时,

该薄片的质量 $m=$ 面密度 $\times$ 薄片面积 $=\mu_0\sigma$,

其中 σ 是有界闭区域 D 的面积. 现在薄片面密度 $\mu(x,y)$ 在 D 上是变量,因而它的质量不能用上面的公式直接计算. 同样,我们可以仿照求曲顶柱体体积的思想方法求得. 具体步骤如下.

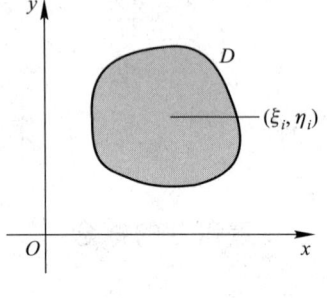

图 8-2

(1) **分割** 将薄片(即区域 D)任意分割成 n 个子域 $\Delta\sigma_1, \Delta\sigma_2,\cdots,\Delta\sigma_n$,并以 $\Delta\sigma_i(i=1,2,\cdots,n)$ 表示第 i 个子域的面积.

(2) **近似替代** 由于 $\mu(x,y)$ 在 D 上连续,因此当 $\Delta\sigma_i$ 的直径很小时,这个子域的面密度变化也很小,即其质量可近似看成是均匀分布的. 于是在 $\Delta\sigma_i$ 上任取一点 $(\xi_i,\eta_i)(i=1,2,\cdots,n)$,以点 (ξ_i,η_i) 处的密度 $\mu(\xi_i,\eta_i)$ 作为小区域 $\Delta\sigma_i$ 上的密度,则第 i 块薄片的质量的近似值为
$$\Delta m_i \approx \mu(\xi_i,\eta_i)\Delta\sigma_i.$$

(3) **求和** 将这 n 个看成质量均匀分布的小块的质量相加得到整个平面薄片质量的近似值,即
$$m = \sum_{i=1}^{n}\Delta m_i \approx \sum_{i=1}^{n}\mu(\xi_i,\eta_i)\Delta\sigma_i.$$

(4) **取极限** 当 n 个子域的最大直径 $\lambda\to 0$ 时,上述和式的极限就是所求薄片的质量,即
$$m = \lim_{\lambda\to 0}\sum_{i=1}^{n}\mu(\xi_i,\eta_i)\Delta\sigma_i.$$

2. 二重积分的定义

与上述方法相似,在生产实践中,有很多量的计算都可归结为上述特定数学模型——二元函数和式的极限,我们去除其实际背景,抽象出二重积分的定义.

定义 设函数 $z = f(x,y)$ 是定义在有界闭区域 D 上的有界函数. 将区域 D 任意分成 n 个子域：$\Delta\sigma_1, \Delta\sigma_2, \cdots, \Delta\sigma_n$，并以 $\Delta\sigma_i (i = 1, 2, \cdots, n)$ 表示第 i 个子域的面积. 在 $\Delta\sigma_i$ 上任取一点 (ξ_i, η_i)，作和式 $\sum_{i=1}^{n} f(\xi_i, \eta_i) \Delta\sigma_i$. 如果当各个子域的直径中的最大值 λ 趋于零时，此和式的极限存在，则称此极限为**函数 $f(x,y)$ 在区域 D 上的二重积分**，记作 $\iint\limits_D f(x,y) \mathrm{d}\sigma$，即

$$\iint\limits_D f(x,y) \mathrm{d}\sigma = \lim_{\lambda \to 0} \sum_{i=1}^{n} f(\xi_i, \eta_i) \Delta\sigma_i.$$

此时，称函数 $f(x,y)$ 在 D 上**可积**，其中 $f(x,y)$ 叫做**被积函数**，$\mathrm{d}\sigma$ 叫做**面积元素**，D 叫做**积分区域**，x 与 y 叫做**积分变量**，"$\iint$"叫做**二重积分号**.

根据二重积分的定义，曲顶柱体的体积就是柱体的高 $f(x,y)$ 在底面区域 D 上的二重积分，即

$$V = \iint\limits_D f(x,y) \mathrm{d}\sigma.$$

非均匀分布的平面薄片的质量就是它的面密度 $\mu(x,y)$ 在薄片所占的区域 D 上的二重积分，即

$$m = \iint\limits_D \mu(x,y) \mathrm{d}\sigma.$$

3. 二重积分的几何意义

当 $f(x,y) \geqslant 0$ 时，$\iint\limits_D f(x,y) \mathrm{d}\sigma$ 就是图 8-1 所示的曲顶柱体的体积；

当 $f(x,y) < 0$ 时，$\iint\limits_D f(x,y) \mathrm{d}\sigma$ 是所对应的曲顶柱体体积的相反值；

当 $f(x,y)$ 在 D 上有正有负时，如果我们规定在平面 xOy 上方的柱体体积取正号，在平面 xOy 下方的柱体体积取负号，则 $\iint\limits_D f(x,y) \mathrm{d}\sigma$ 就是上、下方柱体体积的代数和.

二、二重积分的性质

二重积分具有与定积分类似的性质，具体如下.

性质 1（线性性） 设 a, b 为常数，则

$$\iint\limits_D [af(x,y) \pm bg(x,y)] \mathrm{d}\sigma = a\iint\limits_D f(x,y) \mathrm{d}\sigma \pm b\iint\limits_D g(x,y) \mathrm{d}\sigma.$$

性质 2（积分区域可加性） 如果区域 D 被分成两个子域 D_1 与 D_2，则

$$\iint\limits_D f(x,y) \mathrm{d}\sigma = \iint\limits_{D_1} f(x,y) \mathrm{d}\sigma + \iint\limits_{D_2} f(x,y) \mathrm{d}\sigma.$$

性质 3（有序性） 如果在 D 上，$f(x,y) \leqslant g(x,y)$，则

$$\iint\limits_D f(x,y) \mathrm{d}\sigma \leqslant \iint\limits_D g(x,y) \mathrm{d}\sigma.$$

推论

$$\left| \iint\limits_D f(x,y) \mathrm{d}\sigma \right| \leqslant \iint\limits_D |f(x,y)| \mathrm{d}\sigma.$$

性质 4(估值定理) 如果 M, m 分别是函数 $f(x,y)$ 在 D 上的最大值与最小值，σ 为区域 D 的面积，则

$$m\sigma \leqslant \iint\limits_{D} f(x,y)\,\mathrm{d}\sigma \leqslant M\sigma.$$

性质 5(积分中值定理) 设函数 $f(x,y)$ 在有界闭区域 D 上连续，记 σ 是 D 的面积，则在 D 上至少存在一点 (ξ, η)，使得

$$\iint\limits_{D} f(x,y)\,\mathrm{d}\sigma = f(\xi, \eta)\sigma.$$

上述性质的证明从略，大家可以从几何意义的角度加以理解．

习题 8-1

1. 试用二重积分表示球 $x^2 + y^2 + z^2 = 1$ 的体积．
2. 设平面薄板 D 面密度 $\rho(x,y) = x^2 + 3y$，试用二重积分表示该薄板的质量．

第二节 二重积分的计算

与定积分的计算类似，如果按定义计算二重积分是非常困难的，甚至是不可能的．我们解决的办法是：利用积分区域的特殊划分方法，将二重积分化为计算两次定积分的问题．本节分别讨论在直角坐标系下和在极坐标系下二重积分的计算．

一、二重积分在直角坐标系下的计算

1. 积分区域 D 的分类

先介绍两类基本区域：X-型区域和 Y-型区域．

所谓 X-型区域是指区域 D(如图 8-3)，可表示为

$$D = \{(x,y) \mid a \leqslant x \leqslant b, \varphi_1(x) \leqslant y \leqslant \varphi_2(x)\},$$

其中函数 $\varphi_1(x), \varphi_2(x)$ 在区间 $[a,b]$ 上连续．这种区域的特点是：垂直于 x 轴的直线 $x = x_0 (a < x_0 < b)$ 至多与区域 D 的边界交于两点．

所谓 Y-型区域是指区域 D(如图 8-4)，可表示为

$$D = \{(x,y) \mid c \leqslant y \leqslant d, \psi_1(y) \leqslant x \leqslant \psi_2(y)\},$$

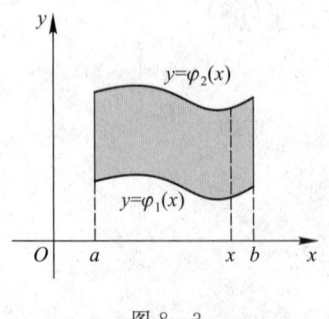

图 8-3

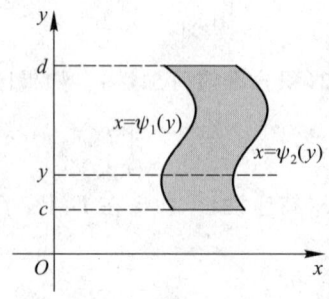

图 8-4

其中函数 $\psi_1(y),\psi_2(y)$ 在区间 $[c,d]$ 上连续. 这种区域的特点是：垂直于 y 轴的直线 $y=y_0(c<y_0<d)$ 至多与区域 D 的边界交于两点.

任一区域,都可分解为若干个 X-型区域和 Y-型区域的并集. 如图 8-5 所示的区域 D 可分割成三个 X-型区域的并.

2. 计算方法

在直角坐标系下,我们用平行于 X 轴和平行于 Y 轴的两组直线分割区域 D,此时 $d\sigma = dxdy$,即有

$$\iint_D f(x,y)d\sigma = \iint_D f(x,y)dxdy.$$

下面利用求曲顶柱体的体积来导出化二重积分为二次积分的方法.

(1) 若 D 为 X 型区域：

$$D = \{(x,y) | a \leqslant x \leqslant b, \varphi_1(x) \leqslant y \leqslant \varphi_2(x)\}.$$

为了叙述方便,可设 $f(x,y) \geqslant 0$,此时二重积分的值等于以积分区域 D 为底,以曲面 $z=f(x,y)$ 为顶的曲顶柱体(如图 8-1)的体积 V,即有

$$V = \iint_D f(x,y)d\sigma.$$

下面我们用"切片法"来计算曲顶柱体的体积.

在区间 $[a,b]$ 内任取一点 x,过 x 作垂直于 x 轴的平面,该平面与曲顶柱体相交得一截面,设该截面面积为 $A(x)$(如图 8-6). 由定积分的概念可知,曲顶柱体的体积 V 即为 $A(x)$ 在 $[a,b]$ 上的定积分,即

$$V = \int_a^b A(x)dx.$$

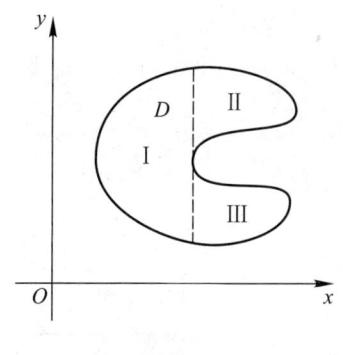

图 8-5

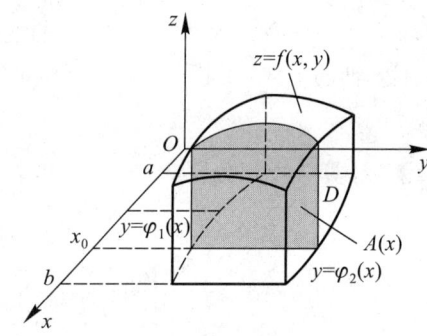

图 8-6

截面面积 $A(x)$ 又如何确定呢？由图 8-6 可知,该截面是一个以区间 $[\varphi_1(x),\varphi_2(x)]$ 为底边,以曲线 $z=f(x,y)$(x 是固定的)为高的曲边梯形,由定积分的几何意义可知,

$$A(x) = \int_{\varphi_1(x)}^{\varphi_2(x)} f(x,y)dy.$$

将 $A(x)$ 代入上式,得曲顶柱体体积为

$$V = \int_a^b \left[\int_{\varphi_1(x)}^{\varphi_2(x)} f(x,y) \mathrm{d}y \right] \mathrm{d}x.$$

于是,二重积分

$$\iint_D f(x,y) \mathrm{d}\sigma = \int_a^b \left[\int_{\varphi_1(x)}^{\varphi_2(x)} f(x,y) \mathrm{d}y \right] \mathrm{d}x. \tag{8-1}$$

(8-1)式右端的积分为先对 y,后对 x 的二次定积分,即先把 x 看作常数,把 $f(x,y)$ 只看作变量 y 的函数,并计算 $f(x,y)$ 在积分区间 $[\varphi_1(x), \varphi_2(x)]$ 上的定积分;然后把算得的结果(只含有 x 的函数)再对 x 在区间 $[a,b]$ 上计算定积分. 这种先对一个变量积分,然后再对另一个变量积分的方法,称为**累次积分法**. 公式(8-1)就是先积 y,后积 x 的累次积分公式. 通常写作

$$\iint_D f(x,y) \mathrm{d}\sigma = \int_a^b \mathrm{d}x \int_{\varphi_1(x)}^{\varphi_2(x)} f(x,y) \mathrm{d}y.$$

(2) 若积分区域 D 为 Y-型区域:
$$D = \{(x,y) \mid c \leqslant y \leqslant d, \psi_1(y) \leqslant x \leqslant \psi_2(y)\}.$$

依照上述方法,我们可得先积 x,后积 y 的累次积分公式:

$$\iint_D f(x,y) \mathrm{d}\sigma = \int_c^d \mathrm{d}y \int_{\psi_1(y)}^{\psi_2(y)} f(x,y) \mathrm{d}x.$$

如果积分区域 D 既不是 X-型,也不是 Y-型时,可将区域 D 分割成几个 X-型或 Y-型区域的并,然后利用积分关于区域的可加性,分别计算出相应的积分再求和.

显然,将二重积分化为二次积分的关键是确定二次积分的上下限,方法如下:

若区域 D 为 X-型区域,则先确定 x 的变化区间 $[a,b]$;然后在 $[a,b]$ 中任一点 x 处自下而上作垂直于 x 轴的直线,使其穿过区域 D,则穿入点所在曲线 $\varphi_1(x)$ 和穿出点所在曲线 $\varphi_2(x)$ 即为 y 的积分范围.

若区域 D 为 Y-型区域,则先确定 y 的变化区间 $[c,d]$;然后在 $[c,d]$ 中任一点 y 处自左而右作垂直于 y 轴的直线,使其穿过区域 D,则穿入点所在曲线 $\psi_1(y)$ 和穿出点所在曲线 $\psi_2(y)$ 即为 x 的积分范围.

【例1】 计算二重积分 $\iint_D \mathrm{e}^{x+y} \mathrm{d}x \mathrm{d}y$,其中 $D = \{(x,y) \mid 0 \leqslant x \leqslant 1, 0 \leqslant y \leqslant 1\}$.

解 积分区域如图 8-7 所示

$$\begin{aligned}
\iint_D \mathrm{e}^{x+y} \mathrm{d}x \mathrm{d}y &= \int_0^1 \mathrm{d}x \int_0^1 \mathrm{e}^x \cdot \mathrm{e}^y \mathrm{d}y \\
&= \int_0^1 \mathrm{e}^x \cdot (\mathrm{e}^y) \big|_0^1 \mathrm{d}x \\
&= (\mathrm{e}-1) \int_0^1 \mathrm{e}^x \mathrm{d}x \\
&= (\mathrm{e}-1) \cdot \mathrm{e}^x \big|_0^1 \\
&= (\mathrm{e}-1)^2.
\end{aligned}$$

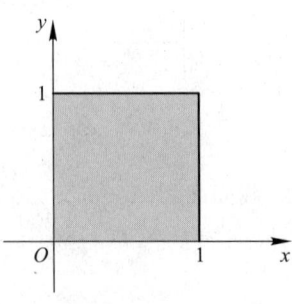

图 8-7

【例2】 计算 $\iint_D xy \mathrm{d}\sigma$,其中 D 由曲线 $x = y^2$ 与直线 $x - y = 2$

所围成.

解 画出积分区域 D（如图 8-8(a)），D 是标准的 Y-型区域.
$$D = \{(x,y) \mid -1 \leqslant y \leqslant 2, y^2 \leqslant x \leqslant y+2\},$$

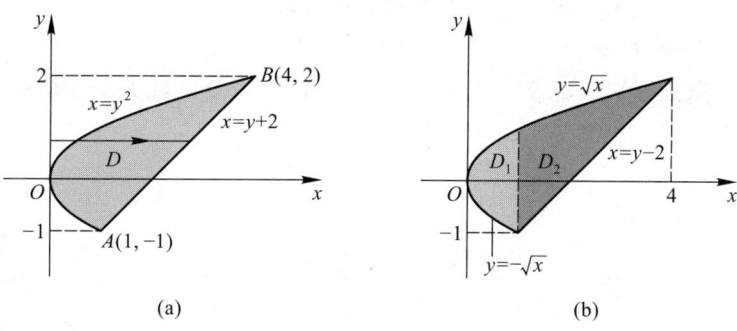

图 8-8

于是
$$\iint_D xy\,\mathrm{d}\sigma = \int_{-1}^2 \mathrm{d}y \int_{y^2}^{y+2} xy\,\mathrm{d}x = \int_{-1}^2 \left[\left(\frac{x^2}{2} y\right)\Big|_{y^2}^{y+2}\right]\mathrm{d}y$$
$$= \frac{1}{2}\int_{-1}^2 (4y + 4y^2 + y^3 - y^5)\,\mathrm{d}y$$
$$= \frac{1}{2}\left(2y^2 + \frac{4}{3}y^3 + \frac{1}{4}y^4 - \frac{1}{6}y^6\right)\Big|_{-1}^2 = \frac{45}{8}.$$

若将 D 看成 X-型区域，则先对 x 定限：$0 \leqslant x \leqslant 4$. 由于 D 的下方边界由两段曲线 $y = -\sqrt{x}$ 和 $y = x - 2$ 构成，所以必须用直线 $x = 1$ 将 D 划分为 D_1 和 D_2 两部分（如图 8-8(b)），D_1 和 D_2 可分别表示为
$$D_1 = \{(x,y) \mid 0 \leqslant x \leqslant 1, -\sqrt{x} \leqslant y \leqslant \sqrt{x}\},$$
$$D_2 = \{(x,y) \mid 1 \leqslant x \leqslant 4, x - 2 \leqslant y \leqslant \sqrt{x}\}.$$
由积分区域的可加性，得
$$\iint_D xy\,\mathrm{d}\sigma = \iint_{D_1} xy\,\mathrm{d}\sigma + \iint_{D_2} xy\,\mathrm{d}\sigma = \int_0^1 \mathrm{d}x \int_{-\sqrt{x}}^{\sqrt{x}} xy\,\mathrm{d}y + \int_1^4 \mathrm{d}x \int_{x-2}^{\sqrt{x}} xy\,\mathrm{d}y$$
$$= \int_0^1 \left(x\frac{y^2}{2}\Big|_{-\sqrt{x}}^{\sqrt{x}}\right)\mathrm{d}x + \int_1^4 \left(x\frac{y^2}{2}\Big|_{x-2}^{\sqrt{x}}\right)\mathrm{d}x$$
$$= 0 + \int_1^4 \frac{x}{2}[x - (x-2)^2]\,\mathrm{d}x$$
$$= \int_1^4 \left(-\frac{1}{2}x^3 + \frac{5}{2}x^2 - 2x\right)\mathrm{d}x = \left(-\frac{1}{8}x^4 + \frac{5}{6}x^3 - x^2\right)\Big|_1^4 = \frac{45}{8}.$$

由此可见，若将 D 看成 X-型区域，则二重积分的计算就比较复杂. 因此，化二重积分为累次积分时，应注意积分次序的选择.

【例 3】 计算二次积分 $\int_0^1 \mathrm{d}y \int_y^1 \mathrm{e}^{x^2}\,\mathrm{d}x$.

解 直接按原来的积分次序积分会发现，内层积分 $\int_y^1 \mathrm{e}^{x^2}\,\mathrm{d}x$ 不可积，故我们考虑改变其积分

次序.改变积分次序的一般步骤是:

(1) 由所给二次积分的积分限,写出积分区域的表达式;
(2) 根据表达式,画出积分区域 D;
(3) 将积分区域 D 按另一种次序用不等式表示出来;
(4) 按(3)中的区域 D 的表示法将二重积分化为二次积分.

由给定的二次积分可知 $0 \leqslant y \leqslant 1, y \leqslant x \leqslant 1$,画出积分区域 D(如图 8-9).

将积分区域看成 X-型,即:$0 \leqslant x \leqslant 1, 0 \leqslant y \leqslant x$,则

$$\int_0^1 \mathrm{d}y \int_y^1 \mathrm{e}^{x^2} \mathrm{d}x = \int_0^1 \mathrm{d}x \int_0^x \mathrm{e}^{x^2} \mathrm{d}y$$
$$= \int_0^1 \mathrm{e}^{x^2} \cdot (y \mid_0^x) \mathrm{d}x = \int_0^1 x\mathrm{e}^{x^2} \mathrm{d}x$$
$$= \frac{1}{2} \int_0^1 \mathrm{e}^{x^2} \mathrm{d}x^2 = \frac{1}{2} \mathrm{e}^{x^2} \Big|_0^1 = \frac{1}{2}(\mathrm{e}-1).$$

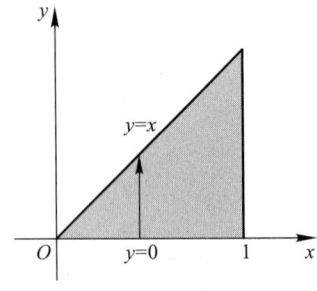

图 8-9

例 3 选择积分次序的原则是内层积分好积.

综上所述,给出在直角坐标系下二重积分 $\iint_D f(x,y) \mathrm{d}x\mathrm{d}y$ 的计算步骤:

(1) 画简图,求交点;
(2) 选择积分次序,确定积分限;
(3) 化二重积分为二次积分,计算两次定积分.

二、二重积分在极坐标系下的计算

对于有些二重积分,其积分区域用极坐标表示比较方便,如圆域或扇形区域,并且其被积函数用极坐标变量 r, θ 表示比较简单,这时,我们可以考虑在极坐标系下计算该二重积分.

显然,将二重积分 $\iint_D f(x,y)\mathrm{d}\sigma$ 化为极坐标形式,会遇到两个问题:一是如何把被积函数 $f(x,y)$ 化为极坐标形式;二是在极坐标系下,面积元素 $\mathrm{d}\sigma$ 又等于什么?

第一个问题容易解决.我们将直角坐标系的原点作为极坐标系的极点、x 轴的正半轴作为极轴,如图 8-10 所示,易得

$$\begin{cases} x = r\cos\theta, \\ y = r\sin\theta, \end{cases}$$

则有 $f(x,y) = f(r\cos\theta, r\sin\theta)$.

在极坐标系中,点的坐标为 (r,θ).先用以极点为圆心的同心圆、以极点为起点的射线族来分割区域(如图 8-11).

在这种分割下,当 $\mathrm{d}\theta, \mathrm{d}r$ 很小时,面积元素 $\mathrm{d}\sigma$ 可近似看作边长为 $\mathrm{d}r$ 和 $r\mathrm{d}\theta$ 的小矩形,于是有

$$\mathrm{d}\sigma = r\mathrm{d}r\mathrm{d}\theta.$$

从而二重积分的极坐标形式为

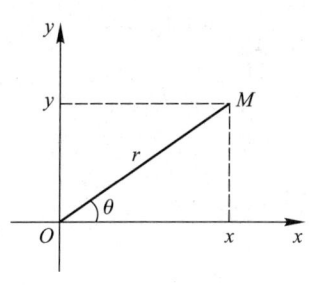

图 8-10

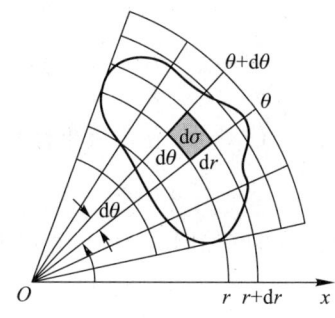

图 8-11

$$\iint_D f(x,y)\mathrm{d}\sigma = \iint_D f(r\cos\theta, r\sin\theta)r\mathrm{d}r\mathrm{d}\theta.$$

在极坐标系下,二重积分同样要化为二次积分来计算,可分三种情况来讨论.

1. 极点在区域 D 外部

我们从极点作两条射线 $\theta = \alpha$ 和 $\theta = \beta(\alpha \leqslant \beta)$ 夹紧区域 D(如图 8-12),然后固定极角 $\theta(\alpha < \theta < \beta)$,从极点作射线使之穿过区域 D,穿入点和穿出点的极半径分别为 $r_1(\theta), r_2(\theta)$,则积分区域 D 可表示为

$$D = \{(r,\theta) \mid \alpha \leqslant \theta \leqslant \beta, r_1(\theta) \leqslant r \leqslant r_2(\theta)\},$$

于是有

$$\iint_D f(r\cos\theta, r\sin\theta)r\mathrm{d}r\mathrm{d}\theta = \int_\alpha^\beta \mathrm{d}\theta \int_{r_1(\theta)}^{r_2(\theta)} f(r\cos\theta, r\sin\theta)r\mathrm{d}r.$$

2. 极点在区域 D 的边界上

我们仍从极点作两条射线 $\theta = \alpha$ 和 $\theta = \beta(\alpha \leqslant \beta)$ 夹紧区域 D(如图 8-13).设区域 D 的边界方程为 $r = r(\theta)$,显然积分区域 D 可表示为

$$D = \{(r,\theta) \mid \alpha \leqslant \theta \leqslant \beta, 0 \leqslant r \leqslant r(\theta)\},$$

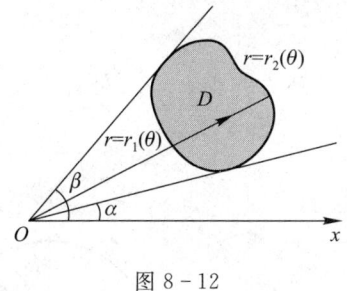

图 8-12

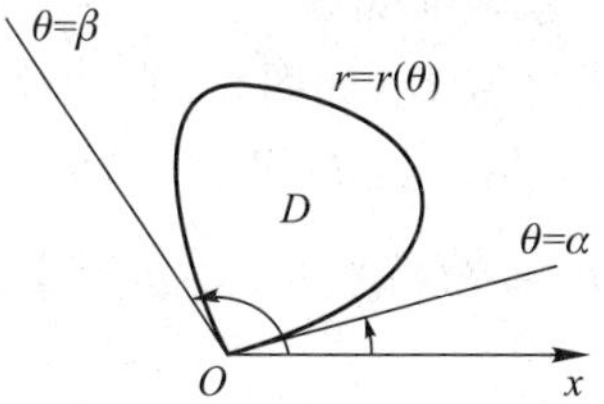

图 8-13

于是有

$$\iint_D f(r\cos\theta, r\sin\theta)r\mathrm{d}r\mathrm{d}\theta = \int_\alpha^\beta \mathrm{d}\theta \int_0^{r(\theta)} f(r\cos\theta, r\sin\theta)r\mathrm{d}r.$$

3. 极点在区域 D 内部

设边界方程为 $r = r(\theta)$(如图 8-14),此时,积分区域 D 可表示为

$$D = \{(r,\theta) \mid 0 \leqslant \theta \leqslant 2\pi, 0 \leqslant r \leqslant r(\theta)\},$$

于是有
$$\iint_D f(r\cos\theta, r\sin\theta) r dr d\theta = \int_0^{2\pi} d\theta \int_0^{r(\theta)} f(r\cos\theta, r\sin\theta) r dr.$$

【例 4】 把 $\iint_D f(x,y) d\sigma$ 化为极坐标系下的二次积分. 其中，D 是由圆 $x^2 + y^2 = 2y$ 所围成的区域.

解 画出区域 D（如图 8 - 15），并把 D 的边界曲线化为极坐标方程：
$$r = 2\sin\theta.$$

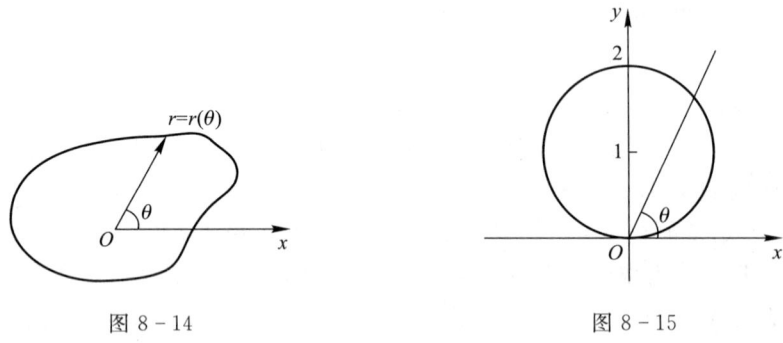

图 8 - 14　　　　　　图 8 - 15

显然，区域 D 属于第二种情形：极点在边界上. 故 D 可表示为
$$D = \{(r,\theta) \mid 0 \leqslant \theta \leqslant \pi, 0 \leqslant r \leqslant 2\sin\theta\},$$
得
$$\iint_D f(x,y) d\sigma = \iint_D f(r\cos\theta, r\sin\theta) r dr d\theta$$
$$= \int_0^\pi d\theta \int_0^{2\sin\theta} f(r\cos\theta, r\sin\theta) r dr.$$

【例 5】 计算二重积分 $\iint_D (x^2 + y^2) d\sigma$，其中 D 是由 $x^2 + y^2 = 1$ 和 $x^2 + y^2 = 4$ 所围成的环形区域在第一象限的部分.

解 画出区域 D（如图 8 - 16），显然，D 为圆环域，内环方程为 $r = 1$，外环方程为 $r = 2$. 极点在区域 D 的外部，则 D 可表示为
$$D = \{(r,\theta) \mid 0 \leqslant \theta \leqslant \frac{\pi}{2}, 1 \leqslant r \leqslant 2\}.$$
于是
$$\iint_D (x^2 + y^2) d\sigma = \iint_D r^2 r dr d\theta = \int_0^{\frac{\pi}{2}} d\theta \int_1^2 r^3 dr = \frac{\pi}{2} \cdot \frac{r^4}{4}\bigg|_1^2 = \frac{15\pi}{8}.$$

【例 6】 计算二重积分 $\iint_D e^{-x^2-y^2} d\sigma$，其中 D 是圆域 $x^2 + y^2 \leqslant 1$.

解 $\int e^{-x^2} dx, \int e^{-y^2} dy$ 均不可积，因此在直角坐标系下无论先对谁积分，该二重积分都无法计算，考虑在极坐标系下解

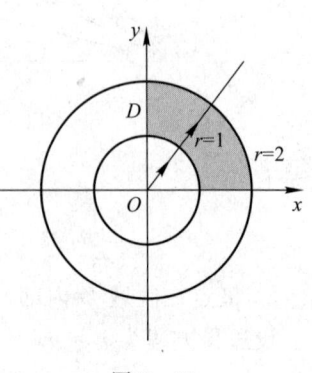

图 8 - 16

决该问题.画出区域 D(如图 8-17),极点在区域 D 中,且边界方程为 $r=1$,则 D 可表示为:
$$D = \{(r,\theta) \mid 0 \leqslant \theta \leqslant 2\pi, 0 \leqslant r \leqslant 1\}.$$

因此
$$\begin{aligned}
\iint_D e^{-x^2-y^2} d\sigma &= \iint_D e^{-r^2} r dr d\theta = \int_0^{2\pi} d\theta \int_0^1 r e^{-r^2} dr \\
&= 2\pi \int_0^1 \left(-\frac{1}{2}\right) e^{-r^2} d(-r^2) \\
&= -\pi (e^{-r^2} \mid_0^1) = \pi(1 - e^{-1}).
\end{aligned}$$

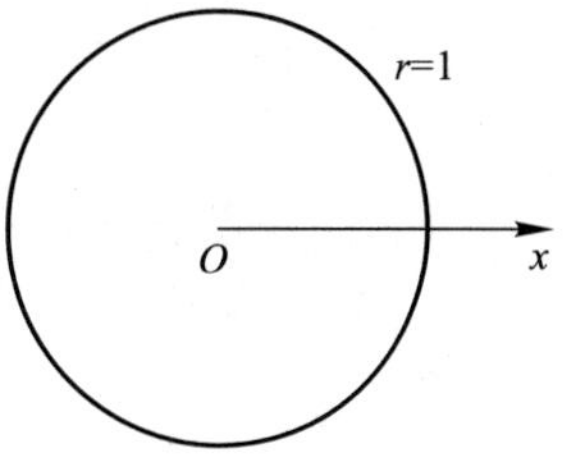

图 8-17

由经验可知,如果二重积分的被积函数中包含 x^2+y^2, x^2-y^2, $xy, \frac{y}{x}$ 等,或积分域 D 是圆域、扇形域、环形域等,那么,在极坐标系下的计算往往要比在直角坐标系下的计算来得简单.

习题 8-2

1. 交换下列二次积分的积分次序:

(1) $\int_0^1 dy \int_{y^2}^y f(x,y) dx$;

(2) $\int_0^1 dx \int_0^{\sqrt{1-x^2}} f(x,y) dy$.

2. 计算下列二重积分:

(1) $\iint_D \frac{1}{x+y} d\sigma$,其中 D 是由 $x=0, x=1, y=1-x$ 及 $y=2-x$ 围成的闭区域;

(2) $\iint_D y e^{xy} d\sigma$,其中 D 是由 $x=2, y=2$,及 $xy=1$ 围成的闭区域;

(3) $\iint_D \sin\sqrt{x^2+y^2} d\sigma$,其中 $D = \{(x,y) \mid \pi^2 \leqslant x^2+y^2 \leqslant 4\pi^2\}$;

(4) $\iint_D \arctan\frac{y}{x} d\sigma$,其中 $D = \{(x,y) \mid 1 \leqslant x^2+y^2 \leqslant 4, 0 \leqslant y \leqslant x\}$.

本 章 总 结

一、基本内容

二重积分的概念;二重积分的几何意义;二重积分的性质:线性性,积分区域可加性,有序性,估值定理,积分中值定理.

二、基本方法

1. 二重积分的计算方法

(1) 画积分区域 D.

(2) 选择坐标系,确定区域类型,并用不等式表示积分区域.

直角坐标系:

$$\begin{cases} X\text{-型区域}: a \leqslant x \leqslant b, \varphi_1(x) \leqslant y \leqslant \varphi_2(x). \\ Y\text{-型区域}: c \leqslant x \leqslant d, \psi_1(y) \leqslant x \leqslant \psi_2(y). \end{cases}$$

极坐标系:

$$\begin{cases} \text{极点在区域 } D \text{ 的外部}: \alpha \leqslant \theta \leqslant \beta, r_1(\theta) \leqslant r \leqslant r_2(\theta). \\ \text{极点在区域 } D \text{ 的边界上}: \alpha \leqslant \theta \leqslant \beta, 0 \leqslant r \leqslant r(\theta). \\ \text{极点在区域 } D \text{ 的内部}: 0 \leqslant \theta \leqslant 2\pi, 0 \leqslant r \leqslant r(\theta). \end{cases}$$

(3) 化二重积分为二次积分,计算两次定积分.

直角坐标系:

$$\begin{cases} X\text{-型区域}: \int_a^b \mathrm{d}x \int_{\varphi_1(x)}^{\varphi_2(x)} f(x,y)\mathrm{d}y. \\ Y\text{-型区域}: \int_c^d \mathrm{d}y \int_{\psi_1(x)}^{\psi_2(x)} f(x,y)\mathrm{d}x. \end{cases}$$

极坐标系:

$$\begin{cases} \text{极点在区域 } D \text{ 的外部}: \int_\alpha^\beta \mathrm{d}\theta \int_{r_1(\theta)}^{r_2(\theta)} f(r\cos\theta, r\sin\theta)r\mathrm{d}r. \\ \text{极点在区域 } D \text{ 的边界上}: \int_\alpha^\beta \mathrm{d}\theta \int_0^{r(\theta)} f(r\cos\theta, r\sin\theta)r\mathrm{d}r. \\ \text{极点在区域 } D \text{ 的内部}: \int_0^{2\pi} \mathrm{d}\theta \int_0^{r(\theta)} f(r\cos\theta, r\sin\theta)r\mathrm{d}r. \end{cases}$$

2. 坐标系选择的原则

积分区域为圆域、扇形域、圆环域等区域,而被积函数中含有 $x^2+y^2, x^2-y^2, xy, \dfrac{x}{y}$ 等形式时,可考虑用极坐标系.否则,用直角坐标系.

3. 直角坐标系下,X-型区域、Y-型区域选择的原则

(1) 积分区域少分块;

(2) 内层积分好积.

总复习题八

一、选择题.

1. 设 D 由曲线 $y=1-x^2, y=x^2-1$ 围成,则 $\iint\limits_{D} \mathrm{d}x\mathrm{d}y = ($)

A. $\dfrac{2}{3}$ B. $\dfrac{4}{3}$ C. 2 D. $\dfrac{10}{3}$

2. 设 $D = \{(x,y) \mid 0 \leqslant x \leqslant 1, -1 \leqslant y \leqslant 1\}$,则 $\iint\limits_{D} x^2 y \mathrm{d}\sigma = ($)

A. 1 B. -1 C. 0 D. 2

3. $I_1 = \iint\limits_{D}(x+y)^3\mathrm{d}\sigma, I_2 = \iint\limits_{D}(x+y)^2\mathrm{d}\sigma$,其中 $D = \{(x,y) \mid x+y < 1\}$,则( )

A. $I_1 = I_2$ B. $I_1 > I_2$ C. $I_1 < I_2$ D. 无法判断

4. 设 D 由直线 $y = x, x = 1, y = 0$ 围成,则 $\iint_D f(x,y) \mathrm{d}\sigma = (\quad)$

A. $\int_0^1 \mathrm{d}x \int_0^x f(x,y) \mathrm{d}y$ B. $\int_0^1 \mathrm{d}x \int_0^1 f(x,y) \mathrm{d}y$

C. $\int_0^1 \mathrm{d}x \int_x^1 f(x,y) \mathrm{d}y$ D. $\int_0^y \mathrm{d}x \int_0^1 f(x,y) \mathrm{d}y$

5. 设 $D = \{(x,y) \mid x^2 + y^2 \leqslant 4, y \geqslant 0\}$,则 $\iint_D f(x,y) \mathrm{d}\sigma = (\quad)$

A. $\int_0^{2\pi} \mathrm{d}\theta \int_0^2 f(r\cos\theta, r\sin\theta) \mathrm{d}r$ B. $\int_0^{\pi} \mathrm{d}\theta \int_0^2 f(r\cos\theta, r\sin\theta) r \mathrm{d}r$

C. $\int_0^{2\pi} \mathrm{d}\theta \int_0^2 f(r\cos\theta, r\sin\theta) r \mathrm{d}r$ D. $\int_0^{\pi} \mathrm{d}\theta \int_0^2 f(r\cos\theta, r\sin\theta) \mathrm{d}r$

二、填空题.

1. 计算 $\iint_D \mathrm{d}x\mathrm{d}y =$ _____,其中 D 为以点 $O(0,0), A(1,0), B(0,2)$ 为顶点的三角形区域.

2. 设 D 为 $x^2 + y^2 = R^2$ 围成的区域,则 $\iint_D \sqrt{R^2 - x^2 - y^2} \mathrm{d}x\mathrm{d}y =$ _____.

3. 交换积分次序后 $\int_1^e \mathrm{d}x \int_0^{\ln x} f(x,y) \mathrm{d}y =$ _____,

    $\int_0^2 \mathrm{d}x \int_x^{2x} f(x,y) \mathrm{d}y =$ _____.

4. 设 $D = \{(x,y) \mid 0 \leqslant x \leqslant 1, -1 \leqslant y \leqslant 0\}$,则 $\iint_D x \mathrm{e}^{xy} \mathrm{d}\sigma =$ _____.

三、计算题.

1. 计算二重积分 $\iint_D x^2 \mathrm{d}x\mathrm{d}y$,其中 D 是由曲线 $y = \dfrac{1}{x}$,直线 $y = x, x = 2$ 围成的平面区域.

2. 计算二重积分 $\iint_D \sin(x+y) \mathrm{d}\sigma$,其中 D 是由直线 $y = x, y = \dfrac{\pi}{2}$ 及 y 轴围成的闭区域.

3. 计算二重积分 $\iint_D x \mathrm{d}x\mathrm{d}y$,其中 D 是由曲线 $x = \sqrt{1-y^2}$,直线 $y = x$ 及 x 轴围成的闭区域.

4. 计算二重积分 $\iint_D \dfrac{\sin y}{y} \mathrm{d}\sigma$,其中 D 为直线 $y = x, y = 1$ 及 y 轴围成的闭区域.

5. 计算二重积分 $\iint_D \dfrac{1}{1+x^2+y^2} \mathrm{d}\sigma$,其中 $D = \{(x,y) \mid x^2 + y^2 \leqslant 1, y \geqslant 0\}$.

阅读资料   四色问题

  1852 年,毕业于伦敦大学的弗南西斯·格思里来到一家科研单位搞地图着色工作时,发现了一种有趣的现象:每幅地图都可以用四种颜色着色,使得有共同边界的国家都被着上不同的颜色.这就是著名的四色问题,这个现象能不能从数学上加以严格证明呢? 他和在大学读书的弟弟格里斯决心试一试.兄弟二人为证明这一问题而使用的稿纸已经堆了一大沓,可是研究工作并没有进展.

格里斯就这个问题的证明请教了他的老师——著名数学家德·摩尔根,摩尔根也没能找到解决这个问题的途径,于是写信向自己的好友——著名数学家汉密尔顿爵士请教.汉密尔顿接到摩尔根的信后,对四色问题进行论证.但直到1865年汉密尔顿逝世为止,问题也没有能够解决.

1872年,英国当时最著名的数学家凯利正式向伦敦数学学会提出了这个问题,于是四色猜想成了世界数学界关注的问题.世界上许多一流的数学家都纷纷参加了四色猜想的大会战.1878—1880年两年间,著名的律师兼数学家肯普和泰勒两人分别提交了证明四色猜想的论文,宣布证明了四色定理,大家都认为四色猜想从此也就解决了.但11年后,即1890年,在牛津大学就读的年仅29岁的赫伍德以自己的精确计算指出了肯普在证明上的漏洞.不久,泰勒的证明也被人们否定了.人们发现他们实际上证明了一个较弱的命题——五色定理.也就是说对地图着色,用五种颜色就够了.后来,越来越多的数学家虽然对此绞尽脑汁,但一无所获.于是,人们开始认识到,这个貌似容易的题目,其实是一个可与费马猜想相媲美的难题.

进入20世纪以来,科学家们对四色猜想的证明基本上是按照肯普的想法在进行.1939年美国数学家富兰克林证明了22国以下的地图都可以用四色着色.1950年,有人从22国推进到35国.1960年,有人又证明了39国以下的地图可以只用四种颜色着色;随后又推进到了50国.看来这种推进仍然十分缓慢.高速数字计算机的发明,促使更多数学家对"四色问题"的研究.从1936年就开始研究四色猜想的海克,公开宣称四色猜想可用寻找可约图形的不可避免组来证明.他的学生丢雷写了一个计算程序,海克不仅能用该程序产生的数据来证明构形可约,而且描绘可约构形的方法是从改造地图成为数学上称为"对偶"形着手.他把每个国家的首都标出来,然后把相邻国家的首都用一条越过边界的铁路连接起来,除首都(称为顶点)及铁路(称为弧或边)外,擦掉其他所有的线,剩下的称为原图的对偶图.到了20世纪60年代后期,海克引进一个类似于在电网络中移动电荷的方法来求构形的不可避免组.在海克的研究中第一次以颇不成熟的形式出现的"放电法",对以后关于不可避免组的研究是个关键,也是证明四色猜想的中心要素.

电子计算机问世以后,由于演算速度迅速提高,加之人机对话的出现,大大加快了对四色猜想证明的进程.美国伊利诺大学哈肯在1970年着手改进"放电过程",后与阿佩尔合作编制一个很好的程序.就在1976年6月,他们在美国伊利诺斯大学的两台不同的电子计算机上,用了1 200个小时,作了100亿判断,终于完成了四色猜想的证明,轰动了世界.

这是一百多年来吸引许多数学家与数学爱好者的大事,当两位数学家将他们的研究成果发表的时候,当地的邮局在当天发出的所有邮件上都加盖了"四色足够"的特制邮戳,以庆祝这一难题获得解决.

附录 习题答案

第 一 章

习题 1-1

1. (1) $x>2$; (2) $-1\leqslant x\leqslant 3$; (3) $x>1$; (4) $1<x<6$.

2. (1) $\dfrac{1}{4},-1,5$; (2) $-\dfrac{1}{16},t^2\cdot 4^{t^2-1},\dfrac{1}{t}\cdot 4^{\frac{1}{t}-1}$; (3) $2a^2-1,4a-3,4a^2-4a+1$.

3. (1) $\ln(2x-1)$; (2) $\tan(x+3)^2$.

4. (1) $y=\sqrt{v},v=x^3-1$; (2) $y=u^2,u=\sin v,v=2x$;
   (3) $y=u^3,u=\arccos v,v=2x+3$; (4) $y=e^u,u=\ln x$;
   (5) $y=\sqrt{u},u=\tan v,v=x-1$; (6) $y=\cos u,u=\cos v,v=x^2-1$.

5. (1) $y=200+15x$; (2) 13.3 km.

习题 1-2

1. (1) 0; (2) 不存在; (3) 1; (4) 不存在.

2. (图略.)(1) 5; (2) 0; (3) 0; (4) 0.

3. 不存在.

4. (图略.) 当 $x\to 0$ 时, 极限不存在, 当 $x\to 1$ 时, 极限存在且为 2.

5. $a=4$.

6. (1) 无穷小; (2) 无穷大; (3) 无穷小; (4) 无穷大.

7. (1) 0; (2) 0.

*8. (1) 当 $x\to 0$ 时, $2x-x^2$ 是较 x^2-x^3 低阶的无穷小; (2) 等价.

*9. (1) $\dfrac{3}{2}$; (2) 1; (3) 3; (4) $-\dfrac{1}{2}$.

习题 1-3

1. (1) -9; (2) 0; (3) $2x$; (4) $\dfrac{1}{2}$; (5) 2; (6) 4; (7) 1; (8) 2.

2. $k=-3,4$.

3. (1) 3; (2) $\dfrac{1}{4}$; (3) 2; (4) $\dfrac{2}{5}$; (5) e^{-6}; (6) 1; (7) e^2; (8) e.

习题 1-4

1. 连续.

2. $(-\infty,-3)\cup(-3,2)\cup(2,+\infty),\lim\limits_{x\to 0}f(x)=-\dfrac{1}{3},\lim\limits_{x\to 2}f(x)=\dfrac{3}{5},\lim\limits_{x\to -3}f(x)=\infty$.

3. $a=1$.

4. (1) 3； (2) ln 3； (3) 0； (4) 1.

5. 略.

6. 略.

*7. (1) $x=1$ 是第一类(可去)间断点，$x=2$ 为第二类间断点；

(2) $k=0$ 时，$x=\frac{k\pi}{2}$ 为第一类(可去)间断点，$k\neq 0$ 时，$x=\frac{k\pi}{2}$ 为第二类间断点.

(3) $x=0$ 为第二类间断点；

(4) $x=-1$ 是第一类(跳跃)间断点.

总复习题一

一、1. $x\geqslant 4$； 2. x^2-6； 3. -2； 4. $\frac{7}{2}$； 5. ∞； 6. $\frac{2^{10}}{3^5}$； 7. 不存在，5，10； 8. $-3,-2$； 9. 0,1,1,0； 10. $(-\infty,1)\cup(1,3)\cup(3,+\infty)$.

二、1. B； 2. C； 3. C； 4. B； 5. A； 6. D； 7. D； 8. A.

三、1. $\frac{5}{2}$； 2. $\frac{1}{4}$； 3. 3； 4. 0； 5. ∞； 6. $\frac{4}{3}$； 7. $-\frac{1}{2}$； 8. 2； 9. e^{-2}； 10. e^{-4}； 11. $\frac{1}{6}$； 12. e^5.

四、$\lim_{x\to 0}f(x)$ 不存在，$\lim_{x\to 1}f(x)=4$.

*五、略.

*六、$x=0$ 为 $f(x)$ 的第二类间断点，$x=1$ 为 $f(x)$ 的第一类间断点.

第 二 章

习题 2-1

1. $f'(1)=4$.

2. $2f'(x_0)$.

3. 切线方程为 $y-3x+2=0$；法线方程为 $3y+x-4=0$.

4. 连续且可导.

5. (1) $y'=-\frac{1}{2\sqrt{x^3}}$； (2) $y'=3x^2+3^x\ln 3$；

(3) $y'=\frac{(x+1)^2}{x(x^2+1)}$； (4) $y'=4x+\frac{5}{2}\sqrt{x^3}$；

(5) $y'=e^x(\cos x-\sin x)$； (6) $y'=\frac{2}{(x+1)^2}$；

(7) $y'=\frac{2x}{x^2+1}$； (8) $y'=-2\cos(1-2x)$；

(9) $y'=\frac{\cos x}{1+(\sin x)^2}$； (10) $y'=2e^{2x-1}$.

6. (1) $y''=12x-6$； (2) $y''=2\cos x-x\sin x$； (3) $y''=9e^{3x-1}$.

7. (1) $y'|_{x=\frac{\pi}{3}}=\frac{1}{2}+\frac{\sqrt{3}}{2}$； (2) $y''|_{x=1}=6e$.

8. (1) $\dfrac{53}{3}$; (2) $42, 22$.

9. $v(t) = e^{-t}(2\pi\cos 2\pi t - \sin 2\pi t)$.

习题 2-2

1. (1) $\dfrac{1}{2}x^2$; (2) $\dfrac{1}{3}e^{3x}$; (3) $-\dfrac{1}{2}\cos 2t$; (4) $\arctan x$; (5) $-\dfrac{1}{x}$; (6) $\ln(1+x)$.

2. (1) $dy = (6x^2 + 3)dx$; (2) $dy = \left(\dfrac{\sin x}{x} + \ln x \cdot \cos x\right)dx$; (3) $dy = \dfrac{x}{x^2+1}dx$;

(4) $dy = \dfrac{2t}{\sqrt{2t^2 - t^4}}dt$; (5) $dy = -\dfrac{1}{1+\sin x}dx$; (6) $dy = 6xe^{3x^2+2}dx$.

3. (1) 0.998; (2) 0.485.

4. $\Delta L = 200$.

5. $11\,184.1$ g.

习题 2-3

1. $y' = \dfrac{e - y\cos x}{e^y + \sin x}$.

2. $y' = \dfrac{\cos(x+y) - y}{x - \cos(x+y)}$.

3. $y' = \dfrac{x}{y + e^{2y}}$.

4. $y' = (1+x^2)^{\sin x}\left[\cos x \cdot \ln(1+x^2) + \sin x \cdot \dfrac{2x}{1+x^2}\right]$.

5. $y' = \dfrac{\sqrt[3]{2x+1}}{(x-2)^2(3-x)}\left[\dfrac{2}{3(2x+1)} - \dfrac{2}{x-2} + \dfrac{1}{3-x}\right]$.

6. $\dfrac{dy}{dx} = \dfrac{1-\sin t}{1+\cos t}$.

7. $y - \dfrac{a}{2} = \sqrt{3}\left(x - \dfrac{\pi}{3}a + \dfrac{\sqrt{3}}{2}a\right)$.

习题 2-4

1. 满足罗尔定理条件，$\xi = 0$.

2. (1) $\cos a$; (2) 2; (3) $\dfrac{1}{6}$; (4) 2; (5) 1; (6) 1; (7) $-\dfrac{1}{2}$; (8) 1.

习题 2-5

1. (1) 单调增区间 $(-\infty, -1), (3, +\infty)$，单调减区间 $(-1, 3)$.

(2) 单调增区间 $\left(\dfrac{1}{2}, +\infty\right)$，单调减区间 $\left(0, \dfrac{1}{2}\right)$.

2. (1) $x = 2$ 为极小值点，极小值为 $f(2) = -5$.

(2) $x = 0$ 为极小值点，极小值为 $f(0) = 0$.

(3) $x = 0$ 为极大值点，$x = \dfrac{2}{5}$ 为极小值点，极大值为 $f(0) = 0$，极小值为 $f\left(\dfrac{2}{5}\right) = -\dfrac{3}{5}$.

$\left(\dfrac{4}{25}\right)^{\frac{1}{3}}$.

(4) $x = 2k\pi + \dfrac{\pi}{4}$ 为极大值点,极大值为 $\sqrt{2}$,$x = 2k\pi + \dfrac{5\pi}{4}$ 为极小值点,极小值为 $-\sqrt{2}$.

3. 提示:利用函数的单调性证明.

4. $a = 0, b = -3$.

5. $a = -\dfrac{3}{2}, b = \dfrac{9}{2}$.

6. (1) 凸区间 $\left(-\infty, -\dfrac{1}{2}\right)$,凹区间 $\left(-\dfrac{1}{2}, +\infty\right)$,拐点 $\left(-\dfrac{1}{2}, 2\right)$.

(2) 凸区间 $(-\infty, -1), (1, +\infty)$,凹区间 $(-1, 1)$,拐点 $(-1, \ln 2), (1, \ln 2)$.

习题 2-6

1. $f_{\max} = \dfrac{1}{e}, f_{\min} = 0$.

2. $f_{\max} = 128, f_{\min} = -7$.

3. $\dfrac{a}{6}$.

4. 长 30 m,宽 15 m.

5. 当产量 Q 为 20 000 个单位时,利润最大,最大利润为 340 000.

总复习题二

一、1. C; 2. B; 3. C; 4. B; 5. C.

二、1. $g, -g$; 2. $2a$; 3. $\dfrac{e^x}{\sqrt{1-e^{2x}}} dx$; 4. 6; 5. $\left(\dfrac{1}{2}, \dfrac{13}{2}\right)$.

三、1. $\ln 2x + 1$;

2. $\dfrac{1 + \sin x + \cos x}{(1 + \cos x)^2}$;

3. $4\,026 (2x+1)^{2012}$;

4. 24.

四、1. 提示:利用零点定理及单调性证明.

2. 产品产量 q 为 1 600 件时,该厂可获得最大利润,最大利润是 167 000.

3. $a = -1, b = 3, c = 9$.

4. (1) 函数 $f(x)$ 在 $(-\infty, -1)$ 及 $(1, +\infty)$ 上单调递增,在 $(-1, 1)$ 上单调递减,极大值 $f(-1) = 3$,极小值 $f(1) = -1$.

(2) $f_{\max} = f(3) = 19, f_{\min} = f(-2) = f(1) = -1$.

(3) 曲线 $f(x)$ 在 $(-\infty, 0)$ 内为凸,在 $(0, +\infty)$ 内为凹,拐点为 $(0, 1)$.

第 三 章

习题 3-1

1. (1) 6; (2) 21; (3) 8π; (4) 0.

2. (1) 6; (2) -2; (3) -3; (4) 5.

3. (1) $\dfrac{35}{4}$；　(2) $2\sqrt{e}-1$；　(3) $\dfrac{4}{3}-\dfrac{1}{\ln 2}$；　(4) 1.

4. 提示：从定积分的几何意义加以说明.

习题 3-2

1. (1) $x+\dfrac{1}{3}x^3-\dfrac{3^x}{\ln 3}+C$；　　　　　　(2) $-\dfrac{1}{x^3}+C$；

(3) $\dfrac{3}{11}x^{\frac{11}{3}}+C$；　　　　　　　　　　(4) $x-\dfrac{2}{3}x^3+\dfrac{1}{5}x^5+C$；

(5) $\dfrac{4}{5}x^{\frac{5}{2}}-2x^{\frac{3}{2}}+8x^{\frac{1}{2}}+C$；　　　　(6) $\sqrt{\dfrac{2h}{g}}+C$；

(7) $\dfrac{6}{17}x^{\frac{17}{6}}+\dfrac{2}{5}x^{\frac{5}{2}}-\dfrac{3}{4}x^{\frac{4}{3}}-x+C$；　(8) $\tan x-x+C$；

(9) $8e^x-3\ln|x|+C$；　　　　　　　(10) $\dfrac{2^x e^x}{1+\ln 2}-\arcsin x+C$；

(11) $\dfrac{6^x e^x}{1+\ln 6}+C$；　　　　　　　　(12) $2x+\dfrac{2^x}{3^{x-1}(\ln 2-\ln 3)}+C$；

(13) $6\arctan x+5\arcsin x+C$；　　　(14) $x-\arctan x+C$；

(15) $\ln|x|+\arctan x+C$；　　　　　(16) $-\dfrac{1}{x}+\arctan x+C$.

2. (1) $\dfrac{1}{3}\sin 3x+C$；　　　　　　　　(2) $\dfrac{1}{303}(2+3x)^{101}+C$；

(3) $\dfrac{1}{3}e^{3x-2}+C$；　　　　　　　　(4) $\dfrac{x^2}{2}-2x+4\ln|x+2|+C$；

(5) $\arcsin\dfrac{x}{2}+C$；　　　　　　　(6) $\dfrac{1}{6}\arctan\left(\dfrac{2}{3}x\right)+C$；

(7) $\ln|x+2|-\ln|x+3|+C$；　　　(8) $\dfrac{1}{2}\ln(1+x^2)+C$；

(9) $\dfrac{1}{2}e^{x^2}+C$；　　　　　　　　　(10) $2\ln(1+\sqrt{x})+C$；

(11) $\dfrac{1}{4}\ln^4 x+C$；　　　　　　　　(12) $\ln|\sin x|+C$；

(13) $-\dfrac{1}{6}\cos^6 x+C$；　　　　　　(14) $\dfrac{1}{2}\arctan^2 x+C$；

(15) $\ln(e^x+1)+C$；　　　　　　　(16) $\dfrac{1}{2}\arcsin^2 x+C$；

(17) $\dfrac{1}{3}\tan^3 x+C$；　　　　　　　(18) $\dfrac{1}{4}\sec^4 x+C$.

3. (1) $2[\sqrt{x-1}-\ln(1+\sqrt{x-1})]+C$；　(2) $\left(\dfrac{1}{3}x+1\right)\sqrt{2x-3}+C$；

(3) $\dfrac{3}{2}(\sqrt[3]{x})^2-3\sqrt[3]{x}+3\ln|1+\sqrt[3]{x}|+C$；　(4) $\ln\left|\dfrac{\sqrt{x+2}-1}{\sqrt{x+2}+1}\right|+C$；

(5) $\ln\left|\dfrac{\sqrt{e^x+1}-1}{\sqrt{e^x+1}+1}\right|+C$；　　　(6) $2\sqrt{x}-4\sqrt[4]{x}+4\ln(1+\sqrt[4]{x})+C$.

4. (1) $-x\cos x + \sin x + C$;   (2) $\frac{1}{3}x^3 \ln x - \frac{1}{9}x^3 + C$;

(3) $(x^2 - 2x + 2)e^x + C$;   (4) $x\arcsin x + \sqrt{1-x^2} + C$;

(5) $\frac{1}{2}(1+x^2)\arctan x - \frac{1}{2}x + C$;   *(6) $2(\sqrt{x}-1)e^{\sqrt{x}} + C$;

*(7) $\frac{1}{2}e^x(\sin x + \cos x) + C$.

5. (1) $-\frac{1}{2}\ln 5$;   (2) $\frac{1}{7}$;   (3) $-\frac{1}{2}(\cos 2 - \cos 1)$;   (4) $\sin 1$;   (5) $-\frac{2}{3}$;   (6) $7 + 2\ln 2$;   (7) π;   (8) $\frac{1}{4}(e^2+1)$;   (9) $\frac{\pi}{4} - \frac{1}{2}\ln 2$;   (10) $3 - e^{-2}$.

6. 提示:运用换元积分法证明.

*7. (1) $\cos^2 x$;   (2) $\frac{x}{2+\cos x}$;

(3) $-e^{x-x^2}$;   (4) $\sin(\sin x)\cos x$;

(5) $-3x^2 \sin x^6$;   (6) $(1-x)\sqrt{2x-x^2}$;

(7) $\frac{3x^2}{\sqrt{1+x^{12}}} - \frac{2x}{\sqrt{1+x^8}}$;   (8) $-5x^4 \sin x^5 + 4x^3 \sin x^4$.

习题 3 - 3

1. (1) $1 - \frac{\pi}{4}$;   (2) πab;   (3) $\ln 2$;   (4) $\frac{1}{6}$.

2. (1) $\frac{6\pi}{7}$;   (2) $\frac{243}{5}\pi$;   (3) $\frac{1}{6}\pi$;   (4) $\frac{44}{5}\pi$.

3. $0.3Q^2 + 100Q + 200$.

4. $R(Q) = 600Q - \frac{Q^2}{10}$.

5. $1.56 (J)$.

6. $\frac{2}{3}\rho g R^3$.

总复习题三

一、1. C;   2. B;   3. D;   4. A;   5. C;   6. B.

二、1. $f'(x) = \cos x$;   2. $f(x) = x + e^x + C$;   3. $\cos x + \frac{1}{\cos x} + C$;

4. 0;   5. $F(e^x) + C$;   6. $y = x^3$.

三、1. (1) $-\frac{1}{x} + \frac{1}{2}\ln\left|\frac{1+x}{1-x}\right| + C$;   (2) $\frac{1}{6}\ln^6 x + C$;

(3) $-e^{\cos x} + C$;   (4) $\frac{1}{2}\left(x^2 \ln x - \frac{1}{2}x^2\right) + C$;

(5) $\ln\frac{|x|}{(\sqrt[6]{x}+1)^6} + C$;   (6) $\frac{1}{2}\ln^2(\ln x) + C$;

(7) $\ln|x + \sin x| + C$;   (8) $-(x^2 e^{-x} + 2xe^{-x} + 2e^{-x}) + C$.

2. (1) $\frac{1}{2}\ln 3$; (2) 1; (3) $2\ln 2$; (4) $-\frac{1}{2}$.

3. (1) $\frac{1}{3}$; (2) 1; (3) $\frac{\pi^2}{4}$; (4) $\frac{1}{2}f(0)$.

4. (1) $\frac{1}{6}$; (2) $\frac{\pi}{6}$.

5. (1) $\Delta C = 19$（万元），$\Delta R = 20$（万元）；
(2) $Q = 3.2$（百台）；
(3) $C(Q) = 4Q + \frac{1}{8}Q^2 + 1, L(Q) = R(Q) - C(Q) = 4Q - \frac{5}{8}Q^2 - 1$；
(4) $L(3.2) = 5.4$（万元），$C(3.2) = 15.08$（万元），$R(3.2) = 20.48$（万元）.

6. (1) $f(x) = 3 - 2x$； (2) $2x\sec^2 2x - \tan 2x + C$.

第 四 章

习题 4-1

1. (1) 二阶； (2) 一阶； (3) 二阶； (4) 四阶； (5) 二阶； (6) 二阶.

2. 是通解；$y = \frac{1}{3}x^3$.

3. 是通解.

习题 4-2

1. (1) $y^2 = Ce^{-\frac{1}{x}} - 1$； (2) $y = e^{Cx}$；
(3) $y = Ce^{-\sin x}$； (4) $y = e^x\left(\frac{1}{3}x^3 + C\right)$；
(5) $y = 2x - 2 + Ce^{-x}$； (6) $y = e^{-x^2}(\sin x - x\cos x + C)$.

2. $\ln y + \frac{1}{2}y^2 = \sqrt{1+x^2} + \frac{1}{2}e^{-2} - 1$.

3. $y = -2e^{-3x} - 2e^{-5x}$.

4. $y = \frac{1}{x}(\ln x + 2)$.

习题 4-3

1. (1) $y = C_1 e^{-x} + C_2 e^{5x}$； (2) $y = C_1 e^{-x} + C_2 e^x$；
(3) $y = C_1 + C_2 e^{9x}$； (4) $y = C_1 e^{3x} + C_2 e^{4x} + \left(\frac{1}{6}x + \frac{5}{36}\right)e^x$；
(5) $y = e^{-\frac{1}{2}x}\left(C_1 \cos\frac{\sqrt{3}}{2}x + C_2 \sin\frac{\sqrt{3}}{2}x\right) + \frac{1}{13}e^{3x}$；
(6) $y = e^{2x}(C_1 \cos 2x + C_2 \sin 2x) - \frac{1}{4}xe^{2x}\cos 2x$.

2. (1) $y = (2+x)e^{-\frac{1}{2}x}$； (2) $y = -e^x + e^{2x}$.

3. $y^* = x^2 - 3x + 4$.

4. $y^* = e^x\left(\frac{4}{25}\cos x + \frac{3}{25}\sin x\right)$.

总复习题四

一、1. A； 2. B； 3. B； 4. A； 5. A； 6. C； 7. D； 8. A； 9. B； 10. B.

二、1. $y = -\dfrac{1}{x} + C$；

2. $(2-y^2)^{-\frac{1}{2}} = Cx$；

3. $y = C_1 e^{-2x} + C_2 e^x$；

4. $y = 2 - \dfrac{1}{x}$；

5. $y'' - 4y' + 4y = 0$；

6. $y = Ce^{\int p(x)dx}$；

7. $y^* = Ae^{-2x}$；

8. 三．

三、1. √； 2. ×； 3. ×； 4. ×； 5. √； 6. √．

四、1. (1) $\tan y = C\tan x$； (2) $\arcsin y = \arcsin x + C$；

(3) $y = (x-2)(2x + C)$； (4) $y = e^{-\cos x}(x + C)$；

(5) $y = e^{\frac{1}{2}x}\left(C_1 \cos \dfrac{\sqrt{7}}{2}x + C_2 \sin \dfrac{\sqrt{7}}{2}x\right)$；

(6) $y = C_1 + C_2 e^x - \dfrac{1}{3}x^3 - x^2 - 2x$.

2. (1) $y = x - \dfrac{1}{2}x^2 + 2$； (2) $y = 2x\ln x + x$；

(3) $y = e^x + e^{2x}$； (4) $y = \cos 2x + \sin 2x$.

五、1. $y = e^x(x+2)$； 2. $T = 20 + 100 e^{-\left(\frac{1}{10}\ln 2\right)t}$．

第 五 章

习题 5-1

1. (1) 收敛，$S = 1$； (2) 发散； (3) 发散； (4) 收敛，$S = \dfrac{1}{2}$．

2. (1) 收敛； (2) 收敛； (3) 发散； (4) 发散．

习题 5-2

1. (1) 收敛； (2) 收敛； (3) 发散； (4) 收敛； (5) 收敛； (6) 发散； (7) 发散； (8) 发散； (9) 发散； (10) 收敛； (11) 收敛； (12) $a \leqslant 1$，发散；$a > 1$，收敛．

2. (1) 条件收敛； (2) 条件收敛； (3) 绝对收敛； (4) $0 < \alpha \leqslant 1$，条件收敛；$\alpha > 1$，绝对收敛．

习题 5-3

(1) $R = 3, [-3, 3)$； (2) $R = \infty, (-\infty, +\infty)$； (3) $R = \dfrac{\sqrt{3}}{3}, \left(-\dfrac{\sqrt{3}}{3}, \dfrac{\sqrt{3}}{3}\right)$； (4) $R = \sqrt{2}, (-\sqrt{2}, \sqrt{2})$； (5) $R = 2, [-1, 3)$； (6) $R = 1, (-1, 1)$．

习题 5-4

1. (1) $\dfrac{1}{2}\sum\limits_{n=0}^{\infty}(-1)^n\left(\dfrac{x}{2}\right)^n, -2<x<2$;

(2) $-\sum\limits_{n=0}^{\infty}\left[1+\dfrac{(-1)^n}{2^{n+1}}\right]x^n, -1<x<1$;

(3) $\dfrac{1}{2}+\dfrac{1}{2}\sum\limits_{n=0}^{\infty}(-1)^n\dfrac{(2x)^{2n}}{(2n)!}, -\infty<x<+\infty$;

(4) $\dfrac{3}{2}\sum\limits_{n=0}^{\infty}x^{2n}, -1<x<1$;

(5) $\sum\limits_{n=0}^{\infty}\dfrac{2^n}{n!}x^n, -\infty<x<+\infty$;

(6) $\ln 2+\sum\limits_{n=0}^{\infty}\dfrac{(-1)^n}{(n+1)2^{n+1}}x^{n+1}, -2<x\leq 2$.

2. (1) $\dfrac{1}{4}\sum\limits_{n=0}^{\infty}\dfrac{(-1)^n}{4^n}(x-1)^n, -3<x<5$;

(2) $\sum\limits_{n=0}^{\infty}\dfrac{(-1)^n}{n+1}(x-1)^{n+1}, 0<x\leq 2$.

总复习题五

一、1. D; 2. B; 3. B; 4. A; 5. C; 6. B; 7. C; 8. D.

二、1. $\dfrac{9}{10}$; 2. $\dfrac{1}{2}$; 3. $R=3$; 4. $R=\sqrt{3}$; 5. $(-2,2]$; 6. $[-1,5)$.

三、1. (1) 发散; (2) 收敛; (3) 发散; (4) 收敛; (5) 发散; (6) 收敛; (7) 收敛; (8) 收敛; (9) 发散; (10) 收敛; (11) 发散; (12) 发散; (13) 收敛; (14) 发散.

2. (1) 条件收敛; (2) 绝对收敛; (3) 绝对收敛; (4) 条件收敛; (5) 绝对收敛; (6) 绝对收敛.

3. (1) $\left[-\dfrac{1}{2},\dfrac{1}{2}\right)$; (2) $[-3,3]$; (3) $[-1,1]$; (4) $[-2,0)$; (5) $(-\infty,+\infty)$; (6) $[-1,1)$.

4. (1) $f(x)=\sum\limits_{n=1}^{\infty}(-1)^{n-1}\dfrac{(x-1)^n}{2^n\cdot n}, x\in(-1,3)$;

(2) $f(x)=\sum\limits_{n=0}^{\infty}(-1)^n\dfrac{(x-2)^n}{4^{n+1}}, x\in(-2,6)$;

(3) $f(x)=x\cdot\sum\limits_{n=1}^{\infty}(-1)^{n-1}\dfrac{x^n}{n}, x\in(-1,1)$;

(4) $f(x)=\sum\limits_{n=0}^{\infty}(-1)^n\dfrac{(x-1)^n}{2^{n+2}}-\sum\limits_{n=0}^{\infty}(-1)^n\dfrac{(x-1)^n}{2^{n+3}}, x\in(-1,3)$;

(5) $f(x)=\dfrac{1}{2}-\dfrac{1}{2}\sum\limits_{n=0}^{\infty}(-1)^n\dfrac{4^n}{(2n)!}\cdot x^n, x\in(-\infty,+\infty)$;

(6) $f(x) = -\dfrac{1}{6}\sum\limits_{n=0}^{\infty}(-1)^n\dfrac{x^n}{2^n} - \dfrac{1}{3}\sum\limits_{n=0}^{\infty}(-1)^n x^n, x\in(-1,1).$

第 六 章

习题 6-1

1. $3\boldsymbol{m}-2\boldsymbol{n}=-\boldsymbol{a}+4\boldsymbol{b}+13\boldsymbol{c}.$

2. $\overrightarrow{D_1A}=\dfrac{2}{3}\boldsymbol{a}-\boldsymbol{b},\overrightarrow{D_2A}=\dfrac{1}{3}\boldsymbol{a}-\boldsymbol{b}.$

3. 略.

4. 点 A,B,C,D 分别在第 Ⅲ, Ⅳ, Ⅷ, Ⅶ 象限.

5. 点 A,B,C,D 分别在: xOy 坐标平面、yOz 坐标平面、z 轴、y 轴上.

6. $2\overrightarrow{M_1M_2}=\{-8,10,2\}, -4\overrightarrow{M_1M_2}=\{16,-20,-4\}.$

7. 到 x,y,z 轴的距离分别为 $\sqrt{106},\sqrt{97},\sqrt{41}.$

8. 略.

9. $\pm\left\{\dfrac{1}{2},-\dfrac{5}{8},\dfrac{\sqrt{23}}{8}\right\}.$

10. $|\boldsymbol{a}|=2$,方向余弦分别为: $-\dfrac{1}{2},-\dfrac{\sqrt{2}}{2},\dfrac{1}{2}$,方向角分别为: $\dfrac{2}{3}\pi,\dfrac{3}{4}\pi,\dfrac{1}{3}\pi.$

11. $3\sqrt{3}.$

12. 点 P_2 的坐标为 $(2,\sqrt{2},4)$ 或 $(2,\sqrt{2},2).$

习题 6-2

1. (1) $\boldsymbol{a}\cdot\boldsymbol{b}=5, \boldsymbol{a}\times\boldsymbol{b}=\{8,10,-3\};$

(2) $2\boldsymbol{a}\cdot(-3\boldsymbol{b})=-30, 3\boldsymbol{a}\times(-2\boldsymbol{b})=\{-48,-60,18\};$

(3) $\arccos\dfrac{5\sqrt{22}}{66}.$

2. $-\dfrac{3}{2}.$

3. 600 N.

4. (1) $\dfrac{\sqrt{14}}{7};$ (2) $\dfrac{2}{3}.$

5. $\lambda=2\mu.$

6. $\{x,y,z\}=\pm\left\{\dfrac{1}{3},-\dfrac{2}{3},\dfrac{2}{3}\right\}.$

7. $\sqrt{14}.$

8. 略.

9. 略.

习题 6-3

1. $3x+2y-16z+11=0.$

2. $x - 2y - z + 2 = 0$.

3. $4x - y + 2z - 2 = 0$.

4. $2y + z + 2 = 0$.

5. (1) 通过原点的平面；(2) xOy 坐标面；(3) 平行于 yOz 坐标面的平面；(4) 平行于 z 轴的平面；(5) 通过 z 轴的平面.

6. $4x + 7z - 25 = 0$.

7. $x - y + z = 0$.

8. $\dfrac{\pi}{3}$.

9. $\left(\dfrac{3}{2}, -\dfrac{1}{2}, -\dfrac{3}{2}\right)$.

10. $\dfrac{x+3}{1} = \dfrac{y-1}{2} = \dfrac{z-2}{-1}$.

11. 点向式方程：$\dfrac{x-2}{2} = \dfrac{y+1}{7} = \dfrac{z}{4}$；

参数方程：$\begin{cases} x = 2 + 2t, \\ y = -1 + 7t, \\ z = 4t. \end{cases}$

12. $x = -\dfrac{7}{3}, y = \dfrac{37}{3}, z = -8$.

13. $\dfrac{x+1}{-2} = \dfrac{y+3}{3} = \dfrac{z-2}{-1}$.

14. $\dfrac{x-1}{3} = \dfrac{y-2}{-1} = \dfrac{z-3}{1}$.

15. $\varphi = \dfrac{\pi}{4}$.

16. 略.

17. $\dfrac{\pi}{6}$.

18. $3x + 2y + z - 10 = 0$.

19. (1) 垂直；(2) 平行；(3) 直线在平面上.

20. $x - y + z = 0$.

总复习题六

一、1. C； 2. B； 3. D； 4. C； 5. B； 6. C； 7. B； 8. A； 9. D.

二、1. -3； 2. 1； 3. 1； 4. $\left\{\dfrac{\sqrt{2}}{2}, \dfrac{\sqrt{2}}{2}, 0\right\}$； 5. $40, -2$.

三、1. $\dfrac{\pi}{3}$. 2. 30.

3. $x^2 + y^2 - 2x + 2y - 4z + 6 = 0$.

4. $-8(x-3) + 9(x-1) + 22(x+2) = 0$.

5. $\begin{cases} 2x-2y+z-9=0, \\ x^2+y^2+z^2=25, \end{cases}$ 4.

6. $\pm\left\{\dfrac{1}{3}, -\dfrac{2}{3}, \dfrac{2}{3}\right\}.$

7. $4x-y+2z-2=0.$

8. $(3,-1,0).$

9. $3x+2y+z-10=0.$

10. $x+2y+1=0.$

11. $\dfrac{x}{3}=\dfrac{y-2}{-1}=\dfrac{z-3}{1}.$

12. $\dfrac{x-2}{11}=\dfrac{y+1}{-1}=\dfrac{z-3}{-35}.$

第 七 章

习题 7-1

1. (1) 3; (2) $t^2x^2-2t^2xy+3t^2y^2$; (3) $2x^2-4xy+6y^2.$

2. (1) $\{(x,y)\mid x+y>0\}$; (2) $\{(x,y)\mid x^2+y^2\leqslant 9\}$;
(3) $\{(x,y)\mid -1\leqslant y\leqslant 1, x>0\}.$

习题 7-2

1. (1) $\dfrac{\partial z}{\partial x}=4x+6y, \dfrac{\partial z}{\partial y}=6x+6y$; (2) $\dfrac{\partial z}{\partial x}=\dfrac{y}{1+(xy)^2}, \dfrac{\partial z}{\partial y}=\dfrac{x}{1+(xy)^2}$;

(3) $\dfrac{\partial z}{\partial x}=5x^4 e^y, \dfrac{\partial z}{\partial y}=x^5 e^y$; (4) $\dfrac{\partial z}{\partial x}=\dfrac{y\cos xy}{\sin xy}, \dfrac{\partial z}{\partial y}=\dfrac{x\cos xy}{\sin xy}.$

2. (1) $\dfrac{\partial^2 z}{\partial x^2}=\dfrac{1}{x}, \dfrac{\partial^2 z}{\partial x\partial y}=\dfrac{1}{y}, \dfrac{\partial^2 z}{\partial y^2}=-\dfrac{x}{y^2}$;

(2) $\dfrac{\partial^2 z}{\partial x^2}=y(y-1)x^{y-2}, \dfrac{\partial^2 z}{\partial x\partial y}=yx^{y-1}\ln x+x^{y-1}, \dfrac{\partial^2 z}{\partial y^2}=(\ln x)^2 x^y.$

3. 略.

4. $\dfrac{\partial^2 z}{\partial x\partial y}=6f''_{11}+(2x+3y)f''_{12}+xyf''_{22}+f'_2.$

5. $\dfrac{\partial z}{\partial y}=x^2 f'_2, \dfrac{\partial^2 z}{\partial y\partial x}=2xf'_2+2x^3 f''_{21}+x^2 yf''_{22}.$

习题 7-3

1. (1) $\mathrm{d}z=2xy\mathrm{d}x+x^2\mathrm{d}y$; (2) $\mathrm{d}z=\mathrm{e}^{xy}(y\mathrm{d}x+x\mathrm{d}y)$;

(3) $\mathrm{d}z=y\ln y\mathrm{d}x+x(\ln y+1)\mathrm{d}y$;

(4) $\mathrm{d}z=-\sin(x^2+xy)[(2x+y)\mathrm{d}x+x\mathrm{d}y].$

2. $\mathrm{d}u=(yz+9x^2)\mathrm{d}x+(xz-9y^2)\mathrm{d}y+(xy+3z^2)\mathrm{d}z; \mathrm{d}u\big|_{(-1,1,2)}=11\mathrm{d}x-11\mathrm{d}y+11\mathrm{d}z.$

习题 7-4

1. (1) 极小值 $f(0,0)=0$;

(2) 极小值 $f\left(\dfrac{1}{2},-1\right)=-\dfrac{\mathrm{e}}{2}.$

2. 极大值 $z\big|_{(\frac{1}{2},\frac{1}{2})} = \dfrac{1}{4}$.

总复习题七

一、1. A； 2. B； 3. A； 4. B； 5. A； 6. C.

二、1. $x+y>0$ 且 $x+y \neq 1$； 2. $3^{xy} y \ln 3$； 3. $1+e^2$； 4. $\dfrac{1}{2}$；

5. $\dfrac{1}{3}dx + \dfrac{1}{3}dy$； 6. $(0,0)$.

三、1. $D = \{(x,y) \mid y^2 \geqslant 4x^2, x+y > 0\}$，图形略；

2. (1) $\dfrac{\partial z}{\partial x} = \ln\sqrt{x^2+y^2} + \dfrac{x^2}{x^2+y^2}, \dfrac{\partial z}{\partial y} = \dfrac{xy}{x^2+y^2}$；

(2) $\dfrac{\partial z}{\partial x} = y^2(1+xy)^{y-1}, \dfrac{\partial z}{\partial y} = xy(1+xy)^{y-1} + (1+xy)^y \ln(1+xy)$；

(3) $\dfrac{\partial z}{\partial x} = e^x(\sin y + \cos y + x\sin y), \dfrac{\partial z}{\partial y} = e^x(-\sin y + x\cos y)$.

3. $dz = -\dfrac{z}{x}dx + \dfrac{(2xyz-1)z}{(2xz-2xyz+1)y}dy$.

4. 极大值 $z\big|_{(0,0)} = 0$.

第 八 章

习题 8-1

1. $2\iint\limits_D \sqrt{1-x^2-y^2}\,d\sigma$，其中 $D = \{(x,y) \mid x^2+y^2 \leqslant 1\}$.

2. $\iint\limits_D (x^2+3y)\,d\sigma$.

习题 8-2

1. (1) $\int_0^1 dx \int_x^{\sqrt{x}} f(x,y)\,dy$； (2) $\int_0^1 dy \int_0^{\sqrt{1-y^2}} f(x,y)\,dx$.

2. (1) $\ln 2$； (2) $\dfrac{e^4}{2} - 2e$； (3) $-6\pi^2$； (4) $\dfrac{3\pi^2}{64}$.

总复习题八

一、1. D； 2. C； 3. C； 4. A； 5. B.

二、1. 1.   2. $\dfrac{2}{3}\pi R^3$.

3. $\int_0^1 dy \int_{e^y}^{e} f(x,y)\,dx, \int_0^2 dy \int_{\frac{y}{2}}^{y} f(x,y)\,dx + \int_2^4 dy \int_{\frac{y}{2}}^{2} f(x,y)\,dx$.

4. $\dfrac{1}{e}$.

三、1. $\dfrac{9}{4}$.   2. 1.   3. $\dfrac{\sqrt{2}}{6}$.   4. $1-\cos 1$.   5. $\dfrac{\pi \ln 2}{2}$.

附录 习题答案 **229**

参考文献

1. 颜文勇,柯善军.高等应用数学.北京:高等教育出版社,2008.
2. 龚三琼.高等数学.南京:南京大学出版社,2009.
3. 王宪杰,侯仁民,赵旭强.高等数学典型应用实例与模型.北京:科学出版社,2005.
4. 康永强.应用数学与数学文化.北京:高等教育出版社,2011.
5. 同济大学应用数学系.高等数学.北京:高等教育出版社,2001.
6. 吴赣昌.高等数学.北京:中国人民大学出版社,2006.
7. 吴赣昌.微积分.北京:中国人民大学出版社,2006.
8. 冯翠莲,赵益坤.应用经济数学.北京:高等教育出版社,2008.
9. 沈跃云,马怀远.应用高等数学.北京:高等教育出版社,2010.
10. 周秀珍.高等数学.南京:河海大学出版社,2008.
11. 薛定宇,陈阳泉.高等应用数学问题的MATLAB求解.北京:清华大学出版社,2004.
12. 石博强,赵金.MATLAB数学计算与工程分析范例教程.北京:中国铁道出版社,2005.
13. 韩明,王家宝,李林.数学实验.MATLAB版.上海:同济大学出版社,2009.
14. 蒋国强,蔡蕃.高等数学.北京:机械工业出版社,2010.
15. 潘传中.医用高等数学.成都:四川大学出版社,2007.
16. 邵汉强.机械类高等数学.北京:高等教育出版社,2010.
17. 李富江,何春辉.高等数学.天津:南开大学出版社,2011.
18. 吴云宗,张继凯.实用高等数学.北京:高等教育出版社,2006.
19. 颜文勇,柯善军.高等应用数学.北京:高等教育出版社,2008.

郑重声明

高等教育出版社依法对本书享有专有出版权。任何未经许可的复制、销售行为均违反《中华人民共和国著作权法》，其行为人将承担相应的民事责任和行政责任，构成犯罪的，将被依法追究刑事责任。为了维护市场秩序，保护读者的合法权益，避免读者误用盗版书造成不良后果，我社将配合行政执法部门和司法机关对违法犯罪的单位和个人进行严厉打击。社会各界人士如发现上述侵权行为，希望及时举报，本社将奖励举报有功人员。

反盗版举报电话　（010）58581897　58582371　58581879
反盗版举报传真　（010）82086060
反盗版举报邮箱　dd@hep.com.cn
通信地址　北京市西城区德外大街4号　高等教育出版社法务部
邮政编码　100120